自 然 文 库
Nature
Series

Feather

The Evolution of a Natural Miracle

羽毛
自然演化中的奇迹

〔美〕托尔·汉森 著

赵敏 冯骐 译

商务印书馆
The Commercial Press
创于1897

献给伊莉莎

作者按

　　本书中所有的鸟名都使用由国际鸟类学家联合会确定的标准英文名。在此约定之下，独立的种以首字母大写标识（例如鹪鹩、小极乐鸟），而鸟类类群或统称则不用（如鹪鹩［指鹪鹩科］、天堂鸟）。[1] 国际鸟类学家联合会的物种名单由鸟类学家组成的国际小组在线维护并定期更新（见 Gill and Donsker，2010）。它省去了看起来杂乱无章的冗长的拉丁双名法。基于类似的原因，我也避免在每章的正文中加入用以标注引文来源、强调重要的引用材料的注释。这些标注请参阅 315 页的**注释**部分。参考文献的完整列表见**参考文献**。

---

1 —— 中译名参考 IOC 名录中的中文名。页下注均为译者注，不再额外说明。带圈注释为原注。——
　　译者注

　　　　　　　　　　　　　　　　　　　　羽毛：自然演化中的奇迹

致谢

写这么一本书要依赖于他人的慷慨帮助。从科学家、博物馆馆长到钓鱼向导和时装设计师，羽毛世界中到处都有人一再地帮助我——他们协助调查、解答疑问、分享数据和标本，以及和我促膝长谈有关羽毛的话题。在此，没有特定顺序地，列出一些一直以来帮助着我的人和组织：

鲍勃·派尔（Bob Pyle）、希尔达·博肖夫（Hilda Boshoff）、南非CP内尔斯博物馆（CP Nels Museum）、罗布·尼克松（Rob Nixon）、莎拉·斯坦（Sarah Abrevaya Stein）、乔迪·法瓦佐（Jodi Favazzo）、马里诺斯·伊格纳迪欧（Marios Ignadiou）、格雷格·威尔逊（Greg Willson）、斯科特·哈特曼（Scott Hartman）、徐星、怀俄明恐龙中心（Wyoming Dinosaur Center）、艾伦·费多契亚（Alan Feduccia）、理查德·普鲁姆（Richard Prum）、卡拉·达夫（Carla Dove）、皮特·梅尼菲（Pete Menefee）、彩虹羽毛公司（Rainbow Feather Company）、玛丽安·卡明尼兹（Marian Kaminitz）、利娅·查尔芬（Leah Chalfen）、西蒙·汤姆塞特（Simon Thomsett）、莱拉·巴哈－埃尔－丁（Laila Bahaa-el-din）、安兹斯克·凯斯特（Anziske Kayster）、格拉夫－内

特博物馆（Graaff-Reinet Museum）、拉塞尔·桑顿家族（the family of Russel W. Thornton）、彼得·利奥塔（Peter Liotta）、美国国家奥杜邦学会（National Audubon Society）、凯西·巴拉德（Kathy Ballard）、金·博斯特威克（Kim Bostwick）、帕特里克·柯比（Patrick Kirby）、约翰·沙利文（John Sullivan）、托尼·斯克拉顿（Tony Scruton）、贝恩德·海因里希（Bernd Heinrich）、爱德华·博尔马申科（Edward Bormashenko）、徐艳春（Yanchun [Daniel] Xu）、彼得·哈里逊（Peter Harrison）、朱利安·文森特（Julian Vincent）、肯·富兰克林（Ken Franklin）和苏珊·富兰克林（Suzanne Franklin）、苏珊·斯特赖克（Suzanne Stryk）、雪莉·罗伊谢尔（Shirley Reuscher）、肯·戴尔（Ken Dial）、埃伦·泰勒（Ellen Thaler）、安吉拉·林恩（Angela Linn）、阿拉斯加大学北方博物馆（University of Alaska Museum of the North）、美国国家自然历史博物馆史密森羽毛鉴定实验室（Smithsonian Feather Identification Lab [National Museum of Natural History]）、美国国家印第安人博物馆（National Museum of the American Indian）、派赛菲特羽绒床上用品公司（Pacific Coast Feather Company）、杰弗里·朗（Jeffrey Long）、特拉维斯·施蒂尔（Travis Stier）、格伦·塔特索尔（Glenn Tattersall）、布伦达·博格（Brenda Boerger）、大卫·休斯顿（David Houston）、莫林·戈德史密斯（Maureen Goldsmith）、宾夕法尼亚大学考古和人类学博物馆（University of Pennsylvania Museum of Archaeology and Anthropology）、伊拉娜·基钦（Elana Kitching）、琳达·诺热霍夫斯基（Linda Lorzechowski）、格伦·罗（Glenn Roe）、ARTFL 百科计划（ARTEL Encyclopédie）、汤姆·怀廷（Tom Whiting）、怀廷农场（Whiting

Farms)、大卫·罗伯茨（David Roberts）、克里夫·弗里斯（Cliff Frith）、简·格雷尔（Jane Grayer）、伊恩·斯特兰奇（Ian Strange）、唐纳德·杰克逊（Donald Jackson）、克里斯·斯特拉坎（Chris Strachan）、罗伯特·佩蒂（Robert Petty）、因平顿乡村学院模型飞机俱乐部（Impington Village College Model Aeroplane Club）、彼得·斯特滕海姆（Peter Stettenheim）、威廉·库珀（William T. Cooper）、罗伯特·佩蒂（Robert Petty）、泰乌努斯·皮尔斯玛（Theiunus Piersma）、马克斯·普拉策（Max Platzer）、格温·比西克（Gwen Bisseker）、尼克雷·赫里斯托夫（Nickolay Hristov）、艾尔林·冈德森（Airling Gunderson）以及佩特拉·奎尔费尔特（Petra Quillfeldt）。

向提供了非常及时的婴儿护理的保罗·汉森（Paul Hanson）和安·汉森（Ann Hanson）夫妇还有艾琳·布雷布鲁克（Erin Braybrook）致以特别的感谢。我也深深感激圣胡安岛图书馆全体工作人员，特别是海蒂·刘易斯（Heidi Lewis），她耐心地处理我没完没了的馆际互借请求。

感谢弗兰克·基尔（Frank Gill）以他的专业眼光审阅了初期的草稿，并提供了宝贵的、令人鼓舞的反馈。

感谢我的经纪人劳拉·彼得森（Laura Blake Peterson）引导我这名野外生物学家走入这出版的世界，并为我联系了贝塞克图书出版公司（Basic Books）的凯莱赫（T. J. Kelleher）。凯莱赫的编辑知识和对这本书的热情是我莫大的荣幸。我也很高兴能同惠特尼·卡瑟（Whitney Casser）、卡西·尼尔森（Cassie Nelson）、桑德拉·贝蕾斯（Sandra Beris）、安妮特·文达（Annette Wenda）和贝塞克图书出版团队的其他成员一同合作。

最后要说的是，如果没有我的妻子伊莉莎（Eliza Habegger）的坚定支持，这一切都无从谈起。她同我们的小儿子诺厄（Noah）还有其他家人朋友们一起，耐心地容忍了我的怪癖，容忍我去查找资料、四处旅行以及长时间隐匿在我的浣熊小屋（Raccoon Shack）里。

目　录

羽毛：自然演化中的奇迹

前言

哦！造化弄人。

——威廉·莎士比亚（William Shakespeare），
《罗密欧与朱丽叶》（*Romeo and Juliet*，1595 年左右）

是秃鹫让我写的。现在每当人们问起我这本书的时候，我总是抛出这个答案。多年以前在肯尼亚进行一项科研项目的时候，正是秃鹫激发了我对羽毛的最初兴趣。看着这些大鸟围着一具尸体争吵嘶叫，我想到的是，它们的羽毛（以及缺少羽毛的部分）是如此完美地适合于它们的生活方式。它们光秃秃的头颈生来就能更爽利地取食，还能进行热量调节：在白天炎热时长长地伸出来散热，而到夜晚又缩回那奢华的羽绒衣领里去。它们黑色的体羽既能阻挡细菌，又能吸收非洲烈日的热量，让它们在寒冷的高空中盘旋搜寻猎物时保持体温。

秃鹫启发了我对羽毛的思索，自此我就从未停止过思索。我见过有些鹟和夜鹰长出超过它们体长三倍的繁殖羽，我见过企鹅一头扎入浮冰之下，一身柔滑的外套为它们提供舒适的防水保护。我曾在气温低于零度的夜晚蜷缩进鹅绒睡袋里，而就在我身边，我的研究对象，小小的戴菊抖开羽毛抵抗冰冷的寒风,完美地保暖。我曾在恐龙化石中寻觅羽毛状结构的踪迹,并在飞行器里、鱼饵上、维多利亚式的帽子上、羽毛球上、箭翎以及古秘鲁的艺术品里面发现了它们。正如鸟类学家弗兰克·基尔在他的经典教材《鸟类学》(*Ornithology*)中所评论的[①],"羽毛的细节自古就令生物学家着迷,这可是个大话题。"这也真够写本书了,我经常这么想,不过那需要另一只秃鹫来敦促我动手了。

需要解释一下,作为一名野外生物学家,我从来不缺乏要研究的对象或是要撰写的话题,因为自然界的万物都很有得写。如果有哪次我出野外却并不着迷、不激动,那一定意味着我是心不在焉的。有些人觉得跟我一起徒步是极痛苦的事情,因为我不断地分心:鸟巢、蝴蝶、地衣、蚁丘、土质、虫迹、岩石——各种你能想到的东西。在家里,我的妻子伊莉莎容忍了塞进冰柜里的田鼠和鸣禽尸体;满满一冰箱的植物标本;还有一箱箱不知名的蜜蜂、陈年的骨骼以及猫头鹰的头;甚至还有满满一大罐各种有趣的蛆虫。(我们的孩子诺厄也很包容,只是他还不知道除此以外还有别的天地!)我是个彻头彻尾充满好奇心的人,找到我的兴趣点可不是什么难事儿,要把兴趣点缩减下来才是个挑战呢!

在科学研究的世界里,对研究资金的竞争会快速地排除掉大多数可能的研究项目。科学需要钞票,你需要有个新潮、诱人的课题才能弄到拨款。所以鲸鱼、老虎比苔藓植物、叩甲或者霉菌更受重视,就一点儿也不奇怪了。基础野外生物学也许没什么市场,我通常会把我的工作放到更大的主题,比如栖息地破碎化、物种保护、群体遗传学,甚至战争对生态的影响等的背景框架中。当我的日程安排里终于可以开始写一本新书时,我发现可写的话题简直铺天盖地。第一天早上,我啜着

羽毛:自然演化中的奇迹

咖啡，盯着空白的稿纸发呆，最后终于从一个多年来我一直想写的秃鹫的故事开始（在本书的第十五章你能读到它）。我曾希望这至少能引发我创作的灵感，并且如果什么时候我要写"羽毛书"的话，它就会派上用场。

我不是世界上最快的写手，不过截至午间停下来去跑步的时候，我已经写出来几段草稿了。我的家在一座小岛上，沿着一条乡间小道走 5 英里[1] 就能到镇上。小路顺山坡逶迤而下，穿过浓密的树林，从两片农田里穿出。我一边沿着小路慢跑，一边想着秃鹫啊，羽毛啊，这时鼻子里闻到一股动物死尸腐烂的恶臭味。我钻进一片小树林，不出所料，那里有一头被车撞死的小鹿，胸腔朝天敞着，四仰八叉地躺在沟边。头顶的杉树枝上，一只年轻的白头海雕守在那里。而那棵树上更高的地方，落了 4 只红头美洲鹫。它们黑乎乎地蹲了一排，红色的头颈弯下来，静默着，盯视着。

我把脚步放缓，这时靠边的一只秃鹫突然起飞了，它笨拙地拍打着翅膀，每次翅膀拍击的时候，都仿佛在秋天清冷的空气中拨出一声弦响。它在枝丫间倾侧、折转，最后一斜身子就飞上了小路上方没有阻障的天空。当它飞过我头顶的时候，我看到有什么东西从它左翅上飘落，一会儿打着旋儿，一会儿飘荡几下，过会儿又开始打旋儿……直到落在我脚边。这是一片飞羽，狭长、暗色，边缘是绝美的弧线，落在小道上，像半个括号。

当然，我是个科学工作者，而且多少持点怀疑论。我不看星相学的

---

1 —— 1 英里约合 1.6 千米。

书，不找预言家，也不会花大把的时间思虑命运。不过我有几个朋友倒很能搞些恶作剧。所以我的第一反应是找找有没有隐藏的照相机，听听灌木丛后面是否传来窃笑声。当然我一无所获，只有我的喘息声、树林的寂静和随着大鸟飞远渐弱的破空之声。所以整件事情看起来就是，我写了一上午的秃鹫和它们的羽毛，然后出来跑步，撞见了一群秃鹫，而且其中一只还很巧地在我头顶上掉落了一根羽毛。

羽毛：自然演化中的奇迹

绪论　自然奇迹

> 路易斯弯腰从小路上拾起一根颜色泛红的羽毛。他告诉我，这是扑翅䴕的羽毛，并指给我看它的结构：羽轴、羽片，还有羽根。然后他把它递给我，说道，现在我手里捏着的，是大自然的一个奇迹。
>
> ——莱昂纳德·内森（Leonard Nathan），
>
> 《左撇子观鸟者日记》（*Dairy of a Left-Handed Birdwatcher*，1999 年）

　　我领着队伍，走上了一条田边的小路，脚下软软的是露水沾湿的野草。人影被朝阳投向西边，在双筒望远镜、三脚架和单筒望远镜的高脚架装饰下，有几分狂野。这是当地奥杜邦俱乐部的首次春季野外考察。开始我们看到了大蓝鹭，还有一对黄脚鹬在潮水冲刷的滩涂上巡猎；然后我们慢慢地进入内陆，去往一个淡水沼泽，我知道那里有刚迁徙回来的林鸳鸯。乳白色的云朵在碧蓝的头顶上飘飞，阳光暖暖地照在脸上，雨水浸润后的太平洋西北部的冬天，感觉有点奇怪但令人愉悦。

　　在那一排栅栏附近，我的目光捕捉到一阵翅膀的拍动，一抹赤褐色闪过。我举起双筒望远镜，清楚地对焦到了那只鸟，见它机警地立于碧色短草间。"那有一只……"我刚说了个开头，脑子却一下子空白了。

身后的队伍停了下来，我发现每个人都开始观察，举起望远镜，把单筒望远镜也架了起来。那只鸟很容易鉴定，确实不值当这么郑重其事地向一队职业观鸟人指出来。"在栅栏旁边，是一只……"我又想叫出那个名字，可还是没想起来，脑子里都是忙音。

"一只旅鸫而已。"挨着我的那个人放下望远镜，有点尖刻地说。其他的人也不看了，一时间出现了令人尴尬的寂静。我带的可是奥杜邦协会（Audubon Society）的野外考察，而我竟然忘记了旅鸫的名字，这可能是这块大陆上最普通的、在后院就能见到的种类了。在观鸟圈里，这样的失误就好比天文学家忘记了地球的名称。这时我听到有人叫起来"莺！"，于是大家急忙沿着小路向前走了。

因为我的可信度刚遭了沉重打击，所以我还是留在队伍后面观察我的旅鸫轻松些。

羽毛上锈色和炭色的微妙组合，说明了这是只雌鸟。太阳照耀之下，她的毛色鲜亮，如瓷器般光滑。她不时转动头颈，蹦跳几下，突然向前一冲，去土里翻找什么。她又直起身，突然飞了起来，在栅栏柱旁一个急转弯，以不可思议的角度冲天而起，落到一棵桤木的树枝上。停好身形，那只旅鸫摇摇尾巴，浑身羽毛一抖之下变得蓬松起来，既而又伏贴地各回其位。然后她开始梳理自己的羽毛，她的喙不停滑动、啄点，将翎毛、羽片一一挑起、理顺，好像挑剔的管家，将家具摆了又摆。

我哂笑了一下，不过谁会真的对她的完美主义不满呢？这些羽毛影响着她生活的每一方面。它们会在各种天气状况下保护她，避免日晒、风吹、雨淋和严寒的侵袭。它们帮助她找到伴侣，将她的雌性特征布

羽毛：自然演化中的奇迹

旅鸫（约翰·詹姆斯·奥杜邦绘制）。

散给邻近的每只雄性。它们为她挡开荆棘、阻隔蚊虫，而且，最重要的是，使她拥有了天空，令她能随意却高效地飞翔，让我们最先进的飞行器都相形见绌。毫无征兆地，她对自己的梳妆好像已经满意了，从树枝上一跃而下，然后在草地上空起飞，双翅迅速拍击着。我放下望远镜，发现自己已经远远落在那些奥杜邦协会的人后面了。但我为自己再次注意到羽毛这项自然奇迹而感到欣喜，它对于我们而言如此寻常，就如这旅鸽的梳理和飞翔一样。

每天，可能有大约 4 千亿只鸟在飞行、滑翔、游泳、跳跃，或者从我们身边倏忽来去。这就相当于每个人对应着 50 多只鸟，每只狗对应着 1000 多只鸟，而每头大象，则对应着 50 多万只。这是麦当劳迄今为止所卖出的汉堡个数的 4 倍多。每只鸟都和旅鸽一样，有一身精美繁复的羽衣——红喉北蜂鸟大约有 1000 根羽毛，而小天鹅要超过 2.5 万根。将世上所有的这些羽毛一根接一根排起来，能超过月球、超过太阳，连到更远更远的天体上去。具体的数字我们无法获知，但有一点是肯定的：从演化论的角度讲，羽毛是巨大的成功。

脊椎动物有四种基本形态：体表光滑的（两栖动物）、多毛的（哺乳动物）、有鳞片的（爬行动物和鱼类）以及有羽毛的（鸟类）。前三种体表尽管也各有所长，但都不如羽毛那样在形态和功能上有十足的分化。羽毛可以柔弱如羽绒，也可以强硬如木条，可以有倒钩、有分支、有流苏边、有接合处，可以很平整，也可以就是一根没有纹饰的翎羽。它们的大小，有比铅笔尖还小的羽须，也有日本的观赏禽长尾鸡那长达

35英尺[1]的繁殖羽。羽毛可以用来隐藏身体，也可以吸引旁观者的注意力。不用涂颜料，它们就能有鲜亮的色彩。它们能储水也能防水。它们能发出噼啪声、啸叫声、嗡嗡声、颤动声、隆隆声甚至呜咽声。它们是近乎完美的机翼，也是人们发现的最轻、最有效的保温层。

我站在那里，观察着我发现的那只旅鸫，心知我肯定不是第一个被羽毛迷住的生物学家。从亚里士多德到恩斯特·迈尔（Ernst Mayr），自然科学家们一直惊叹于羽毛设计上的复杂度和它们的功能，他们研究了从羽毛生长发育模式到空气动力学乃羽毛蛋白质编码基因等一切的东西。阿尔弗雷德·拉塞尔·华莱士称羽毛为"大自然的杰作……能想象得到的最完美的投入"。而在查尔斯·达尔文关于演化论的第二部伟大著作《人类的由来》（Descent of Man）中，足足用了四章来描述它。不过人类对羽毛的喜爱比科学的研究更深更广，涉及艺术、民俗、商业、传奇故事、宗教信仰，还有日常生活的韵律。从氏族部落到现代的技术社会，全球各种文化都使用羽毛作为象征、工具以及装饰品，这一系列的用途，就像自然界任何事物一样多样，且令人惊讶。

在法国南部的肖维岩洞（Chauvet Cave），洞顶较软的岩石上很仔细地刻着一只长耳鸮。简单灵动的线条刻画出这只鸟越过羽毛丰满的肩部向后看，正是无可混淆的鸮类姿势。肖维、拉斯科（Lascaux）及附近洞穴里有数千处这样的石刻和岩画，这使得这里成为史前艺术的宝库；而这幅画像便是其中的一小块。这些令人难忘和激动的古代动物、样式和图形的雕刻技艺是如此地高超，以至于毕加索被触动得直哀叹：

---

1 —— 1英尺 =0.3048米。

"这 12000 年来我们什么都没学到！"事实上，肖维洞穴里的艺术作品可以远溯至 3 万年前，因此那只小猫头鹰是世界上已知的最古老的鸟类绘画。

尽管那时期的手工制品已经包括了精美的鸟骨针、长颈瓶、小珠子和坠饰，单独的羽毛还很少出现在这些早期岩画中。考古学家相信古时的猎人也将羽毛用作装饰物，同时还用作涂抹赭石颜料的刷子。到了石器时代晚期，羽毛头饰和羽箭就普遍出现在从欧洲到美国西南部，再到纳米比亚沙漠地区的岩画和壁画中了。人们已然又为羽毛增添了实用价值（使羽箭精准地飞行）和深层次的文化运用（作为仪式和身份的重要装饰）。羽毛的色彩多种多样，通常又很鲜亮，用它做装饰是显而易见的选择。从雉鸡的米色和深茶色，到太阳鸟、翠鸿、鹦鹉那样明亮

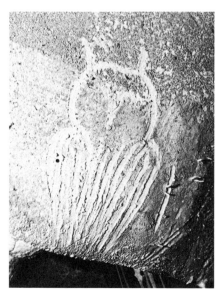

肖维岩洞的长耳鸮，法国南部。

的彩虹色，在使用现代染料之前，哪里还有其他手段能够提供所有这些颜色？随着时间的推移，羽毛催生出一个全球性的产业，供上至国王下至流莺们穿着，并定义从巴黎到纽约的时尚的高度。在弓箭中使用羽毛，代表着类似的直观飞跃——从观察飞行到尝试飞行。事实上，羽毛的耐久性和空气动力结构也在后来激励了从达·芬奇到莱特兄弟这样的发明家和工程师。更进一步，羽毛在神话和仪式中的一再出现，则指向更深的奥秘。

当埃米莉·狄更生写下"希望长着羽毛／寄居在灵魂里"时，她在表达着一种自古以来就有的想法：将羽毛和鸟类飞行与预兆、渴望和精神联系起来。在古罗马，官方的占卜者利用鸟类的行为或者鸟类羽毛、骨骼或内脏上的花纹做出预测，进行占卜。这些通过鸟带来的神谕影响巨大，在政治和私人生活中关系到许多重大的决策，甚至今天在官员就职或提到一个吉时时，我们还会回想起占卜在古代的重要性。叙利亚人、希腊人和腓尼基人从鸽子的咕咕声中获取天兆，许多传统中的秘闻都描述了与鸟类相关的灵魂或启示的途径。根据苏菲派 [1] 诗人鲁米（Sufi poet Rumi）所说，在去朝见真主的神圣旅途上，人的灵魂会依次以鹦鹉、夜莺，或白色的隼的形式出现："当我听到你的鼓召……我的羽毛和翅膀又回来了。"在亚洲中部，多尔干人将孩童的灵魂形容为栖息在生命之树上的小鸟，而从南美到蒙古的萨满都曾将他们的恍惚状态形容为"乘着风"。濒死体验中也总是有一个离开身体、从空中鸟瞰的桥段，而荣格和弗洛伊德也都认为关于飞行的梦是最强有力的（虽然这些梦境

---

1 —— 伊斯兰神秘主义派别。

是象征着超然存在还是粗暴的性行为才是他们争论的重点）。

在被缚于地表的人类看来，飞翔从本质上讲是超凡的能力，因为它真正地接近上天。而如果飞行是神圣的，那么鸟、翅膀和羽毛就是其最有力的象征，在各种仪式、信仰和风俗中一次又一次地出现，令人目不暇接。鸟和鸟类神在所有的神话中都占很重的分量，而飞翔正是他们要小心守护的、能够让他们同时进入精神世界和俗世的特权。在古希腊神话中，赫尔墨斯依靠带翅膀的鞋，加速往来于奥林匹斯山；然而当凡人男孩伊卡洛斯飞得过高时，他那蜡和羽毛做的翅膀摔了个粉碎。印度教中的信使神，金翅鸟迦楼罗，从蛋里降生，他的形象是人身而鹏羽。他的飞行能力为他赢得了作为大神毗湿奴坐骑的荣誉，并且让他在迎战阴险的死敌蛇神娜迦时，占据了永恒的优势。佛教徒和印度教徒都尊奉他，他那毛羽广被的相貌至今仍装饰在泰国、印度尼西亚和乌兰巴托市的公章上。

在某些习俗中，羽毛是精神纯洁的象征，也是来世幸福的前提。古埃及人认为，一旦他们去世，狼头神阿努比斯就会以一片羽毛的重量来衡量他们心脏，以及它包含的灵魂的价值。那些使天平平衡的人可以进入冥神奥西里斯的欢乐国度。但若秤盘向恶的一方倾斜，阿努比斯则将这有罪的心脏丢入蹲伏在他脚下的那只长着鳄鱼头、狮子和河马身子的"吞噬者"阿米特垂涎已久的大口里。在秘鲁的亚马孙雨林，瓦欧拉尼人死亡时也面临着羽毛的审判，民族学家韦德·戴维斯（Wade Davis）在他的书《一条大河》（*One River*）中这样描述："每个瓦欧拉尼人都有一具身体、两个灵魂①，……宿在大脑里的那个会升到天上，在云层底部遇到一条神圣的蟒蛇。只有当它能穿过蟒蛇的鼻孔，并饰以最美丽

羽毛：自然演化中的奇迹

的羽毛，这个灵魂才可以进入天堂。如果做不到，它就会回落到地面，被蠕虫啃噬、解体。"

羽毛和神圣之间的联系并未止步于萨满教或古代神话，在那些伟大的一神教信仰中，它同样也占了一席之地。基督教、伊斯兰教、犹太教，甚至琐罗亚斯德教都信奉天使——更高级的灵性存在，它们充当着引导去往与神合一的路径的媒介。几个世纪以来，对天使的描述出奇地一致。它们的样貌明显可以看出是在人类形象上再添加某些特征。那么添加了些什么呢？究竟将何物添到人的形象上就能象征崇高的天使形态呢？是毛发？鳞片？还是一层黏糊糊的两栖动物的黏液？不，自从善灵（Vohu Manah）首次出现在琐罗亚斯德（Zoroaster）面前，米迦勒（Michael）首次出现在摩西面前，以及吉卜利勒（Gabriel）首次出现在穆罕默德面前，天使就具有了巨大的羽毛翅膀。羽毛就是它们的特征——可不是皮质的、蝙蝠状的翼，那是恶魔的标志。

像早先出现的赫尔墨斯一样，天使们利用飞行这一天赋能力，来往于天地之间，往往带着神的谕旨。对于某些天使而言，翅膀和羽毛构成了一个复杂的系谱，一种身份的标志。

文艺复兴时期壁画上常见的胖乎乎的小天使也许仅拥有两只粗短的翅膀，然而在各种对大天使的描述中，6 对、36 对，甚至 140 对翅膀的情况都出现过。在最高天域的六翼天使，据说披着类似孔雀的羽毛，上面点缀着数百只能看到一切的眼睛。而《新约·诗篇》第 91 篇中甚至直接将羽毛归于全能的上帝："他必用自己的翎毛遮蔽你。你要投靠在他的翅膀底下。他的诚实，是大小的盾牌。"

马赛克图案，饰以精美羽毛的六翼天使，出自 12 世纪的圣奥迪
尔山天使教堂，法国阿尔萨斯。

羽毛：自然演化中的奇迹

诚然，人类对羽毛的迷恋如羽毛的自然史一样丰富。任何深入的探索必然跨越宗教和世俗、现实和虚幻，覆盖科学、神话、文化和艺术领域。羽毛既令我们得以洞察演化历程和动物的行为，也为人类信仰史和创造史提供了一个独特的视角。我将在下面概述本书的几个主题，给出本书所有章节的框架。**演化**部分探讨了关于羽毛起源这个有争议的谜题——羽毛从哪里出现，为何出现？**羽绒**部分，从冰暴中的小鸟到登山者外套中的羽绒，研究了羽毛惊人的隔热能力。**飞行**部分揭示羽毛如何开辟了天空世界。**美艳**部分，从天堂鸟到拉斯维加斯大道的舞女，讲述关于诱惑的异域故事。最后一部分，**功能**，讨论了在自然界和为人类使用的无数其他用途上，羽毛是如何不断演变的。本书中我们处处都会遇到令羽毛的故事充满活力的动物和人物，这个综合的演职员表包括了鸟类、恐龙、教授、女帽商、发明家以及探险家，等等。

　　作为作者，我的本职是让你不断地翻动这本书的书页读下去，但作为一名生物学家，我鼓励你每过一段时间就把书放下。如果你这样做，你很快会发现书中的故事就活生生地存在于你周围的世界。我妻子记得她的祖母说过，"三英尺内，必有蜘蛛。"即使是打理得再好的屋子里，也免不了有几只蜘蛛藏在墙缝屋角里。同样地，你也从来没有远离过羽毛。如果它们没填充在你的枕头和大衣里，就一定包裹着每一处森林、农场、后院、郊区和城市里的每一只鸟儿的身子。你会在时尚杂志、飞机机翼、鱼饵、圆珠笔和美术作品中发现羽毛和受它们影响的印迹；但最重要的发现是在鸟类身上，这些常见动物的体表，便随意装饰着这些自然奇迹。走出家门，利用每一个机会观察它们，留心观察。你不会失望的。

演化

　　一根羽毛的有趣之处就在于，它要生长。它不能像将红热的铁水倒入模具铸成子弹那样，被瞬间制造出来：那小小的、轻飘飘的羽毛，像蕨叶一样，一步一步，一丝一缕，慢慢地分支成飘动的细小纤维。我指间捏着的、游丝般随着我每次的呼吸和脉搏而颤抖的细小绒羽是如此，动物演化史中那件完整的羽衣也是如此。

——格兰特·艾伦（Grant Allen），
《赏羽》（"Pleased with a Feather"，1879 年）

第一章 罗塞塔石碑

我需要羽毛，很多的羽毛，以带来新生。

我不要这铁齿钢牙，我要那利喙破空。

这些我翅上的爪啊，除了把我拖向地面，还能有什么用？

你能否想象，我还会再次爬行？

——埃德温·摩根（Edwin Morgan），

《始祖鸟之歌》（*The Archaeopteryx's Song*，1977 年）

随手拾起一根羽毛，转动于手指间，感受着它的轻盈、柔软和坚韧、结实。中空的羽管向上渐渐变细，形成优美的羽片。不论这根羽毛是从海鸥的翅膀上脱落下来，还是从羽绒枕头里钻出来，它的外形结构都是这样，不会弄错。我们一眼就能够认出它来自鸟类——再没什么比这更有鸟儿的特征了。鸟类会飞，但是蝙蝠和蚊子也会飞。鸟类会产卵，但是鱼、蝾螈和鳄鱼也会。大猩猩会筑巢，猫和蟋蟀会发出叫声，乌贼有喙。在所有令鸟类名副其实的明显的特征和行为中，只有羽毛是其独有的。

那么羽毛来自哪里呢？化石证据告诉我们羽毛的演化发生于中生

代时期，这和鸟类的起源在时间上相互交叠。这个问题仍是科学界最有趣、最有争议的议题之一，并且是由一块化石、一份嫁妆和一场著名的智斗的故事开始。

　　一切都开始于一声咳嗽。对于生活在 19 世纪的一名采石匠来说，咳嗽是再寻常不过的事情了。他工作的环境满是灰尘——爆破、凿子和不断的敲敲打打都能扬起细小的石灰石的沙砾。一些人试图通过以布蒙脸的法子来避免灰尘，但大家还是咳嗽，并且开着黑色幽默的玩笑说，就算矿井瓦斯和砸落的石板都没要了他们的小命，矿工自己的肺最终也会完成这个任务的。干燥的夏季更加糟糕。在 8 月，采石匠根本不会仔细琢磨自己的轻微气喘或者持久的咳嗽症状。但现在是巴伐利亚的春天，雨水和最后的融雪使采石场的墙面变得滑溜溜的，灰尘也被浸成了脚下的泥巴。这个时候咳嗽一定有其他什么原因，他十分担心自己得上了肺结核，这种疾病在当时被称为肺痨或者白色瘟疫。在 19 世纪的欧洲，肺结核是致死率最高的疾病，每个人都曾目睹自己的亲朋好友被那些损耗性的症状压垮并死去。不论这个采石匠怎么想的，他最终还是迈出了花费昂贵的那戏剧性的一步——去看了医生。

　　在 1861 年的德国乡下能有一位受过培训的医生，这是极为罕见的事情。医生们多为上层阶级服务：那些富有的地主、商人、贵族和高级牧师。采石匠是几乎不入他们的法眼的，但是在索伦霍芬（Solnhofen）附近工作的采石匠们却有着优势。他们从地底下开采出来的石灰石板，可不仅是用作铺路石或者印刷板的。小心地沿着细密的岩层破开石板，上面有时能够发现鱼、树叶、昆虫或者我们从未见过的其他奇怪生物的深色骨骼印记。随着一波对博物学和查尔斯·达尔文刚发表的理论的兴趣热潮席卷欧洲，这些化石也就从稀罕的小玩意儿变成了价格不菲的商品。

博物馆和私人收藏家为上等的标本展开了激烈的竞赛，所以采石场主们开始声称任何发现都归他们自己所有，并将这视为他们新的重要的收入来源。而采石工人们也早就把化石作为他们危险又低薪的工作的外快。只要有可能，他们就会把化石藏在大衣口袋或者饭盒里私带出去。每个人都知道在帕彭海姆（Pappenheim）附近的那位老医生是个收藏迷，也许他并不直接从你手里购买化石，但他总会同意受治者以好的化石标本作为报酬。

我们的这位采石匠最终来到帕彭海姆的诊所时，胸部已经严重感染。医生的记录并没有告诉我们他的诊断结果、治疗过程甚至他的名字。我们仅仅知道他支付的方式：一块精巧的、乌鸦大小的化石。这块化石将永远地改变科学界。这就是第一块始祖鸟（*Archaeopteryx lithographica*）——一种长着爬行动物骨架和鸟类羽毛的古代生物——的完整标本 [①]。虽然它的拉丁名字意义清晰、简明，甚至富有诗意——"镌刻在石头里的古代翅膀"，但人们对它的认可却远没有那么简单。这种爬行动物和鸟类羽毛的组合引发了一场风暴，推动人们持续热烈地争论着关于演化论、创世论，以及鸟类和羽毛起源的话题。150多年来，数以千计的研究论文发表之后，始祖鸟当之无愧地成为历史上人们关注最多的生物标本，也是演化论思想的争议关键所在，因此被很多人称为生物学中的"罗塞塔石碑"。

对于卡尔·哈伯伦（Carl Häberlein）医生而言，这是一笔意外之财。近些年来，化石交易变成了他生活中越来越重要的部分。虽然没有受过古生物学方面的培训，他却被公认为索伦霍芬化石预处理和鉴定的专家。他的私人收藏名冠一方，学者们也经常去帕彭海姆参观他那精巧的翼龙、鱼和带翅的昆虫化石。他将化石标本销往欧洲顶级的博物馆，并因此获得了要价精明、不二价的名声。对于始祖鸟，他知道自己的这块化石足以吸引外界的关注、引发争论，而且最为重要的是，能够在开放的市场中给他带来极大的财富。

我们在仅存的一张哈伯伦的照片上看到，他是一个面色苍白、方脸、黑眼睛、薄嘴唇、脸上挂着微笑的人。他端坐，双手规矩地叠放着，身穿黑色的医生装，眼睛直视镜头。由此很容易想象到他会是一个极力与你讨价还价的人。哈伯伦一心考虑利益的最大化，因此决定不单独卖这块化石：不论是谁，想买始祖鸟化石就必须买下他的全部收藏。他拒绝出借这块化石，也不允许别人来临摹，以制造一种神秘的气氛。同时，他却邀请感兴趣的买家到他的家中略作鉴赏。消息很快传到巴伐利亚州立博物馆的核心管理者们那里，但经过几个月的讨价还价之后，他们还是没有就收购价格达成一致。

关于这个化石的描述传到了伦敦，终于，一位决意要购买该化石的买家出现了，他就是大英博物馆自然历史部的主管理查德·欧文爵士（Sir Richard Owen）。化石的价格令欧文的董事会有些畏缩，但是欧文爵士和他的一位同事却不以为然，并私下和医生秘密商量价格，这一番商讨持续了半年之久。对于哈伯伦来说，这笔生意相当重要：他本人当时已经74岁，夫人离世，尚有一个女儿待字闺中，因此他需要给女儿一份不薄的嫁妆以匹配她的社会地位。家庭荣誉（和舒适的退休生活）要求这笔买卖一定要有利可图。而这交易对于理查德·欧文来说也许还

羽毛：自然演化中的奇迹

更重要些。他是那个时代杰出的古生物学家，是维多利亚女王的高参，甚至连"恐龙"这个词都是他创造的。然而，他的职业生涯是建立在一个坚定的信念之上，即，只有上帝之手才能创造和改变物种。如果始祖鸟可以被认为是爬行动物向鸟类的过渡，那么它将是达尔文主义者需要的危险证据。他们将称其为鸟类和它们最具特征的羽毛是从爬行动物演化而来的明证。欧文需要成为研究该化石的第一人，他要描述它，否定它成为演化史上"丢失的一环"的任何可能性。

随着欧文声望的岌岌可危，他先松了口，答应哈伯伦以 700 英镑，即相当于现在的 65,000 英镑（100,000 美元）的价格成交。这个价格足以使得哈伯伦的女儿风光大嫁了。尽管这个价格令大英博物馆的理事们大为恼火，但日后看来却是一笔相当划算的交易，有位古生物学家曾评价道，"这是全世界所有物种中最珍贵的标本。"

这块始祖鸟化石被装在两层结实的板条箱内，空隙里填满了稻草，当它抵达伦敦时，它到达了一个新的世界。在这里，学术争论会成为新闻头条。达尔文的《物种起源》才发表不到两年，充满挑战意味的自然选择的演化论观点还回响在教室、客厅甚至是公共场所。每个人都有自己的观点。政治漫画里描画的是摇篮里的猴子和身着工作服的大猩猩。在公共场合讨论这事的人越来越多，喧闹的听众经常大叫着把主讲人的声音淹没下去。

达尔文的理论预示着一个科学观念根本性的改变，但是这理论在当时还远远不够清晰。达尔文的支持者们以富于魅力的托马斯·赫胥黎为首领，他们所面临的强硬的反对，不仅来自像欧文一样的著名学者们，也来自大多数的公众。

始祖鸟化石到达伦敦时，正是查尔斯·达尔文引发的思潮达到了巅峰的时刻，这位伟大的
博物学家经常被画成这个样子。

羽毛：自然演化中的奇迹

不受任何力量引导的自然过程塑造了地球上生命的历程，这种思想对教会的教义和延续了两千多年的西方科学和哲学观点公然发起了挑战。然而，达尔文理论充满了思想感染力和解释问题的力量，支持者在不断地增加。所以，如果蜥蜴身上长了羽毛，这样的证据将起到决定性的作用，欧文对此心知肚明。因此，始祖鸟化石一到达博物馆，他就亲自打开包装，偷偷将化石拿去了自己的办公室，并且急匆匆地准备发表文章来描述这块化石。我们很难不去猜测，他是否觉察到这个带羽毛的标本将如何颠覆他的职业生涯，玷污他一生的事业，并将他永久地置于历史上错误的一方。

我的始祖鸟化石的故事要乏味得多。它被用气泡布、报纸和聚苯乙烯泡沫塑料紧紧包裹后，装在硬纸箱里由联邦快递快递给我。不像维多利亚时期，我不需要大英博物馆那样的影响力和资金来找标本；我这块是从易趣网买的。当然了，它不是真的：至今，一共也只发现了10块始祖化石。我的这块是从某个标本原件复制而来的，是一件高品质的仿品，原本用于在博物馆陈列、课堂教学以及私人收藏。这些复制品非常畅销，我能理解其中的原因。书和研究论文用照片来展示始祖鸟的特征，但是你却不能通过一张照片触摸到它的纹理，你不能在阳光下倾斜它以观察这些古生物的骨头所投射的阴影。我是一名野外生物学家，我喜欢用手触摸所研究的东西。

当游客第一次来到卢浮宫参观达·芬奇的《蒙娜丽莎》时，总是被它的尺寸吓一跳。他们原以为这幅画要大得多。始祖鸟化石也是如此。根据它的鼎鼎大名，它的尺寸应该相当于一只秃鹫、一只雕甚或一只长着羽毛的恶龙。但实际上，它也就是一只喜鹊大小，或者仅仅是生活在树丛里，浅褐色的、被观鸟者统称为"棕色小雀雀"的那些鸟那么大。毕竟我看过关于始祖鸟的资料，知道这化石的尺寸不大，但它的美丽还是令我为之一惊。

制作这件仿品的艺术家完美地捕捉到了索伦霍芬石灰岩那金子般的色泽。化石从这深锈褐色的石板上凸显出来，它的脖子弯成拱形，展开的双翼就好像它正要平稳地滑落在它将安息的侏罗纪泥土之中。我可以看见单个的骨头、爪子、精致的牙齿，当然了，还有羽毛。这些羽毛覆盖在翼上，然后延伸至弧形的背部、尾部，像极了日本书法家的作品。细看，每一个羽轴和羽片看上去都完全是今天的样子，和我家后院

作者得到的那块始祖鸟化石复制品："镌刻在石头里的远古翅膀"。

　　　　　　　　　　　　　　　　羽毛：自然演化中的奇迹

里那些棕色小雀雀身上的全无二致。细部刻绘得非常精细，并且鸟类和爬行动物结合的特征十分明显。就算是非专业人士，也很容易看出它为何如此重要。

在 21 世纪看到始祖鸟化石要容易得多，但是有一件事是 150 多年来一直未曾改变的，那就是围绕它而展开的种种争议。当我在易趣网上竞拍时，有两件仿品待售，它们的商品描述也许分别出自赫胥黎和欧文之手。第一个卖家写道："长期以来，大多数科学家都认为始祖鸟是鸟类和爬行动物之间的过渡物种。"第二个卖家则语气坚定："始祖鸟绝不可能是从恐龙演化而来的……当持演化论的科学家们不断遭到驳斥，一如在始祖鸟问题上的遭遇那样，创世论在所有科学领域的预测都已经得到，或者即将得到验证。"作为一名生物学家，我认同这位达尔文主义卖家，可惜创世论的卖家提供了更便宜的价格。

欧文和赫胥黎没有易趣网这么个地方来进行争辩，但是他们也找到了当时可以充分表达各自观点的讨论之所。他们数次剑拔弩张，争执从海洋贝类到鱼类分类法的所有问题，但关于演化论的主题使两人成了不共戴天的死敌。两人几乎没有面对面的辩论，但仅从那次著名的提问——一个欧文的支持者问赫胥黎，是他的奶奶还是爷爷那支家族成员中有人是大猩猩——人们便能了解当时的情况了。这一场景发生在 1860 年牛津大学的一个拥挤的礼堂内，就在始祖鸟化石被发现后不到一年。有一名观众这样概述了赫胥黎当时的反驳："我宁愿做两只猿的后代，也不要成为一个惧怕直面真相的人。"在一个崇尚血统和文雅的年代，这你来我往的诋毁话语引发了听众席混乱的嚣叫和讥笑。甚至有名妇女晕倒了，被抬出了房间。

在外界充斥着辱骂和智力较量之时，欧文却将自己隔离起来，只以始祖鸟化石为伴，狂热地写着专著。那个时期欧文的照片显示，他耸肩躬身，表情严肃，眼窝深陷。而赫胥黎的形象与之形成了鲜明的对比，他显得年轻而自信，黑色的头发整齐地梳到脑后，蓄着维多利亚风格的长胡须。

在后人的眼里看来，人们很可能会觉得赫胥黎是一个精力充沛的新观点的倡导者，而欧文是一个刻板的守旧者。但其实两个人都十分活跃，他们所取得的学术成就都有着极高的声誉并受到广泛的支持，并且赫胥黎本人最初也是质疑演化论的。事实上，一些史学家相信，赫胥黎自我标榜为"达尔文的斗犬"不仅是因为他深信达尔文的理论，很大程度上也源于他最初想驳倒欧文的冲动。

始祖鸟化石抵达伦敦尚不到三个月，欧文在伦敦皇家学会的一次会议上展示了自己的发现。他把始祖鸟总结为"不过是一例已知最早的完全成形的鸟类"，根本不存在什么"缺失的一环"，也不是演化论的证据和什么过渡类型。这个化石的爬行动物特征完全是一种偶然。这是一种古代的鸟，很有可能是索伦霍芬化石层中各种神创的长尾翼龙中的一种。研究自此了结，是为结论。

虽然欧文急匆匆写出的这篇论文留有很多没能解答的问题，但令人惊讶的是，这几乎没有引起什么争议，事态颇维持了那么几年。然而，他的草率最终导致了他的溃败。听完欧文的演讲，赫胥黎从容地规划了他的回应。他先是野心勃勃地研究了鸟类解剖学，据此他找到了现存的鸟类和某些已经灭亡的恐龙之间显著的相似之处。当他再转而研究始祖鸟时，新学到的知识使得他对欧文的攻击有了更大的毁灭性。

　　　　　　　　　　羽毛：自然演化中的奇迹

在一系列的讲座和论文中，赫胥黎掷地有声地驳斥了欧文的观点，他详尽地阐释了始祖鸟的骨骼特征与鸟类和爬行动物都有着密切的联系。不仅如此，他还从索伦霍芬化石中鉴别出一种名叫长足美颌龙（*Compsognathus longipes*）的小型恐龙，它和始祖鸟除了羽毛以外完全相似。赫胥黎一下子找到了两个可信的"缺失的环节"（这可不只是"缺失的一环"了）：始祖鸟与鸟类、爬行动物都有明显的相似性，长足美颌龙又使之跟爬行动物中一个特定的类群——恐龙联系到了一起。作为最后的致命一击，他指出欧文教授粗心地弄错了石板上化石的姿态。他评论道："就好像欧文教授分不清楚自己的左右脚一样。"这下能够比给赫胥黎的赞扬声更响亮的，就只剩下对于欧文的羞辱了。自此重击之后，欧文的名望再也不曾恢复。

当然了，关于始祖鸟的争议并未因赫胥黎的研究而停止。其他化石标本的不时发现使得这块化石一直处于抢眼的镁光灯下，一个半世纪以来，它不断地造就着（也摧毁着）科学家们的职业生涯。但神奇的是，虽然有各种研究和理论推理，赫胥黎1868年那篇论文的主旨至今还屹立不倒。20世纪70年代，经过耶鲁大学的约翰·奥斯特罗姆（John Ostrom）等人重新提出这一思想并进行扩充，越来越多的人达成了一个共识，即始祖鸟和鸟类都是由恐龙——具体来说，是其中被称为兽脚类恐龙（Theropods）的食肉类群（美颌龙也是其中一员）——演化而来的。

基于赫胥黎的先见，我反复地读他的文章，仔细观察我这块始祖鸟化石以期找出一些细节。我想确切地知道他当时看到了什么，他是如何凭借直觉找到了鸟类和恐龙之间的关联。这个复制品清楚地展示了羽毛、爬行动物的尾巴，甚至前爪上"分裂的掌骨"。他关于"髋臼缘呈明显牙弓形"或者"股骨外侧髁后表面"的描述使我不得不承认，要么是我的复制品缺乏那样的细节，要么，更有可能的是，我还没本事认出它们。要想真正地理解始祖鸟化石以及羽毛的起源，我需要两件东西：一件真正的标本和一个好的古生物学家。

直到不久前，要想近距离地观察真正的始祖鸟化石，还必须要预订一趟欧洲之行，并且要申请那难以得到的研究许可。哈伯伦的标本原件依旧展出在伦敦的大英博物馆里。而其他化石则陈列在柏林、慕尼黑和荷兰等地的各大古生物收藏中心。不过现在有了另外一种选择：怀俄明州的瑟莫波利斯（Thermopolis），一个人口仅有 3172 人的地方。因为一场被某些人称为古生物盗劫的奇怪变故，这个小小的怀俄明恐龙中心拥有了一件迄今发现的最为漂亮和完整的始祖鸟标本。

———

"有人说我们这里前不着村，后不着店，确实如此。"该中心的发掘部主任格莱格·威尔森（Greg Willson）这么承认。我抑制住了想要去辩驳他的冲动，因为我刚驱车穿越了 800 多英里的荒草滩。在到达瑟莫波利斯之前，我就已经经过了所谓的偏僻荒凉的角落。"至少你能够以从未有过的近距离接触到始祖鸟化石。如果不是因为这个地方，那么它可能就会被锁在某个地方作为私人收藏了。"我心想。

格莱格 35 岁左右，带着和善的微笑，说话也特别体贴。他就在瑟莫波利斯土生土长，从这里的温泉镇高中毕业。后来，他就搬到其他地方念大学。这个恐龙中心提供工作机会时，他正在攻读人类学博士。"我抓住这个机遇马上搬了回来，"他说道，"我学习的是人类古生物学，所以我不得不调整了一下，不过我相当喜欢这个工作。"顿了一下，他又补充道："老实说，怀俄明州没有多少类似这样的机会。如果你想要一份科学界的工作，你往往得等到大学里的某个人死掉才会出现职位空缺！"

在看了一个上午的化石之后，我们在镇上一个名叫"庞博尼克"（Pumpernick）的家庭餐馆里一边吃着烤肉三明治，一边继续交谈。瑟莫波利斯这块标本的故事听上去颇让人觉得熟悉。故事里有秘密的谈价，上了年纪的卖家，经费紧张的德国博物馆，还有精美但来源神秘的标本。在哈伯伦的标本交易 150 年后，这又是一个将化石卖给出价最高者的故事。

"此前甚至没有人知道这块化石，"格莱格解释道，"一个瑞士收藏者的遗孀要把这化石卖给法兰克福的森肯堡博物馆（Senckenberg Museum）。这个寡妇不愿意降低价格，而博物馆却没有那么多钱。要不是布克哈德插手，这个购买化石的机会就没有了，因为她会把它拿到黑市上去拍卖。"

格莱格指的是布克哈德·波尔（Burkhard Pohl），建立怀俄明恐龙中心的那个古怪的澳大利亚人。他的身份一半是科学家，一半是化石经理人。波尔来自一个富有家庭（经营美发和化妆品），以前他学的是兽医，直到他把对古生物的热爱转变成一份全职工作。波尔利用他那些有钱的化石同好间的人脉（"他打进了那些圈子"，格莱格告诉我），委托了一位匿名买家买到了始祖鸟化石。虽然交易价格未曾透露，但是始祖鸟化石在 1999 年曾以 150 万美元的价格成交过一块，所以波尔委托人所支付的价格可能比这个还高得多。购买合同中规定，要将这块化石委托给恐龙中心策展，于是瑟莫波利斯标本就此诞生。

起初，这个举动在科学共同体内部引起了一个小范围的抗议（正如当时《科学》杂志的记者忍不住评论的："一些人炸毛了。"）。作为行规，古生物学家不信任商业化的化石交易，因此很多人都拒绝研究私人收藏的任何标本。一些批评家认为波尔掠获了该始祖鸟化石标本，而它本来是属于一个大型公立机构的。其他人则仅是担心怀俄明恐龙中心无法给标本提供恰当的照料及安保，或者担心恐龙中心太过于偏远，有碍于研究。

"大多的质疑已经不复存在了，"格莱格说，"没错，我们是一家私立博物馆，但是我们可以随时为参观者提供标本。已经有几十人来研究过这块化石了，相关研究论文也正在撰写。消息已经传播开了。"

这个消息是对托马斯·赫胥黎的假说更有力的支持，它强化了始祖鸟与美颌龙及其他兽脚类恐龙的联系。瑟莫波利斯标本的姿态及其品质展现了一些其他标本上看不到的关键特征，那个上午格莱格带着我细细地参观了一番。

"我们的这块标本有着至今发现的保存最为完好的头盖骨和脚趾。"他一边用笔尖指着化石细节处，一边解释道。我们一起观察着这块完美无瑕的第一代标本仿品——原件大多时间待在玻璃后面的温控室里。一如我所仔细观察过的家里的那块复制品，瑟莫波利斯始祖鸟像一个雪地天使般铺展在石板上，骨骼和羽毛被干净利落地凿刻成了浅浮雕。但这块标本的头顶骨清晰可见，就好像它是在向下俯视时死去的一样。格莱格向我解说，始祖鸟的腭骨——通过眼眶旁的小孔可以看见的浅凹的小块骨头——具有和兽脚类恐龙一样的四个齿，而不是现代鸟类的三个齿。他向我展示了始祖鸟超长的第二个脚趾，和《侏罗纪公园》里凶猛的兽脚类食肉动物、大名鼎鼎的伶盗龙（*Velociraptor*）那致命的脚爪一样。向后伸出的后趾本是树栖鸟类用来抓紧树枝的，但在这块化石上，它只是略向后偏移，因此可能尚无法抓紧树枝。

现在我们坐在了恐龙中心楼上一张宽大的桌子旁，上面摆满了各种化石和浇铸的模型。在始祖鸟的旁边就是赫胥黎的美颌龙，它们两个看起来相似极了——从脚爪、长尾到带齿的腭。十块已知的始祖鸟标本中，至少有两块一开始被误认为美颌龙，直到进一步的仔细观察，才揭示了羽毛的印痕和骨骼的细节。这张桌子上还有其他宝贝：始新世的鸟，它比始祖鸟出现晚一亿年，但却是货真价实的鸟类，那没有牙齿的喙、短小的尾巴、铰链式的肋骨和完全对置的后趾都能够说明一切。格莱格向我指出了它脚趾的减少、腕骨的融合，以及那些建立了从兽脚类到始祖鸟再到鸟类的强大联系的微妙特征。

"下面让我们来看看楼下的那些大家伙们。"他说道。我们从布景后面的金属楼梯下到一层，在路过准备室时，我可以听到机器呼呼作响。准备室里有四名技术工人整年在日光灯下，负责对标本进行修整、清洗和编目。当我们来到大厅，我的眼睛需要一点时间才能适应这里的光线。我看到了昏暗光亮之中耸立着的恐龙，它们有的有两层楼那么高：剑龙（*Stegosaurus*）、三角龙（*Triceratops*）、迷惑龙（*Apatosaurus*）和其他许许多多我不认识的恐龙挤满了这个像飞机库一样的房间。它们的骨骼都拼接在一起，如同其他博物馆的展品一样精细，但这里的陈列没有多余的装饰，和整栋建筑盒子一样的金属外观非常匹配。甚至连波尔自己也承认这个地方"不怎么漂亮"，但是在某种程度上，它却能够帮人们将注意力集中在化石标本上。这里数以千计的展品最早都来自于波尔所捐赠的私人收藏。当恰好位于该镇旁边的侏罗纪泥岩地层中发现了其他的化石后，这个博物馆所收集的标本数量便在不断地增长。该中心管理着波尔 7500 英亩[1]的牧场上的几处标本发掘现场。

"我们是世界上唯一能让游客真正帮助发掘化石的博物馆。"格莱格告诉我。他所指的就是他们非常受欢迎的"一日发掘"活动。它使得游客能够亲身参与古生物的发掘，挖出来的化石就陈列在博物馆中。

"你肯定乐意看看异特龙（*Allosaurus*），"他一边继续说着，一边用手指着一个巨大的头盖骨，上面长着弧形的像刀锋一样的牙齿，"那是我们在牧场上发现的唯一一只兽脚类恐龙。"但在藏品中还有一些其他的食肉恐龙——一只作全力冲刺状的伶盗龙，甚至还有一只霸王龙（*Tyrannosaurus rex*）探出它那硕大的脑袋和半张开的嘴巴，一副将要冲过来的样子。

"请看它的后趾，"格莱格说着，指向足部一个向后的突起，它高于其他三个巨大的脚趾，"看着眼熟吧？那个后趾抬起离开地面，像哺乳动物的残留趾一样，这可能就是始祖鸟行走的样子。"他用三只向前的手指头和有些向后的大拇指比画了一下这个动作。在随后的参观中，他还给我展示了其他类似鸟类的兽脚亚目食肉恐龙的特征——伶盗龙融合的腕骨和偷蛋龙（*Oviraptor*）的叉骨。它们像是我们在楼上所看到的那些化石变大后从石板中挣脱出来一样。

1 —— 1 英亩 =40.4686 公亩 =4046.86 平方米

　　　　　　　　　　　　　　　　羽毛：自然演化中的奇迹

始祖鸟陈列于一个角落，就在一只高达 109 英尺的植食恐龙超龙——完全算得上是实至名归——那仿佛扫动着的大尾巴下面。在一个到处是龙的屋子里，很难让一只喜鹊令人印象深刻，但是展览中心为它投射了有舞台效果的灯光，配上了很长的文字说明，用一株"家族树"展示了人们所推测的始祖鸟和恐龙之间的关系：始祖鸟由兽脚类恐龙演化而来，被称为"第一只鸟"。我不得不笑了。虽然赫胥黎可能取得了那长久论战的胜利，但欧文也可以说胜了一小场：他把这化石叫作鸟，这种称呼就这样流传下来。

这所有的一切都使得始祖鸟的故事更加令人信服，但我还是觉得少了点什么。午饭后，我告别了格莱格，返回中心最后再去看始祖鸟一眼。这次我独自去了展室，房间内温度凉爽、光线黯淡。照相机的闪光灯把野兽骨骼的影子投在墙上。没有了人群的推来搡去，我在始祖鸟那儿逗留了一会儿，好像仅凭亲近这著名的化石就能让我更了解它似的。

这让我想起了我曾见过图坦卡蒙法老的金色石棺——不是在它某次安保严密且隆重的美洲巡展中，而是多年前去埃及的时候。在开罗的国家博物馆，所有图坦卡蒙的宝藏都放置在简单的有玻璃盖的箱子内，仅由一名面无表情、手持 AK-47 的警卫看守。游客们想待多久就可以待多久，可以睁大眼睛仔细观察，也可以给它们拍照，抑或在那里沉思它们的神秘之处。就像图坦卡蒙一样，始祖鸟也给我们留下了许多的未解之谜。

就在那一刻，我突然想到：羽毛是什么？它们就在那里，清晰可见，从石化了的双翅上延伸出来，整齐地一排排交叠。尽管始祖鸟的故事却是由骨头讲述的：腭、后趾、指骨、骨间小孔。就我对"第一只鸟"的全部认知而言，我对它的羽毛本身几乎一无所知。这些羽毛是如何出现的？由什么演化而来？又是在何时出现的？它们曾有什么功能？这些最基本的问题依然没有答案。

第二章　隔热服、滑翔机和虫舀子

不论何时，只要看到孔雀尾巴上的羽毛，我就会感到十分不舒服！

———查尔斯·达尔文在 1860 年写给

阿萨·葛雷（Asa Gray）的一封信中对羽毛演化问题的思考。

石头可以砸碎剪刀。这是校园里无数"石头—剪刀—布"比赛所确立起来的一个人人皆知的事实。但是，如果这个游戏改名为"石头—羽毛—布"呢？那结果就应该是石头也能砸碎羽毛了。任何化石都是稀有的——绝大多数动植物死亡和腐烂时，都不会正好在淤泥、火山灰的堆积物或其他可能保存它们的沉积物中——但羽毛更为珍稀。羽毛像皮肤、毛发或者柔软的身体组织一样，在石化的过程中也面临着双重的考验。它们比骨头或甲壳分解得更快，并且，哪怕是形成最柔软的泥岩或页岩所必需的热量和压力，都很容易破坏它们。无怪乎怀俄明恐龙中心等古生物博物馆看起来都像是巨大的堆骨场，因为只有坚硬的部分才最有可能保存下来。

事实上，羽毛石化所需的条件非常罕见，以至于在过去的一个多世纪里，始祖鸟一直是孤例。侏罗纪的恐龙、翼龙、鱼类、昆虫、植物，甚至早期哺乳动物的化石，都不断地从世界各地被发掘出来，但只有索伦霍芬出土过与始祖鸟同时代的其他羽毛化石。它们只是同一主题的变种：几件新的始祖鸟标本。对于研究鸟类和羽毛的演化，尽管我们有着极大的兴趣和数以千计的论文，但实物证据依然单薄得令人难以置信。

对这些缺失的证据，一代又一代的古生物学家、鸟类学家、生物学家，甚至化学家和物理学家，都提出过自己的理论、观点和猜想。一直以来，羽毛的演化往往迷失在鸟类和鸟类飞行起源问题的争论中。始祖鸟翅膀上保存有完好的羽毛，这使得将这些问题糅合起来看上去不容反驳，但其实保持每个问题的独立性是很重要的。羽毛演化的过程、原因以及时间，和鸟类的关系，可能并不像人们通常认为的那样密切。

传统上，羽毛起源的理论都集中在羽毛为什么会出现这一问题上，并提出羽毛的一些特定用途就是其演化的原动力。这些理论被称为功能主义理论，其中主要的观点是，羽毛的演化是为了适应飞行，以及羽毛明显的空气动力学特征只有可能是从飞行的动物身上演化出来的。尽管越来越多的证据都将其演化的原因指向了一个更加复杂微妙的故事，但一些强硬派仍然坚持这一观点。也有人认为，结构较简单的羽毛一定比始祖鸟身上的飞羽出现得早。它们也许根本就不适合被用于飞行，但能保温或者具有能用于炫耀和求偶的颜色。有些理论则为羽毛的防水和保护功能提出理由，甚至还有个富于想象力的假说，假想恐龙用羽翼作为遮阳罩，遮挡自己的蛋和幼雏，使它们免受侏罗纪烈日的炙烤。

即使是最理智的头脑有时也会屈从于幻想。约翰·奥斯特罗姆复兴了赫胥黎的理论，他那"温血"恐龙的观点为学界带来变革。他还提出了羽毛是"虫舀子"的观点。他设想的情境是这样的：始祖鸟等原始

约翰·奥斯特罗姆的"虫舀子"理论构想出鸟类的先祖用它们的羽毛来诱捕飞虫。

鸟类一起奔跑，它们用羽翼末端拍打地面，以便惊起昆虫，或者用巨网状的羽翼将昆虫推到自己张开的大嘴的前方，仿佛直接从空气中舀虫子吃似的。虽然这是个很棒的阐释，但这种观点的创说者本人最终也承认，它们笨拙踉跄的步态不太可能帮助它们网到食物，倒是很可能会使它们跌个嘴啃泥。

关于羽毛演化的争论中夹杂着"废话""胡说"和"一派胡言"之类的词汇，这确实让科学文献看起来有点滑稽。这场争论可以像小报故事那样来读，每个派系都持有一些始祖鸟的精确细节作为其主要的证据。功能主义理论会招来这类口舌之争，是因为它们都有一个基本的弱点：在成套的化石记录不存在，并且也没有时间机器能回到过去的情况下，他们的各种说法几乎不可能得到任何验证。

羽毛拥有一系列高度适应的物理性质，没有一个科学家会去质疑自然选择塑造并重塑了它们的结构。始祖鸟身上那看上去很现代的飞羽告诉我们，至少在侏罗纪晚期，羽毛的部分功能已经很完备了。但缺乏更早期的标本使得功能主义的逻辑跌入了这个缺失的裂缝。究竟如何从复杂的、发展完备的后期化石特点中分析出第一根羽毛初次起作用时的情况呢？

设想你是一名生活在遥远未来的考古学家，在地球上一处 21 世纪初的遗址进行发掘时，发现了一个手机，并且只发现了这么一个。我们假设它是苹果手机，这个设备结构紧凑，有玻璃前屏，可以发送电子邮件、上网、拍照、存储和播放音乐、听片段鉴别流行歌曲、推荐一个好的牛排餐馆，并可以高速运行成千上万个其他应用程序。在没有其他证据的情况下，你怎么能推演出这个设备的历史和最初的用途呢？你能不能猜到它那复杂、多功能的操作界面，是从一个笨重的箱子和一只听筒发展而来的，而当时它们唯一的功能就是利用铜导线来传送语音信息？就算这些是你的理论，除非你能偶然发现一部来自 20 世纪（或来自某个身为卢德分子的野外生物学家的办公室）的电话，否则没有任何证据可以支持你的猜想。

从始祖鸟着手研究羽毛的演化也是如此。最好的标本都具有清晰可辨的翼羽和尾羽，以及腿部正羽的细微印迹。我们没理由不相信，那时候绒羽已经形成，而且羽毛已如鹦鹉的一般鲜艳，或如鹌鹑那样具有保护色。事实上，关于羽毛的起源，始祖鸟比起一只雕、一只企鹅或在你的院子里游荡的麻雀，几乎不能告诉我们更多的东西。这些现代鸟类同它们的远古先祖一样，也拥有可以适应于一系列功能的各种类型的羽毛。始祖鸟化石所能告诉我们的只是，现代的羽毛已经存在了很久很久了。要想知道它们演化的原因，不先回答它们是如何演化的这一问题是不行的。

羽毛演化的线索就在它自身的发育过程中，这个过程诠释了羽毛是如何变成现在这样令人难以置信的各种形态的。兽毛和鳞片同羽毛比起来就逊色多了——羽毛结构的复杂性超过生命史中任何天然表皮披覆物。仅就羽毛大小而言，同一只鸟身上就能出现几个数量级上的变化。比如，雄性寿带面部的须长度尚不足 1 毫米，而其尾羽长度则可以延长到它的 200 倍还不止。当雄性蓝孔雀展开它的尾巴，这些璀璨夺目、泛着彩虹光泽的羽毛比它身上最短的羽毛长 1500 倍以上。如果人类的毛发也有同样的多样性，那有的人就可能修着整齐的山羊胡子，却留着比自由女神像还要高的搞怪发型。

为了真正理解羽毛的各种形态和功能，我认为我需要解剖一只鸟。我需要亲眼看到羽毛的生长过程、它们有多少种类型，以及它们之间的区别。这个想法应该会让我养的那些鸡惶恐万分。

我的办公室占据了我称之为浣熊小屋的南半部。这个棚屋是一个老果园的棚子，我们把它收拾得漂漂亮亮的，并根据它原来的房客取了这个名字。浣熊们曾经住在小屋的底下，它们在夏天的夜晚现身，从容地洗劫果树上的李子、苹果或其他任何时令水果。现在，用那四只为我们下蛋的母鸡来为这个棚屋命名似乎更合适些。平时它们就在门外或啄或刨，偶尔也跳上门廊来凝视我，蹲坐在我的书、计算机或是显微镜上。其中三只多年来相处融洽，而我注意到了名为"裤裤"的那只年老暴躁的怀恩多特鸡，它总是处心积虑地袭击那只孤独的罗德岛红鸡，却从不怎么下蛋。

老实说，我并不能确定我真心要谋杀这只母鸡，好在"裤裤"十分幸运，我并不必须让自己做出决定。就在之后我们给冰柜除霜时，我发现在大比目鱼和陈年剩汤之间躺着一个萨尔萨辣酱盒子，上面贴了标签，写着"托尔的戴菊"。当然了，里面装着一只非常美丽的金冠戴菊，这个物种我会在第五章中详细论述。但就在这只戴菊的旁边，还有一只我已忘记得一干二净的小小的鹪鹩。中大奖了！

它歪着脑袋，睁着眼睛，翘着短尾巴^①，看起来正准备从我手上跳走。当然，这只鹪鹩被冻得硬邦邦的。去年冬天它被车撞死在我家附近，然后被我捡回来了。像其他的鹪鹩一样，这只棕色的潜行者生活在浓密的灌木丛中。它可能是在试图穿越马路从一处灌木丛冲向另一处灌木丛时被撞死的。我办公室里的老式邮政秤显示，它还不到半盎司重（约 14 克）。这要是在 1958 年，我只用四美分就可以把它寄往美国大陆的任何地方，而且是用一级快件。但鹪鹩可是个更加出色的旅行家，它能远远地越过白令海，去探访西伯利亚和更远的地方。这也是唯一一种能在美洲以外地区见到的鹪鹩科物种，其活动范围已延伸到整个温带的亚洲和欧洲，甚至到达北非的山地森林。

单就拔毛来讲，鹪鹩有几个优势明显超过了"裤裤"。它从头到尾还不到四英寸长，是北美最小的鸟类之一。对于我这个拔毛新手来说，它还是可以应付的。并且，它已经死了，不需要再测试我挥斥斩骨的坚忍之心了。最后，拔鹪鹩的毛会最终表明，被我一直藏在家里的令人作呕的动物尸体，的确偶尔能用得上。

在 11 月一个下着暴雨的早晨，我解冻了这只鹪鹩，躲到浣熊小屋

　　　　　　　　　　　　　　羽毛：自然演化中的奇迹

去给它拔毛，手边只有一本我能想到的参考书：《烹饪之乐》。虽然作者厄玛·罗鲍尔没有提供任何针对鹪鹩的菜谱，但是她的书里有一部分专门讲野禽，她强烈建议要用干式拔毛法，并且指出："给一只彻底冻好的鸟拔毛要容易得多。"这只鹪鹩保存良好并且保持低温，所以拿上一副镊子和几把尖嘴钳，我准备好动手了。

拔鸟毛的世界纪录当属爱尔兰卡文郡库特希尔的文森特·皮尔金顿（Vincent Pilkington）。在退休前，皮尔金顿先生能在 1 分 30 秒以内拔光整只火鸡的毛，他曾经在一天的时间里拔了 244 只。而我给鹪鹩拔毛的过程持续了两个小时，很明显，我不会对皮尔金顿先生的纪录构成任何威胁。羽毛和绒羽碎屑铺满了我的桌子，拔完毛的胴体上，仍有羽茎和新生羽从某些地方戳出来，就像某种形状奇怪的针垫。

一只鹪鹩。

当然，皮尔金顿没有像我这样试图把羽毛的数量都数清楚（每个翅膀有 208 根；尾巴有 12 根；腹、胸和背部总共有超过 375 根；颈、头和脸部总共有超过 400 根）。他也不会像我这样费这么大的劲，把它们按照类型分类并整齐地堆成小堆。每次胳膊肘一不小心碰到、一阵穿堂风吹过或是打个喷嚏，这些羽毛都会乱七八糟地散落一地。当然了，皮尔金顿也没有像我一样浪费这么多时间去咒骂然后重新分类堆放。

至于那只鸟，还好我原本就没有打算拿来烹饪。我没有像《烹饪之乐》中的照片上那样穿戴得干净整洁；这只脏兮兮、瘦得皮包骨的鸟也不够塞牙缝的。事实上，把它放到一片面包角上都占不满空间。如果你有机会给一只鸣禽拔光羽毛，你会惊奇地发现，一只鸟拔了羽毛之后剩下的躯体真的是很小。这就得说到羽毛的重要性了，虽然它们很轻，但大多数鸟全身羽毛总重量超过其骨架干重的一到两倍。这只鹪鹩的肉身看上去小得令人难以置信，完全不同于那些躲在房前屋后灌木丛中"责骂"我的活泼的小调皮鬼们。我不禁感到我的所作所为对这只鸟来说是一种巨大的侮辱。于是我把它埋在了一棵苹果树下；埋葬它之前，我对它说了些感谢的话。

另一方面，羽毛看起来就像艺术品。我从左翅的那堆羽毛中拿起了一根，举着它在光下细看。它从一根细小的羽管向外扩展成逐渐变窄的羽片，前端有栗色和巧克力色的斑驳条纹。在窗前的背景光下，羽毛中的每根羽枝都突显出来，羽枝再分成细小的羽小枝，羽小枝相互交织，组成一整个天衣无缝的弧面。这根初级飞羽是不对称的，羽轴向前渐渐变细，羽片最宽处稍靠近羽毛尖端。其他几堆羽毛则是完全不同的类别：头部和胸部的正羽，脸部细小的须，以及腹部一大堆黑色的半绒

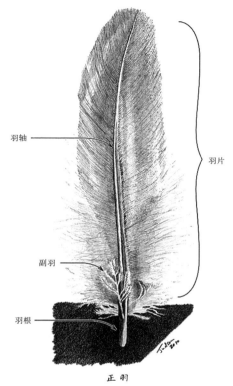

羽轴 ——

副羽 ——

羽根 ——

羽片

正羽

一根典型的正羽。其他羽毛类型的实例，请参看附录
A，"羽毛的图解指南"。

羽和绒羽，它们摸起来轻软得就像微风拂过，几乎感觉不到。

　　虽然羽毛的形态各不相同，但基本结构都是一样的，都是从一根
中空的羽管开始发生，然后由中央羽干向外分支，只是分支的程度和样
式不同而产生了众多的羽毛类型。直到最近，学习羽毛的细微结构和
辨识不同的羽毛仍是鸟类学的本科传统课程。长在翅上的飞行羽叫飞

羽，尾部的羽毛叫尾羽。羽片的中心羽干叫作羽轴。羽管的根部叫作羽根。另外还有纤羽、粉䎃、翼上覆羽、尾上覆羽，等等。大多数学生记住这些名词后，经过一次考试，很快就会把它们忘记。但理查德·普鲁姆（Richard Prum）博士提出的一个理论[②]认为，学习羽毛的生长过程也许可以回答羽毛的演化过程。

"事实上，我是上课时在黑板前意识到这一点的。"他解释道。普鲁姆充满活力，有着一头红色的头发，不拘礼节但又富有热情。他喜欢谈论羽毛。我们通过几次电话，也曾在他的办公室见过一次面。一堆堆的论文和打开的书本覆盖了他办公室的各个角落，就好像他的大脑同时在思考着上百个想法。他现在是耶鲁大学的"威廉·罗伯逊·科（William Robertson Coe）鸟类学教授"，但是当他突然想到那个念头时，他尚在堪萨斯大学教学："我正在给我的学生讲标准的'鳞片—羽毛'理论，授课结束后，我才意识到这没有任何意义。羽毛不可能那样演化！"

在普鲁姆那灵光一闪之前，常识是，羽毛由伸长了的鳞片直接演化而来，而这些鳞片是出于飞行（或者某个时期流行的任何功能主义理论）的目的，通过自然选择而变薄、分叉的。人们关注的重点总在于羽毛的用途，而很少注意到它们变化的机制。普鲁姆当初所认识到的在现在看来却显而易见：鳞片和羽毛之间存在着本质的结构差异，它们的生长方式之间也是。鳞片的形状像盘子，平整的脊部向外突出成为表皮的延展物。而羽毛本质上是管状的。这就像餐巾纸和稻草秆的对比。把餐巾纸对折起来就得到一块鳞片，它的外表面——表皮——覆盖着上表面和下表面。要弄平一根稻草，你当然也可以把它压扁，但这并不是羽毛生长的方式。羽毛需要被破开而展平。它的外表面变成顶层，内表面则外露形成底层。所以虽然一根成熟的羽毛和一片鳞片都是平的，但它们的表面并不对应。

"我当时刚准备好一个关于羽毛发育的演讲，"他向我描述了在堪萨斯深夜研读旧书时的思考，"我终于明白了羽毛的螺旋状生长是如何发生的。这是一种神奇的、十分独特的生物过程。"普鲁姆说话时，他孩子般的热情与他名教授的身份以及诸多的学术荣誉构成了强烈的反差。他热情地解释着一切，好像希望你能理解他所知晓的一切，这样你们就能一起进行更深层次的思考。"从那一刻起，羽毛演化就成了我的课程中重要的组成部分。我们就在一块黑板上进行了所有的讨论和思考。"

随着时间的推移，普鲁姆那满满的板书变成了迄今最清晰明了的羽毛起源理论。这个理论专注于羽毛如何生长，而不费心考虑它们是用来做什么的。它取决于演化的基本要素之一：新颖。演化依靠引入新的特征来给自然选择以及其他选择过程提供作用对象。没有新特性，就没有变化。这个发育理论指出，只有当五个独特的特性被"创造"出来后，发育过程才能生产出现代形式的具有羽片的羽毛。这一系列的变化发生在羽毛滤泡中；滤泡是鸟类皮肤上特有的四周略突出于皮肤表面的凹陷，羽毛从中生长出来。每个新变化都会造成结构复杂性的增加，自不分支的羽管（第一阶段）到简单分支的细丝（第二阶段），到细丝围绕着羽轴有序地排列（第三阶段），再到发育出相互钩连的羽小枝并形成羽片（第四阶段），最终形成不对称的飞羽（第五阶段）。普鲁姆认为每一步都需要滤泡中产生一次新的变革：羽枝的生长使得多分支的绒羽出现；螺旋状生长使得羽轴形成；成对的羽枝形成羽小枝，等等。如果没有前

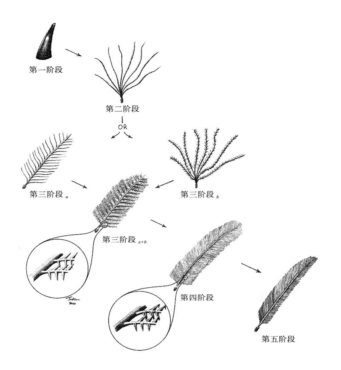

第一阶段

第二阶段

OR

第三阶段 a

第三阶段 b

第三阶段 a+b

第四阶段

第五阶段

羽毛演化的发育模型。该发育理论提出，演化过程中一系列累积性的步骤逐渐导致现代鸟类的羽毛的出现：不分支的硬毛（第一阶段），简单的细丝（第二阶段），细丝围绕一根轴（第三阶段），连锁的羽小枝和羽片（第四阶段），不对称的飞羽（第五阶段）。

面这些演化步骤，完全现代的、有羽片的羽毛是不可能产生的。

普鲁姆理论的逻辑是非常吸引人的。它从羽毛的普遍特性——简单的管状羽管——递进到逐渐复杂的形态。它对羽毛的功能不加臧否，代之以专注于羽毛如此生成所需的新变化。然而，这一理论的真正力量在于它的可验证性。如果假设得不到检验，即使最合乎逻辑的科学理念也只不过是猜测。功能主义理论过于依赖难以留下化石线索的特征

　　　　　　　　　　　　　　羽毛：自然演化中的奇迹

或行为的支持，但普鲁姆做出了某些可验证的推测。如果他的理论是正确的，那么这五个发展阶段产生的每种羽毛类型应该存在化石记录。正如他所说，最早的羽毛"不需要和现代的羽毛一模一样，但是应该从可能的羽毛滤泡中合理地生长出来"。更有趣和有争议的是，他预测若能在兽脚类恐龙的身上发现这样的羽毛化石，那它将被确认为现代鸟类的祖先。

虽然普鲁姆的研究做出了大胆的陈述，也有一些人批判他对羽毛生长模式的阐释，但他的观点还是被迅速地接受了，并且所有主流的鸟类学教科书中都收录了他的理论。这确保了在不到十年之间，这一发育理论从堪萨斯的一张黑板，走入了世界各地的教室。然而，这是一个有关演化的问题，特别是还涉及羽毛和鸟类，所以仍有一些怀疑者和彻底的反对者。

"我不太喜欢中性演化论。"[③]艾伦·费多契亚（Alan Feduccia）通过电话告诉我。这位北卡罗来纳大学的常任教授，说话时带着和蔼的南方尾音，与他关于这个话题的论著中某些犀利言辞有点不匹配。"普鲁姆是个聪明的家伙，他的理论在纸面上看起来不错，但它真的回答了这个问题吗？我不这么认为。"

将近四十年前，费多契亚就发现自己已扮演了质疑者的角色，他反对他的朋友约翰·奥斯特罗姆提出的"鸟类从温血兽脚类恐龙演化而来"的观点。尽管奥斯特罗姆的支持越来越多，观点也渐渐站稳脚跟，成为费多契亚所说的"新正统"，但费多契亚的立场一直没有改变。有一小群人非常坚定地同意他的看法，他们戏称自己是"非龙团"（BAND，"鸟类不是恐龙"的简化）。尽管现在看来费多契亚站到了抨击主流观点的队伍里,但他绝不是一个怪人。他在科学上的依凭包括了大量经过同行评审的论文和一本得到广泛认可的经典著作:《鸟类的起源和演化》(*The Origin and Evolution of Birds*)。

"也许我是执着的达尔文主义保守派,"他接着说,"但我不认为羽毛的演化会脱离适应和自然选择的清晰脉络。"费多契亚认为,新特性必须是有适应性的——如果它们不能为生命体带来一些明显的好处,那就不太可能持久。本着这样的想法,他对普鲁姆第二阶段的绒羽状羽毛的效用提出了疑问。任何曾在暴雨中露营的人都知道,羽绒一旦被打湿,就会失去大部分的隔热能力。成鸟将绒羽藏于一层层防水的正羽之下以保持干燥,而毛茸茸的小鸡则必须蜷缩在父母的身下才能生存。即使是在非洲的高温下,也常有小鸵鸟因暴露在雨中而死亡。然而在普鲁姆的模型中,正羽在绒羽之后才演化出来,那么"最早的羽毛是用于隔热的"这样的说法就有问题了。

"羽毛是令人惊诧的,"费多契亚说(他用了一种惊叹的语调,此后我在调查中,从科学家、制帽商、工程师、时装设计师,甚至钓鱼人那里都一再听到),"它们具备所有令人难以置信的空气动力学特征:质量轻,有渐次变化的弹性;它们是完美的机翼;它们协同合作,令有缝隙的翅膀在低速下获得强大的升力。我真是没法理解,若是离开了空气动力学背景,它们如何能演化成这样。"他坚持认为鳞片最先演化成飞羽,而后才出现体羽、绒羽、翎毛等其他羽毛类型。

"那是倒退的想法,"普鲁姆不予理会并重申了扁平的鳞片和管状的羽毛间不可改变的结构性差异。除了飞行,早期羽毛的各阶段符合所有的功能主义理论,从炫耀到热调节再到触觉,但是要在其中做出选择的话，基本是臆测了。"下结论说羽毛是为了飞行而演化出来的，就像坚持认为手指是为了弹钢琴而演化出来的一样。"

然而直到不久前，普鲁姆和费多契亚也只能打打嘴仗。羽毛的化石仍局限于始祖鸟以及少量白垩纪晚期的鸟类——它们出现得太晚、太接近现代鸟类，提供不了多少线索。

"要不是周忠和听了我的课，我的书可能都还没出版。"普鲁姆回忆道。1997年，在他做了一次关于羽毛演化的讲座之后，一位交换生走到了屋子前面^④，告诉他，他的想法是多么重要，并恳求他写出来。这位学生是一个古生物学家，听从导师的建议来研究鸟类学。他知道而普鲁姆不知道的是，当时在他的家乡，他的同事们正忙着发掘一批前所未有的有羽毛的化石。

在始祖鸟孤守羽毛争论的关键位置长达一个半世纪后，羽管、绒羽以及清晰的有羽片的羽毛新标本才真正开始涌现。这些化石是一次意外发现，就好像是一大群羽毛完美的生命故意让自己陷入古代湖床中溺死，并完好地保存在淤泥中。它们震惊了科学界。它们令普鲁姆的预测和其他众多想法终于得到了验证。它们也给所有对羽毛或鸟类演化感兴趣的人留下了同一个问题："你的中文怎么样？"

第三章 义县组

通常，发现都是零碎的，每次一块碎片……所以对那些从中国东北辽宁省的化石遗迹中不断涌现的大量化石，全球的古生物学家们都无甚准备。

——马克·诺瑞尔（Mark Norell），

《发掘巨龙》（*Unearthing the Dragon*，2005 年）

徐星本想成为一名物理学家。他崇拜尼尔斯·波尔和阿尔伯特·爱因斯坦，他反复研读高中课本里他们的理论，一心追随他们的脚步。他在偏远的新疆长大，离哈萨克斯坦边境不远，这里的教育机会很有限。"那里非常落后，"他回忆说，"成为一名科学家真的只是一场幻想。"但他学习努力，以优异的成绩考入了著名的北京大学。学校在他家东边 3600 公里之外，地处北京的核心地带。于是，他满怀着希望，带着家人的支持与骄傲，还有政府的全额奖学金，来到了这个大城市。

他到了北京，才发现高考的结果捉弄了他。北京大学的物理学当然出类拔萃，但按照徐星的考分情况，教育部给他安排了不同的命运。"当时的中国，管理体系与现在不一样，"他解释道，"你没权利决定自

　　　　羽毛：自然演化中的奇迹

已的专业，政府替你定。"他们没有把徐星看作一名未来的物理学家，也不认为他能成为软件工程师——那是他的第二志愿。他心情沉重地看到，他正式的录取通知上写着：地质学。当时他差点要退学回家。于是现代古生物学中最富有传奇色彩的一段职业生涯就这样开始了。

"这不是我的选择，"他曾坚定地告诉我，"但我的家人希望我留在北京。留下的唯一方法就是去地质系，读他们分配给我的专业：古生物学。但这绝不是我的选择！"

徐星在中科院的办公室里和我通过电话，他现在是古脊椎动物与古人类研究所的正教授。可以肯定地说，他已经习惯了他的新角色。15年来，尽管命运和官僚作风迫使他走上了化石研究之路，但他业已命名了超过 30 个恐龙新种，比其他任何在世的古生物学家都多。他的论文如此频繁地出现在该领域的顶级期刊《自然》(Nature) 上，以至于一位同行说，让《自然》杂志给他开一个专栏算了。在研究羽毛演化的学术圈里，他的同行们都用同一个词来形容他：聪明。而在大众媒体上，他被称为"中国的印第安纳·琼斯"。

但这一切的开始并不容易。"前两年我什么也没干，我逃课，"当年他待在房间里自学计算机编程的回忆令他笑起来，他解释说，"直到最后一年，我意识到我必须学点什么，还得准备论文了。我问自己，或许恐龙还有点意思？"

他的时运极佳。徐星走进中国古生物学界之时，正值各种新发现爆发。辽宁省有大量的古页岩与玄武岩交叠的地层[①]，这套岩系被定名为义县组。各种鱼类、植物、翼龙、昆虫、鸟类和恐龙不断从中涌现。这是迄今发现的最完整、最具多样性的白垩纪早期的生命掠影。"从一开始我就很幸运，总能碰上好东西，要不然我绝不可能对这行产生特别的兴趣。"

"好东西"是个相当低调的说法。辽宁出土的化石应该说精美绝伦。像索伦霍芬的石灰岩一样，细腻的义县组岩石保存了惊人的细节^②，从骨头表面的凹痕，到蜻蜓翅膀上的脉络，以及最为珍稀的发现：羽毛，很多很多的羽毛。尽管此前已经出土了许多早期的鸟类，但当羽毛出现在兽脚类恐龙身上，一如赫胥黎和奥斯特罗姆所预测的那样，真正的奇迹才出现了。

"我们当时确实期望着某天能找到原始的羽毛，但是当看到典型的现代羽毛长在兽脚类恐龙身上时，真是大吃了一惊！"说这话时，徐星的兴奋似乎构建在吐出的每个字上，好像每一个句子结束时都可能有新的发现。看来，跳过了典型的孩童对恐龙的那种热情，他培养出了一种作为成年人的完全成熟的情感。他不断提出问题，又快速地用他那带着口音的英语给出答案，用化石来阐述他的观点，其中许多化石的发现过程都与他相关。"你知道北票龙（*Beipiaosaurus*）吗？你知道尾羽龙（*Caudipteryx*）吗？"

他洋溢的青春和活力令我立刻想起了普鲁姆。那位对我讲的第一句话是："当然了，我很乐意跟你谈谈羽毛。唯一的问题是，我可能一开口就永远都停不下来！"这两个人有着同样的热情，但看待羽毛演化问题的角度略有不同——普鲁姆是鸟类学家，而徐星是古生物学家。他们在一起就能组成一个强大的团队，他们曾经有过几次合作。我曾问过普鲁姆跟徐星合作感受如何，他立即回复道："他很神奇，很聪明，我无比敬重他。"不过确实，徐星拥有一种不可思议的能力，他能发掘出支

　　　　　　　　　　　　　羽毛：自然演化中的奇迹

持普鲁姆想法的化石标本。

"我有很好的野外科考团队。"徐星谦逊地对我说。但他寻找化石的本事是个传奇。有一个著名的例子是，他曾经在一次考察中发现了一种独特的蜥脚类动物化石，后来一个纪录片工作组要求他重现一遍那个过程。他同意了，带他们回到那个挖掘点，在那儿随便找了块骨头化石给它扫除土壤。但当扫干净土壤后，他仔细地看了看，意识到这是个全新的物种。于是这块偶然找到的骨头成了从未被发现过的最大的似鸟龙，他很贴切地将这种 24 英尺高、2 吨重的庞然大物命名为巨盗龙（*Gigantoraptor*）。

部分基于这些偶然的发现，徐星等人在多种不同的兽脚类恐龙中观察到了关于普鲁姆预想的羽毛演化阶段的例证。我请他列举出 5 种化石，以显示羽毛的演化轨迹，描绘出从兽脚类恐龙的原始羽毛到鸟类的真正羽毛这一变化路径。他很快就一连串说了八个名字。我告诉他我的书有文字限制，于是他不情愿地把范围缩减为下面所描述的五种著名的生物。它们的故事不仅支持羽毛演化的理论，也有助于回答许多始祖鸟带来的尚无定论的问题，也令羽毛初现时的古代世界向我们展现出诱人的一角。

———

辽宁位于中国东北，是一片农村和重工业城市错落的土地，为旧时满洲的一部分。17 世纪，满族人击败了明朝政权，建立了大清王朝。并不意外的是，他们南迁，仍将北京定为都城。辽宁被各种旅客描述为"灰色""尘土飞扬"或"满眼棕褐色"，辽宁的气候以夏季风的酷热和冬天的严寒相交替而闻名。在寒暑两季间歇，当地人在多石的平原上和山谷中种植高粱和水果维生，而最近几年，他们还可以靠挖化石谋生。

但在白垩纪揭开序幕的时候，辽宁看起来则很不同。森林和湖泊覆盖着起伏的地貌，附近的火山带偶尔会喷出熔岩或者浓厚的火山灰云。尽管熔岩留不下多少化石，但火山灰却可能是古生物学家最好的朋友。伴随着火山灰而来的，往往是一波波的热浪和毒气，这使动物们迅速死亡，然后马上被火山灰覆盖。千万年地重复下来，这些喷发物在辽宁各个浅湖的湖底积下了细腻的粉尘，为化石的形成提供了理想的环境。

我在家里试着还原过这个过程，而且奏效了。冬天，一次高水位的洪水涌入了我屋后倒炉灰的浅坑里。那时我们用木头取暖和烹饪，所以我每周至少要去那里一次，看着又一箩筐炉灰慢慢地沉到水底。我的化石实验是，将两根鸡毛黏起来，埋在炉灰里，上面继续倒炉灰。一层又一层，一周又一周，整个冬天都是如此。8月份，当我回来时，水坑干了，成了光滑的灰土硬地，里面零星埋着炭屑。即使我先前已经标记了羽毛的位置，但在灰砾之中也很难精确地找到它们。我试着尽量小心地挖掘，但羽毛还是被挖成碎片了。这使我突然大为赞赏考古学田野工作所面临的挑战，我决定下次再做化石时，要用细刷和牙科工具而不是园丁铲来挖掘。

那两片羽毛已经开始分解，但它们留下了漂亮的印痕。在阳光下，我可以看到羽轴和羽枝印在两片灰土块上的镜像模印，在灰色背景下显出浅棕色。这些"化石雏形"埋在几英寸的沉积物下面仅仅几个月后就形成了。如果我将它保存一百万年左右，这些羽毛的残余物可能会真的

　　　　　　　　　　　　　　　　羽毛：自然演化中的奇迹

变成化石[③]，而这些炉灰也都变成纸状页岩——正是某位中国农民从中发现带羽毛的义县标本的那种岩石类型。

1996 年，徐星还在读研究生；而他未来在中科院的同事季强，从四合屯村附近的一个农夫手里买了一块样子奇怪的化石。如果说理查德·欧文在购买始祖鸟化石时花 700 英镑很合算，那季强以 750 美元的价格收购中华龙鸟（*Sinosauropteryx prima*）就和抢来的一样了。虽然季强的专业是甲壳类动物，但他对兽脚类恐龙的了解仍然足以使他怀疑，化石的头、背和尾部暗色的细丝状附属物可能真的是羽毛。他在一份中文期刊上发表了对化石的描述，但当标本的照片在那年纽约举办的古脊椎动物学会会议上被传开时，才真的闹出了动静。与会者忽略了报告，挤在走廊里争着看一眼中华龙鸟，谈论它的意义。

约翰·奥斯特罗姆的"兽脚类到鸟类"理论的支持者们立即声称这些"原始羽毛"就是他们缺失的环节。而"非龙团"成员则讥讽那只是降解了的胶原纤维——在鲨鱼鳍或鬣蜥的脊鬣中都存在这种常见的身体组织。这些细丝虽然保存完好，但还是令会场争论不休。虽然大多数看了化石的人赞同这些化石与普鲁姆提出的第二阶段的羽毛相似，但直到电子显微镜显示了其中具有结构色的细节后，人们才最终确认了这一点。胶原蛋白出现在皮肤以下，而且不会是彩色的，但事实证明，中华龙鸟炫耀地披着一身鲜艳的红褐色和姜黄色羽毛外衣，尾巴上还带着条纹。

随着其他标本的不断问世，详细得令人吃惊的中华龙鸟生态形象显现了出来。保存完好的胃内容物显示，它们以蜥蜴和小的原始哺乳动物为食。像它们的近亲美颌龙一样，它们并不比一只鸡大多少，而且也

中华龙鸟，出土自义县组的第一只有羽毛的恐龙。

只能在地上跑；它们是小型的两足奔走的捕食者。这么看来，它们的羽毛没有空气动力学上的功能。这些羽毛可能可以保温，但能确定上面有色彩和条纹，这说明羽毛很有可能起到炫耀作用。

两年后，季强和他的同事们发表了关于另一件义县组的化石——邹氏尾羽龙（*Caudipteryx zoui*）的描述。它的羽毛显示出了跳跃性的演化。簇生在前肢及尾尖处的羽毛出现了明显的羽轴和对称的羽片。此外，它的身体上还覆盖着恐龙的绒毛。普鲁姆理论的第二和第三阶段已经在同一只兽脚类恐龙的身上得到了验证，这种个头比火鸡大点儿的动物既吃植物，也捕食动物。有几件尾羽龙标本中也出现了一些清晰可辨的用来磨碎种子的石头，即"胃石"（gastroliths），正好就在相当于现代鸟类砂囊的位置。尽管它的翅膀和尾巴上的羽毛已经出现了羽片，

邹氏尾羽龙，图为假想中它们在求爱过程中将羽毛呈扇面展开的复原图。

但这些羽片尚缺乏飞行所需的不对称状，说明这些羽毛主要还是用于炫耀。

　　义县组日渐增长的声名，以及这里出土的长羽毛的恐龙，很快在辽宁引发了一波化石发掘的热潮。美国自然历史博物馆的馆长马克·诺瑞尔在他的《发掘巨龙》（*Unearthing the Dragon*）一书中以亲历者的角度描述了那些激动人心的日子。他记得访问当地博物馆时，看到化石处理者就用生锈的钉子把化石凿现出来，而诸多无价的标本就在礼品店里堆叠着出售。对当地农民来说，找到一块品质好的化石，可以让年收入翻番。这里的所有人都似乎越来越以带羽毛的恐龙为荣。中华龙鸟的浅浮雕甚至出现在了当地产的白酒瓶上。

　　徐星还是一名研究生时，就在这场发现羽毛恐龙的竞赛中崭露头角。1999 年和 2000 年，他发表了关于两个关键性标本的描述。意外北票龙（*Beipiaosaurus inexpectus*）的学名直接来自于其羽毛出人意料的特性。单一的齿式意味着它是植食性的，但其体型及巨大的爪子又显示出它有捕食的习性。在复原图和艺术家们的概念图里，它类似一种笨重的、长着羽毛的树懒。对徐星来说更奇特的是，有宽大的丝状羽毛沿着它的背部以奇怪的间隔从一层更为典型的"恐龙绒毛"（dino fuzz）中长出来。它们没有分叉，很可能代表了普鲁姆所推测的第一阶段的羽毛：简单的羽管。徐星在一次谈话时对我说："我的另一个想法是，它们可能是带状的羽毛，由原始的羽枝部分融合而形成。"不管怎样，当时兽脚类恐龙的羽毛类型正变得越来越多样。

意外北票龙，一种沿背部到尾部覆盖宽大丝状羽毛的义县恐龙。

羽毛：自然演化中的奇迹

紧接北票龙而来的是徐星的赵氏小盗龙（*Microraptor zhaoianus*），它引发了两次轰动，其中第一次牵涉到了一桩著名的丑闻。1999 年，美国《国家地理》杂志宣称发现了一件极生动的来自中国的新标本，它有着带牙齿的喙，以及覆满了羽毛的翅膀和尾巴。他们称其为"辽宁古盗鸟"（*Archaeoraptor*），并标榜它正是长期以来人们寻找的陆生兽脚类恐龙和飞鸟之间连接的那一环。那化石完美得不像真的，当然它也确实不是真的。徐星和几位同事检查了这块化石，然后很快揭穿了它：这是由几块不同的化石拼凑起来的怪物。这一骗局令美国国家地理学会和古生物学共同体大为尴尬，然而，正如马克·诺瑞尔指出的那样，这实际也证明了同行评审步骤的有效性。而杂志未能等到评审结果就提前发表了化石描述，这太糟了。

　　然而对徐星来说，辽宁古盗鸟却是一个很好的契机。通过回溯化石采集的地点，与当地化石售卖者交流，他成功地将古盗鸟的尾部同那块化石上原来的部分重新拼起来。这件完整的标本几乎和那件赝品一样引人注目。

　　徐星说："小盗龙是最大的惊喜，这显然是一只兽脚类恐龙，但翅膀和腿上，甚至脚上却有着不对称的飞羽。这基本上是一只有着四个翅膀的兽脚类恐龙，像架双翼飞机！"

　　此后的分析证实，小盗龙或许能在树木之间滑翔，这种习性对鸟类飞行的起源具有重要意义。第七章中我们将回到这个有争议性的问题。就羽毛的演化过程而言，这一化石证实了兽脚类恐龙具有不对称的羽毛（普鲁姆的第五阶段），而且它们明显的飞行能力以及鱼脊形羽片模式也极符合第四阶段的连锁的羽小枝。有了这件化石，发育过程中的五种新特征都可以在兽脚类恐龙身上展开讨论了，这似乎可以终结关于羽毛演化的讨论了。然而还有最后一个障碍——"非龙团"的人称之为"时间悖论"。

过去，古生物学家通过寻找相似生物化石之间的相关性来确定岩层的年代；现在，他们还可以测定以固定速率衰变的同位素的比例来判定年代。这两种手段都认定，义县组岩层属于白垩纪早期，即 1.1 亿到 1.3 亿年前。而始祖鸟则生活在 1.4 亿到 1.5 亿年前的侏罗纪晚期。这种断裂引发了批评者的疑问，既然有羽毛的恐龙尚出现在数千万年之后，那这"第一只鸟"（始祖鸟）是如何由兽脚类演化而来的呢？

从演化的角度来看，"时间悖论"并不自相矛盾，却是讨论演化时一例常见的误区：认为演化是不断"进步"的。大家都看过经典动画中的组图：生命从水里爬上原始海滩，由鱼类变成爬行动物，又变成哺乳动物，继而变成人类。这些图像在思想上已经具有强大的吸引力，变成一种诱人的观念，使得我们一遍又一遍地在脑海中回放。可惜，演化的过程并不是这样的。实际上，演化并不是直线前进的，而是更像一个网络；谱系网上各种特性的发展可以多种多样，但偏偏不会是单向的。虽然总的趋势是从最简单的早期生命形式演进到更复杂的机体，但复杂性本身并不是演化的特征。只有当出现的变化为竞争带来了优势（或至少不是劣势）时，它才能发展并延续下去。而包括羽毛在内的一些复杂结构，随着时间的推移又渐渐变得简单乃至消失，这样的例子不胜枚举。在演化过程中，仅仅年代在前并不等于就是祖先，显然，简单的结构也完全可以存在于复杂结构出现很久之后。

没人放言说中华龙鸟、小盗龙甚或始祖鸟是现代鸟类的确切祖先。

它们羽毛和骨骼的相似性反倒表明，这些动物和鸟类有一位共同的祖先，需要沿兽脚类恐龙谱系树继续往前追溯。尽管只有鸟类生存到了现在，但肯定曾有很长一个时期，许多近缘群体沿着不同的演化路径同时存在着。演化的范式并不要求毫无关联的替代：这种来取代那种，进而又有一个种来取代它。实际上，物种的涌现和消亡要远比这散乱和壮观。

下次你有机会看到电视上的"狗狗秀"，或者参观动物收容所的时候，请记得，这无数的品种，从雪纳瑞到赛特犬，都是不久之前才选育出来的。世界上每只狗都是最初于 1.5 万—3 万年前中亚地区驯化的灰狼的后代④。自那以来，它们跟随人类到达了每一块大陆，无数的品种曾出现又消失。狮子狗在两千多年前中国古代宫苑里就出现了；佩斯利犬在维多利亚时期的英格兰很普遍，但是到 20 世纪 20 年代绝迹；而如今当红的拉布拉多贵宾犬是不到 30 年前在澳大利亚培育出来的。但与此同时，灰狼仍生存在野外，形态未曾改变。对未来的古生物学家来说，只凭零星几块化石就要理出个头绪，那实在是让人绝望的烂摊子。如果他们仅因为慈禧太后的狮子狗的年代更早一点，就把它当成现代狼的祖先，那就完全弄错了。而如果他们得出的结论是，所有狗的品种与现代狼在犬类谱系更早期的时候具有共同的祖先，那无疑是正确的。

虽然这比较能自圆其说了，但支持兽脚类恐龙演化到鸟类这种说法的人，仍然希望能找到一种比始祖鸟更古老的有羽毛的恐龙，好一劳永逸地解决时间悖论。"要找到这样的化石，你需要在年代合适的岩层里搜寻。"徐星说得很简单，仿佛随便谁拿把铲子、带张地质图，就能将他那最引人瞩目的发现重现一遍似的。

正是按照他的这个想法，徐星和他的研究小组在义县组页岩之下继续深挖，在海房沟组少为人知的侏罗纪岩层中发现了赫氏近鸟龙（*Anchiornis huxleyi*）。同始祖鸟相类似，近鸟龙明显具有不对称的羽毛，可能能够滑翔；并且这种生物生活在 1.6 亿多年前，比"第一鸟"（first bird）至少要早 1 千万年。这是一种小型的恐龙，只有一英尺长，酷似小盗龙，具有绒毛状的体羽以及披覆羽毛的翅、腿和爪。近鸟龙还生有明显的羽冠，多少有点像现代的主红雀或者是暗冠蓝鸦。2009 年的古脊椎动物学会会议上，徐星公布了这块化石，并以托马斯·赫胥黎的名字命名以纪念他。因为这块化石算是完美解决了约 150 年前赫胥黎提出的从兽脚类恐龙演化到鸟类的环节面临的最后一些严重的怀疑之一。

总之，这些有羽毛的恐龙（以及至今发现的其他 20 种）为普鲁姆的发育理论提供了令人信服的证据。它们都有第二阶段的纤羽，北票龙具有第一阶段的羽管，尾羽龙包括了第三阶段（而且可能还有第四阶段），而小盗龙和近鸟龙则具有第四、第五阶段。普鲁姆承认："我们不会什么都看得到，羽小枝太小，形成不了化石，而且是否中空也很难说得清。但总的来说，化石证据告诉我们的已经很令我满意了。"

所有的五个羽毛阶段都可以在兽脚类恐龙及现代鸟类身上看到，这一事实凸显了两个类群之间密切的亲缘关系。这无疑为关于鸟类及羽毛起源的第一个真正的科学共识增添了关键的证据。很多细节仍需讨论，但绝大多数古生物学家和鸟类学家现在都承认从兽脚类恐龙演化到鸟类的框架是可信的。加州大学伯克利分校的演化生物学家凯文·巴蒂安（Kevin Padian）这样说道："地球是圆的，太阳不绕着地球转，大

　　　　　　　　　　　　　　　　　羽毛：自然演化中的奇迹

陆会漂移，而鸟类是由恐龙演化来的。"

没有人比普鲁姆和徐星对当前关于羽毛演化和鸟类起源的观念起更大的推动作用了，不过就连他们也并未完全达成一致。两人在交谈中给我留下的印象是，他们都具有强烈的好奇心，不断地质疑、改进和挑战自己以及对方的想法。尽管我从未跟他们两个人一同交谈过，甚至不曾在同一片大陆上，但是我一直在与他们进行某种对话，无论是通过电话和电子邮件，还是在耶鲁大学皮博迪自然历史博物馆普鲁姆的办公室里遇见他的时候。他们俩一致认同的几点为我们对羽毛起源的认识提供了框架，而他们之间的分歧也使我认识到演化本身的微妙。

在普鲁姆的理论问世几年之后，徐星发表了自己的羽毛发育模式理论。新理论与普鲁姆的相似，但认为羽管和细丝（即普鲁姆的第一和第二阶段）可以在滤泡出现之前形成。徐星认为这种修正更符合他对化石的观察：化石上皮肤表面的细丝，或者说"恐龙绒毛"变得越来越普遍。他告诉我："今年我们发表了一个鸟臀目恐龙（包括三角龙以及其他具甲种类在内，与兽脚类仅有较远亲缘关系的恐龙类群）的新种，这个种具有纤长的细丝，那可能就是羽毛的原型。"甚至在翼龙身上都能看到一些类似"绒毛"的结构，徐星认为细丝的出现或许早于兽脚类的出现，也可能曾各自独立地多次出现。

当我拿徐星的观点去询问普鲁姆时，他也承认："那是有可能的，我们各自的研究都或多或少地得出了相同的结论。但一定得有滤泡，才会有那些复杂的结构，否则就没有羽枝，没有羽轴。如果没有滤泡，羽毛基本上就会像个痦子。"

在徐星看来，羽毛演化的早期阶段是极不稳定的。羽管、细丝甚或更发达的形式，可能曾在不同的谱系中多次出现，而后又消亡。他解释道："新结构很容易消失或者再现，只有当它们稳定下来之后，羽毛的形态和功能才会继续多元化。而也许恰好是在近鸟龙或者始祖鸟出现的年代前后，这种稳定的状态出现了。"

普鲁姆和徐星都认为，羽毛的演化过程是反复的，是新的形态特征积累的结果。于是我问他们，那何时才可以真正称其为羽毛呢？

普鲁姆立刻答道："如果是空心的管状，那就是羽毛。我一再重申的一点就是，没有所谓的'羽毛原型'。就像没人会说'肢体原型'，你要么有肢体，要么就没有。为什么羽毛就要不同呢？如果是管状的，它就是羽毛，句号。"

徐星说得则有些模棱两可："这个问题我想过很多。如何定义一个结构呢？现在所有人都同意，分类学的命名是主观的。什么是恐龙，什么是鸟？如果它们是渐进地从这个演化成那个的，你从哪儿界呢？谈到结构，我认为也存在同样的问题。"他略顿了一口气，然后更多的想法迸发出来："羽毛有独特的形态、化学成分、角蛋白以及结构特征，等等。很有可能这些复杂的特质是有序地阶梯状演进的。那么在羽毛和非羽毛之间，你又从哪儿界呢？我不知道。"

艾伦·费多契亚持有不同的观点。尽管鸟类来自兽脚类恐龙的学说日渐达成共识（或许也正因为此），"非龙团"剩余的那些成员仍在继续发表批判的论点，对方法和结论提出质疑，在证据中寻找漏洞。费多契亚并不否认尾羽龙或者小盗龙这样的化石是有羽毛的，但他更倾向于认为它们是后来丧失飞行能力的鸟类，就像现在的鸵鸟、美洲鸵鸟或者鸸鹋那样。他告诉我："你可以把我的观点归纳成一句话：如果有鸟的羽毛，它就是一只鸟。"

"那是他们最后的一招！"听了我的转述，普鲁姆高声道，"要是他们没法否认恐龙真的有羽毛，那他们干脆就把它叫作鸟。可是好多年前就已经确认这些化石跟鸟一点关系都没有！"他承认费多契亚那伙人令他很恼火，他们批评他的观点，却又不拿出任何清晰的、可信的替代理论来。事实上，本着新闻记者的公平正大对"非龙团"的"少数派观点"进行持续报道，可能会使一场大多数科学家都认为已然终结了的论战永久地持续下去。不过经我一再询问，普鲁姆承认，虽然代价是他的血压升高了，但某些批评确实对完善他的观点有所帮助。费多契亚也告诉我："论战实际上被夸大了，大家都同意鸟类与恐龙是有亲缘关系的，只不过普鲁姆他们认为鸟类由兽脚类恐龙演化而来，而我们认为它们分化得更早，鸟类有别于恐龙而已。"

费多契亚一直认为，鸟类由一种尚未发现的主龙类动物演化而来，这类古老的爬行动物是恐龙（以及翼龙和鳄目动物，后者包括现代爬行动物）的祖先。在"非龙团"版本的叙事中，鸟类和恐龙更像是远房表亲，它们大量的相似特征或许并不是因为亲缘关系，更多地是来自趋同演化——相似的适应性特征以适应相似的生活方式。他以鸟类与兽脚类恐龙看起来不相匹配的一处骨骼特征为例来阐释他的观点。这正是"兽脚类—鸟类"理论中最后几个悬而未决的疑点之一：在"哪些指骨构成它们那三个指头的前掌"这一问题上出现了明显的矛盾。虽然都是由五根指头演化而来，但问题在于，是哪两根指头消失了呢？鸟类失去的似乎是第一、五两根，而兽脚类则是第四、五两根。

普鲁姆和徐星对此并不信服。他们反驳道，发育分子生物学的研究表明，指头本身是非常易变的，各种发育模式都有可能变形出三指的结果。徐星承认"解决指头的问题绝对是一项首要的研究"，他还指出有一块兽脚类化石有望带来新的研究成果，这块化石的第一指戏剧性地退化了，它有可能同鸟类的形态类似。不管怎样，他和普鲁姆都认为，在占压倒性优势的证据面前，指头的问题只是一块小绊脚石。

费多契亚喜欢用门肯（H. L. Mencken）的一句话来反驳兽脚类"正统"派："任何复杂的问题都有一个简单、利落而又错误的解答。"不过化石证据、研究结果和专家意见一股脑儿地跟他作对，他本人的观点开始看起来像是那个简单的解答。最后，我问他坚持逆潮击水的感觉如何，他带着有点倦乏的喜悦说："哦，我不知道这一切将如何结束，但我确信正统观点将会在各个层面上受到挑战。"

随着新化石出土，正统观点会受到挑战，继而修正、不断完善，这一点费多契亚无疑是正确的，科学也正应该如此发展。不过也许是头一次，理论框架看起来如此坚固，现在尚需商榷的将仅仅是细节而已。当我问起兽脚类和羽毛的发育模型还有什么缺陷时，徐星不得不停下来想了一会。这是我们谈话中最久的一段沉默。最后他说："没有。没有真正的缺陷。我们所需要的只是更多的证据。总的框架已经有了，但还有大量的细节需要补充。"这么说来，现在去当化石猎人，依然有大好的机会。

普鲁姆给了我类似的回答。他说："如果要让我对最初的论文做一些修改，我可能会减少对滤泡重要性的强调。"除此之外，这个模型非常有效，而且引出许多有趣的研究方向。他将对羽毛的研究比作穿越一条新的、未被探索过的科学山谷："你翻过山坡，美景突现，一条蜿蜒的小河奔流其间。于是你跋涉过去，心里想，这里还从未有人来过！"

羽毛：自然演化中的奇迹

思路大开，我离开了普鲁姆的办公室。他给我的每个答案似乎都能引发一些有趣的新问题。如果兽脚类恐龙是披覆着羽毛的，它们的行为和鸟又有多少相似之处呢？如果它们外表艳丽，那这些色彩是何时，又是如何出现的呢？如果羽毛已经存在了这么久，有什么奇怪的形态和功能曾一度出现又消失了呢？

造访耶鲁那天，恰逢大雪；当天我又乘火车去了纽约，回过神来发现自己穿行在中央公园的冬景里。头昏沉沉地，我都没意识到那些兽脚类的后代就在我头顶的树林中倏忽往来、拍打翅膀，直到我看见新雪之上停落了一片小小的暗色的羽毛。

我将它拾了起来。它有着完美的对称羽片，正是家鸽那种蓝灰色的色调。家鸽是城市鸟类中无可争议的王者。同普鲁姆共处了一天之后，我眼前禁不住浮现出羽毛的发育过程：从滤泡中生出，整个过程就像那个模型所描述的，其间夹杂着诸如"增殖""羽芽上皮基底层展开"等

一只家鸽飞过城市。

术语。羽毛，其科学解释如此艰深复杂，鸟儿们却轻松地拥有，新羽生出，旧羽褪去，既可保温，又能避暑，甚至会随着季节改变颜色。

这么一片羽毛使我想起，还有许多关于羽毛的话题有待科学去将其复杂化。为什么鸟类会换羽？是什么引发的？为什么换羽如此频繁？羽毛是如何，又是从何处产生的？为什么同样的滤泡中能生出颜色、形状差异如此巨大的羽毛？这些问题正是一只小小的羊肉鹱能够回答的。

第四章　如何捕捉羊肉鹱[1]

一只小小的公麻雀，站在绿树上，

叽叽喳喳高兴地唱着歌。

一个顽皮的男孩带着他的小弓和箭，

他说，我要射死这只小公麻雀；

我要用他的身体做一道美味的小炖菜，

用他的内脏做一个小馅饼。

噢不，麻雀说道，我不想成为一道炖菜，

于是它扑扑翅膀，飞走了。

—— 鹅妈妈（Mother Goose）经典韵文

　　我把手伸向黑暗之中，摸到了长有羽毛的什么东西正好从我的指尖仓皇逃走。我趴在潮湿的、布满鸟粪的草地上，把整个胳膊都伸进了一个散发着鱼油味的、窄小的洞中。我再一次往里伸，但这一次只摸到了泥巴。这是我第一次如此接近于抓住一只羊肉鹱，而且老实说，捕捉失

---

1 —— 原文为 muttonbird，据说一些鹱类的幼鸟吃起来有羊肉的味道，于是俗称羊肉鹱。

败对我来说是一种宽慰。

就在片刻之前，我看到海鸟专家彼得·哈里森兴致昂扬地从洞中拽出一只年幼的细嘴锯鹱[①]。他迅速从地面跃起，挥舞着那只幼鸟，就像魔术师从自己的袖子里抽出一束花一样。当我们挤过去看时，细嘴锯鹱仅仅只是在日光之下眨了眨眼睛，平静且毫不担忧地待在彼得的手里。在位于马尔维纳斯群岛（福克兰群岛）西端的纽岛（New Island）上，鹱学会了惧怕隼、贼鸥、鼠以及偶尔会出现的野化的家猫，但一群观鸟人和一个英国鸟类学家并没有什么好怕的。

彼得因其对科学和自然保护的贡献，最近被封为了爵士，据报道，他是迄今为止这个世界上唯一一个见过这个星球上所有海鸟的人。他的手绘鸟类野外图鉴《海鸟》（Seabirds）[②]，是他被封爵的决定性事件。并且只要是他带队观鸟，狂热的观鸟爱好者，甚至是专业的鸟类学家都会像"感恩而死乐队"[1]的粉丝们争夺前排座位一样抢夺旅游团名额。

毫不意外，彼得十分熟稔地摆弄着这只鹱，向我们指出它嘴基部上显著的角状管鼻，而这正是鹱科鸟类（"管鼻游泳者"）区别于其他鸟类的特征。"它们的嗅觉极其灵敏，以至于它们能在夜晚找到自己的洞穴，并且能在茫茫大海之上嗅到磷虾群。"他语带惊叹地说着，就好像他自己也和我们其他人一样，是第一次见到一只鹱。

彼得握着的这只圆滚滚、拳头般大小的鹱才刚孵化不久，而它的体重即将要超过它的父母，正在为了能将自己从一个灰毛球转变成一个光滑的、流线型的飞行机器而储存着一层层脂肪能量。不到 60 天后，

1 —— 美国一摇滚乐队。

两百多万只幼鹱即将开始自己一生中的第一次飞行，飞越纽岛的上空，然后消失在茫茫大海之上。当南半球漫长的冬季到来时，这些鸟会独自或结小群四处飘荡，不停地寻找食物。它们几乎一整年都不会再回到陆地上。

锯鹱的幼鸟，以及比它们稍大一些的亲戚们（海燕和鹱）的幼鸟，不仅有着肥厚的肉，而且在陆地上时无依无助，所以它们毫无意外地成为了捕鲸者、渔夫（以及其他任何可以在繁殖区捕捉它们的人）十分重要的食物——这不仅仅发生在福克兰群岛，而是发生在整个南半球海域内。"羊肉鹱"这个名字可以追溯到 18 世纪。当时，孤独寂寞的水手们使彼此深信烤鹱肉闻起来、吃起来就像家乡的烤羊肉一样。不过在我把自己的鼻子伸进锯鹱的洞穴里之后，我就只把这个说法当作是他们一厢情愿的想法。虽然羊肉鹱猎手们缺少美食家的严谨精准，但作为补偿，他们熟知自己的猎物，包括栖息地偏好、繁殖行为以及精确

纽岛上的一只细嘴锯鹱幼鸟。

的羽毛生长周期。

在进行简单的检查和拍了一些照片之后，彼得把幼鸟放回了洞穴中。他小心翼翼，避免把幼鸟塞进错的巢穴中而引起领域争端。之后，当其他人都分散开去探索小岛时，我觉得自己要亲手尝试一下捕捉羊肉鹱。找到另一个巢穴并不是难题。毫不夸张地说，小岛上有几百万个洞穴，脚下的地面松软，每一步都会触发怪异、空洞的咔嗒声，以及地面之下受到惊吓的鹱的嘶嘶声。有些地洞里还有成鸟正在孵蛋，但大多数地洞里都只有一只毛茸茸的幼鸟。幼鸟们从刚孵化一直到羽翼丰满，它们白天都独自在巢穴中等待，它们的父母只有在夜色的保护之下，没有被捕食的危险，才返回给它们喂食。

结果，我选择的那个巢穴刚好比我的胳膊长一些。巢穴里的幼鸟轻而易举地逃脱了我抓向它的手。从某个方面说，这刚好也是我想要的结果。我不能否认自己也有着抓、戳、捅眼前所有物体的冲动，但是这种行为有时却和更深层次的环境保护伦理背道而驰。科学研究的目标可能是高尚的，但是它却无法避免一个事实——野外生物学的做法可能会对它的研究对象非常无礼和粗鲁。我们脚下似乎有无数只锯鹱，而我也可以继续去寻找更多的巢穴，但是我不想犯下这个十分常见的错误，错将物种丰富度当成了恢复能力。抓羊肉鹱的失败满足了我自己想要尝试的愿望，让我得以起身继续去观察整个小岛的情况——浸浴在岛上密集分布的所有鸟类欢欣鼓舞的臭气和喧闹声中。

黑眉信天翁和毛脸鸬鹚在头顶振翅、盘旋飞行，低掠过一座座小山顶，去往它们的巢穴。跋涉于海滩和长满草的群栖地之间的白眉企鹅、跳岩企鹅和南美企鹅，停下来抬起嘴指向天空，然后发出悠长且响亮的

　　　　　　　　　　　　　　　羽毛：自然演化中的奇迹

啼鸣声。在草丛中，我瞥见几只白鞘嘴鸥大步走着。它们向前弯着身子，就像陷入沉思之中的身材娇小的教授。黑背鸥、巨鹱和大贼鸥潜藏在四处，希望从岛上这 40 种繁殖的鸟类中偷走一些蛋或雏鸟，或者是突袭极偶然在白天里大胆降落在巢穴旁的锯鹱。

这个混乱的场景每年都会在南方海域的各个小岛上演（略带细微的变化），构成了羊肉鹱商业捕捉所特有的背景。现如今，这个产业每年仍会从新西兰和塔斯马尼亚诸岛上捕捉 25 万多只灰鹱和近 15 万只短尾鹱。被拔光羽毛、清洗干净，然后用盐腌制之后，每一对肥美的羊肉鹱都能在当地市场上卖出 20 新元的好价钱，而在网络上甚至能卖得更高。对于许多毛利人和新西兰土著家庭而言，这个贸易仍是一个重要的收入来源，并且他们的捕猎技术已经臻于完美。一个有经验的猎手平均五六分钟就能定位、抓取和装袋一只栖居在巢穴中的羊肉鹱，并且在 30 天的捕猎中，可能会净赚 3 万新元。

毛利人根据他们对猎物生长发育历史的精准了解，将捕捉羊肉鹱的过程分为两个阶段。我那次倒霉的捕捉尝试就发生在他们所谓的"nanao"阶段，"nanao"即在白天集中将肥硕的幼鸟直接从巢穴中抓出来。这个时期捕捉的幼鸟正处于最胖的时候，所以"nanao"阶段的幼鸟能卖出最高的价钱。夜间的集中捕捉被称为"rama"，发生在繁殖末期选定好的几个夜里。那时幼鸟们全体一同从巢穴中涌出，成群结队地穿过草地，走向山地的最高处或是悬崖边，它们将会在那儿进行自己的第一次飞行。

羊肉鹱猎手们懂得羽毛生物学中一个简单但深刻的道理，因而获得了成功[③]。"nanao"和"rama"之间就是羊肉鹱们的第一次换羽，是一次从雏绒羽到各组各列的正羽、飞羽、半绒羽、绒羽、须、粉翈和纤羽的彻底转型，而后者就是你在海上能看见的幼鸟们在出生第一年里的羽毛。"*nanao*"鸟就是没有保护措施的幼鸟，它们都没法在一场雨中存活下来；"*rama*"鸟则受到了全身羽衣的保护，可以承受地球上一些最为恶劣的天气。在几周之内生长出一身羽衣需要消耗大量的能量，会迅速消耗掉幼鸟身体里储存的脂肪。（羊肉鹱宝宝们大口吞食着鱼油和父母反哺的磷虾，一些幼鸟在换羽之前甚至会长得大到无法从巢穴中挪出的地步，但是在"*rama*"时期，它们都会出落成毛皮光滑、壮实有力的飞行家。）

野外科学家通过数据分析和长期且过程缓慢的测量、记录及其他小的方面来学习生物学。通往生物学知识的一条更为古老和直接的途径就位于通往胃的路上。以捕猎为生的人很快就能获得深刻的理解，否则他们就会立即遭受到损失。我曾和一个年轻男人坐在一个猎鹿的隐蔽屋中，他的家庭都依赖于捕猎，他们的猎物随着季节的变化而不同。在没有鹿出现的漫长而又寒冷的几个小时里，他以说出每一只飞过头顶的鸭子的名字作为消遣。他依靠不同鸭子在清晨寒冷的空气中飞行时翅膀发出的独特呼扇声来辨识它们。他每一次都说对了。

捕捉羊肉鹱很好地阐释了早期的羽毛生长过程，它同时也是"重要知识"的一个绝佳例证。猎人们需要对他们的猎物有一些特定的了解，否则他们就会挨饿，当然他们也不需要什么都了解。对于一个羊肉鹱猎手而言，知道羊肉鹱什么时候、在什么地方繁殖和换羽就至关重要。这样，就算你不去研究当羊肉鹱的细胞分裂时它们的染色体是如何配对的，你也能在"*nanao*"时期装满你的猎物袋。当我们在探索羽毛结构和发育的复杂性时，这是你需要记住的重要一课。要做到真正地欣赏羽毛，我们需要了解一些基本知识：羽毛是由什么组成的，鸟类如何换羽、为什么换羽，以及一个滤泡如何生长出形状和类型如此各异的羽毛。而这些过程中潜藏的化学、物理和分子遗传学原理至今仍是又大又深的研究领域，仍会继续挑战职业科学家们。就像羊肉馕猎手一样，我们会将自己的猎捕行动锁定在一些关键点上。

———

虽然我们不会像看待熏肉、牛排或者火腿三明治一样看待羽毛，但是它们也是优质的蛋白质来源。从羽管到羽干再到羽片，一片羽毛的构成部分由大量角蛋白组成，这和毛发、指甲中含有的蛋白质相同。人们一般不会吃羽毛[④]，但是动物饲料产业并没有忽视它们的营养潜能。美国的鸡和火鸡加工商们每年都会产出超过 100 亿磅（约 45 亿公斤）的羽毛废料。人们将这些拔下来的羽毛输送到康尼格拉[1]和普瑞纳[2]一类的公司，然后赚得一笔可观的收入。在那些公司里，这些羽毛被煮沸、干燥，然后被磨碎，做成从罐装狗粮到牲畜颗粒饲料等各类富含蛋白质的食物。可怕而扭曲的是，它们甚至会被投喂给鸡。羽毛角蛋白在有机农业中也扮演了一定的角色。在那里，羽毛肥料被视为一种天然的增加土壤氮肥的方法，被施给了一排又一排的生菜、豆类或者其他钟爱氮元素的蔬菜，为蛋白质提供了一条从羽毛通往有机农产品通道的、令人意外惊喜的路径。

1 —— ConAgra，一家美国食品公司。
2 —— Purina，一家宠物食品公司。

我曾向一位看起来怒目森森、眉头皱起、发型狂野，说话带着浓郁波兰口音的教授学习生物化学。在关于角蛋白的课上，他向我们展示了一张犀牛的特写照片作为课堂的开始。"犀牛，"他朝整个班级吼道，"就像坦克一样！"他本可以简单地向我们展示一张歌带鹀或者莺的照片，然而那样就不会达到同样的效果。

他想说的是，角蛋白是一种为了力量而设计的蛋白质。它长长的分子形成坚硬的、纤维状的网，可以使从犀牛皮到龟壳等的各种体外覆盖层变厚变强。羽毛中全都是角蛋白，指甲、鳞片、蹄、爪、角和毛发也都是。角蛋白早在第一只脊椎动物从海洋爬上岸之前就已演化形成，而现在，它成了整个动物界的一个基础的结构建造材料。角蛋白的存在已经变得极度普遍，但并不是所有角蛋白的地位都是一样的。

在电影《毕业生》的片头中，一位家族朋友将年轻的本杰明·布拉多克带到一边，跟他说了一个词作为未来职业的建议："塑料"[1]。本杰明脸上那尴尬而冷漠的反应奠定了整部电影的基调，但这里的重点是对复数形式的使用。对于外行人而言，塑料就是塑料。但是这个家族朋友知道塑料有很多种，每一种都是依据自身特定的用途而用特定的方法制造而成。回收循环装置根据各种容器上印着的数字来鉴定塑料种类，然后将它们分解成基本的聚合物类型。苏打汽水瓶上标记有数字 1，可以被回收制造成新的瓶子，或者是各种合成纤维。牛奶罐被标记着 2，可以被制成木塑复合地板和室外家居材料。塑料袋是 4 号，一次性的咖啡杯盖是 6 号，等等。它们都是塑料的，但是分子之间的细微差别使得

1 —— 原文为"Plastics"，是"塑料"一词的复数形式。

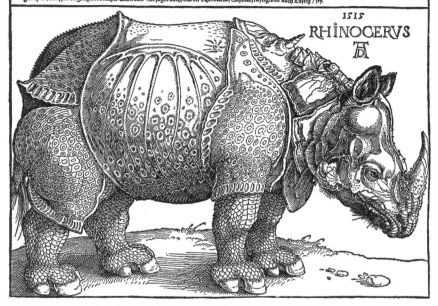

犀牛盔甲一般的皮含有大量的角蛋白——一种为力量而设计的蛋白质。

每一种都是独特的，也因此造成了回收过程中的明显差异。将这些数字分离开，你就能为新的产品找到有价值的塑料；而将它们混起来，结果就会是一团无用的熔渣。

　　这和角蛋白的道理是相同的。就如塑料一样，角蛋白分子形成聚合物。这个过程中，形状和成分的细微差异会生产出截然不同的终产物。如果有角蛋白的循环利用程序，你就绝不会将猫头鹰羽毛和猴子皮毛或是山羊蹄子混起来，因为羽毛角蛋白完全不同于哺乳动物的角蛋白，它属于另一类。但它和爬行动物的角蛋白有密切的关系，并且它们基因编码的内容也构成了鸟类由恐龙演化而来这一论题的一部分。从基因和化学的角度而言，羽毛角蛋白独树一帜，和它们的功能完美地相称。它们为许多重要的羽毛特征提供了分子基础：结实有力而又轻盈，稳固而又有弹性，耐磨损，不褪色，灵活。你用奶牛的角是不可能构建出羽毛的——它太易碎。睫毛角蛋白太柔软，而指甲角蛋白又太容易被撕碎。简而言之，羽毛就是羽毛，蹄子就是蹄子，这两个永远也不会合在一起。当然，鸟类绝不会太多地想着自己的角蛋白，而我们在梳理头发或是修剪脚指甲时也一样不会。我们只关心最后的外观和功能，鸟类也是。如果我当时爬进那个羊肉鹱巢穴，观察里面细嘴锯鹱的生长，就会发现只要有羽翈状的羽毛生长出来，它梳理羽毛的本能就会率先出现。就算是在一片漆黑的洞穴之中，幼鸟也会花大把的时间护理羽毛，反复地整饰每一片羽毛，期待着自己的处女飞行，期待着即将成为它日常生活中的一部分的狂风、暴雨和滔天海浪。在它们最初的一批任务里就包括：衔走每一片即将长出来的新羽毛尖端上仍紧抓不放的雏绒羽残留物。

"你可以认为（由一个特定的滤泡生长出的）每一片羽毛都是一根长且连续的管道的一部分。"普鲁姆告诉我。从雏绒羽开始，然后到幼鸟、成鸟和繁殖羽，每一个滤泡在鸟类的一生中都能制造出各种不同类型和颜色的羽毛。滤泡被设计得可以很快地生长出羽毛，然后暂时关闭，停息几个月甚至是一整年[5]。直到鸟类需要新羽毛时，滤泡才又重新恢复生机，再次以复杂的螺旋形式泵出角蛋白，也正是这个螺旋形式帮助普鲁姆确立了自己的演化模型。正如雏绒羽连接着幼鸟最早一批羽毛的一端，每一片随后而生的成鸟羽毛也是相互连接的，虽然这种连接的方式很简单。检查每一片掉落的羽毛的基部，你会发现一个小孔，即羽脐——当新羽毛从滤泡中生长出来时，羽毛就曾在这里与被推出的旧羽毛相连接。

这就是换羽——每年或者半年进行一次的去旧迎新过程，帮助我们明确了鸟类的生命周期。换羽依赖于普鲁姆提出的演化中产生的新特征之一羽毛滤泡——生物学上的一个奇迹，它产生了复杂的变异，从鸟类的雏绒羽，到幼鸟的羽毛，再到成鸟的羽毛，而后者常常会在繁殖期和非繁殖期表现得显著不同。一个滤泡就是鸟类皮肤上一个小小的圆柱形凹坑，被肌肉和神经包围着，中心有活组织。滤泡一部分靠在羽毛的生长过程中为其提供营养来培养出羽毛结构上的复杂性。毛发是从死细胞中冒出的简单的一根丝，而与之不同的是，生长中的羽毛，即所谓的新生羽，是沿着具有生命力的核心生长的，如果受到损伤，会流出大量的血液。它最终的结构⑥——羽枝、羽小枝、羽干等特殊的排列——是在滤泡的羽环中决定的。随着羽毛向外伸出，这个生长模式也就以螺旋形向前持续。新生羽稳固地扎根于活组织中，直到发育成熟。（《烹饪之乐》一书建议用钳子和锋利的刀尖去除掉新生羽。）只有在那时，羽毛中的血管才会回缩，留下一根大家所熟知的羽毛空管。

在我给鹬鹑解冻并拔掉羽毛时，它的一些羽毛滤泡立即显露了出来。虽然羽毛看起来排列整齐，但我注意到它们是成簇地生长出来，羽轴集中在某一块特定区域。和大多数鸟类一样，鹬鹑的滤泡出现在从脊椎到尾部下方，以及沿着体侧和翅膀的界限分明的片区，身体其他重要区域，滤泡也会遍布其上，从而使羽毛能完全覆盖身体。鸟类学家们仍在争论这些羽区的作用，不过他们大多认为羽毛的集簇生长能提供两大优势：它使得鸟类全身都能被羽衣覆盖到，但却能让羽区之间的皮肤保持相对裸露，这对调节体温是个重要考虑，正如我们在接下来的几个章节中将要看到的；同时，羽区可能还在羽毛的运动中起到了一定的作用，帮助集中不连续线路上的相关肌肉。

虽然我的这只鹪鹩比火柴盒大不了多少，但它的一些羽毛却是异乎寻常地难以拉扯下来。每一个滤泡都由强健的肌肉和神经包围着，给予每一片羽毛惊人的灵活性。鸟类可以抖松羽毛来保暖，竖起羽毛进行梳理或是炫耀，甚至是在飞行时对羽毛进行细微调整，以获得最大的空气动力学效率。某些羽毛还是极其重要的感觉器官，特别是脸部的须和围绕在飞羽周围的细小纤羽。考虑到就算是最小的鸟类身体也有数千片羽毛覆盖着，协调这些羽毛运动就完全是个工程学上的壮举。这就好比一个人动一动脑子，就矫正了头发的分缝、抽动了某根耳道汗毛，或是根据微风拂过睫毛的方式精准地判断风速。

对于大多数鸟类而言，换羽持续几周或几个月的时间，是一个循序渐进的替换过程，绝不会让某个部位过度地暴露在外。特别是飞羽，换羽必须交错进行，并且通常从最内侧的一根初级飞羽开始，朝外向飞羽尖端依次掉落。如果在鹰或是其他滑翔高飞的大型鸟类飞过头顶时观察它们的飞羽换羽，你常常会发现其两侧翅膀具有对称的缝隙，即换落的羽毛在天空中印衬出的狭窄视窗。但在一些鸟类中，换羽则发生得更加剧烈，可能会使得鸟类暂时无法飞行，直到新的羽毛再次长出。鸭类就是以这种方式换羽，所以在它们处于这种无助状态时猎捕它们

　　　　　　　　　　　　羽毛：自然演化中的奇迹

造就了一个短语——"呆头鸭"[1]。

　　换羽阶段的确是一个危险的时期。正如每一个家鸡养殖户都知道的，生长出新羽毛需要消耗大量的能量。我们养的母鸡每年都会来这么一次，所以那几个月真是令人沮丧——我们每天都在喂养这四只健康的产蛋母鸡，而同时我们自己却要在食品杂货店买鸡蛋吃。但小鸡们也是不得已而为之——按生存的轻重缓急顺序，维护保养羽毛显然要优先于产蛋量。

　　若是考虑风险和损耗，为什么鸟类还非得换羽不可呢？为什么鹪鹩、羊肉鹱和家鸡不立即直接生长出一身好羽毛，然后紧抓着不放呢？从行为学的角度出发，这些问题的答案一部分在于繁殖策略。大多数鸟类是天生的视觉动物，它们通常会根据季节性的羽毛变化来识别和评判可能的配偶。雌鸟如果能对有潜力的求爱者进行排序，将心仪的成年雄鸟从经验不足的幼鸟或刚满一岁的小鸟中挑选出来，它们就会受益。季节性的换羽能使鸟类（特别是雄鸟）在繁殖时期宣传自己的地位和状态，而在非繁殖期又不那么显眼。在长期的演化中，这套系统已经在颜色和炫耀表演方面制造出了一些疯狂的极端例子。这个话题我们将会在之后的章节中进行深入的探索。

　　抛开繁殖期的色彩不谈，鸟类换羽的另一个原因，就和汽车挡风玻璃上需要新的雨刮器、吉他需要新的琴弦、生物学家需要新的户外服装一样简单。和任何一种长期使用的器械装备一样，羽毛会磨损。阳光、雨水、雪和飞行时不断的摩擦都会对羽毛造成损伤。就算是一片角蛋白做成的坚韧羽毛，最终也需要被替换掉。一件羽衣的寿命在某种

---

1 —— 原文为"a sitting duck"，直译为蹲坐的鸭子。

第四章　如何捕捉羊肉鹱　　　　　　　　　　　　　　　　　83

程度上与栖息地的类型和鸟类行为有关。黑脸田鸡、秧鸡和其他在厚密植物中潜行和疾走的鸟类，其换羽次数是其他鸟类的两倍——它们的羽毛在同植被无尽的摩擦损伤之下很快就会被磨损。在某些情况下，羽毛磨损的速率和鸟类对一身与众不同的繁殖羽的需求程度完全一致。东草地鹨的胸部羽毛刚生长出来时是深褐色的，但是羽毛尖端在一个冬天的时间里被逐渐磨损，于是显露出了尖部下面的亮黄色，而这正好发生在春季的繁殖季节。

但是除了物理磨损，每片羽毛还面临着一群贪婪的搭便车者不停的噬咬，它们名叫羽虱。和普瑞纳公司一样，这些小小的昆虫也知道一顿羽毛大餐的价值。但是狗粮来自家禽废料，而羽虱吞食的羽毛都还处于使用中。幼鸟从巢中，从与父母以及兄弟姐妹的直接接触中获得羽虱[⑦]。在此后的一生中，它们都会采用梳理羽毛、洗澡和强有力的抓挠等方法的结合来与这些寄生虫作斗争。有一类鸟更是将这种斗争向前推进了一步。在新几内亚，黑头林鵙鹟和它的近缘种会分泌一种强效的神经毒素，使得它们生气勃勃的橙色和黑色羽毛上基本上没有羽虱存在。这种化合物与箭毒蛙分泌的毒素是同一种，并且林鵙鹟是唯一一类演化出分泌这种毒素的方法的鸟类，而它们可能是从自己食用的某些甲虫中获得了某种化学物质。但是对世界上其他的1万种鸟类而言，换羽提供了控制寄生虫的最值得信赖的方法，给予了它们的羽衣（以及羽虱）一个崭新的开始。

一只羽虱被放大后，看起来就像是科幻电影中对人类实施恐怖统治的某种分节的多刺外星生物。它的颚似乎可以碾碎任何物体，但事实上，它的型号只能用以攻击最小的羽毛结构——羽小枝和绒羽细小的尖端。羽虱大量滋生的羽毛看上去是卷曲的，因为羽枝被剥食得干干净净，接着羽毛就会逐渐失去大部分隔热和防水的能力。许多种类的真菌和细菌也会使羽毛降解，虽然鸟类煞费苦心地发展出了一些与之抗争的方法（包括用有毒的蚂蚁、蜗牛和果实擦拭羽毛），但是仍然只有换羽才能最终保护它们的羽衣不受寄生虫的伤害[8]。

　　生长新羽毛的最后一个原因就是为了替换那些缺失的或是破损的羽毛。当野外生物学家开始讲故事时，话题往往会转向他们见过的各种"动物大出洋相的情形"——猎豹在风中撒尿，跳起的猴子没能抓住下一根树枝，或是一只雄伟的公鹿把鹿角卡在了灌木丛中。而鸟类，出洋相往往和撞击着陆或是半空中相撞这些会造成羽毛损伤的行为有关。在争夺领域或繁殖权时，身体上的冲突也会导致羽毛受损。多数情况下，鸟类具有放松一些特定滤泡的能力，丢弃掉破损的羽毛，诱发一次"修复"换羽。这种能力也可以被用在受压力或受惊吓、大量释放掉羽毛的时候。我曾在我们鸡舍旁的草地里发现了一团让人看了十分沮丧的鸡毛，但是当我清点数目后，我发现所有母鸡都在，还在开心地啄食着。那堆羽毛只是记录了一场死里逃生，记录了某只母鸡与一只俯冲而下的鹰的亲密接触。这个适应几乎可以肯定是源于防御，是一种逃脱潜在捕猎者、给它只留下满口羽毛的方法。

　　换羽承担着许多功能，并且似乎很早就已经演化出来，和羽毛本身同一时代或者至少是和滤泡一同发展而来。已知最早的羽毛化石是一片始祖鸟的羽毛，它明显是一片翼羽，在换羽后立即掉落进了古老的索伦霍芬淤泥中。近来，徐星发现了一连串化石，而它们来自一只小兽脚类恐龙，其幼年期具有和成年期极其不同的羽毛。"这只恐龙宝宝具有奇异的飞羽。"徐星在一次采访中说，他指出在现代鸟类中，还没有哪一种鸟类的羽毛结构在不同的换羽阶段表现出如此显著的变化。显然，羽毛生长发育的复杂性已经存在了很长时间。

现在，我们知道了羽毛是由角蛋白组成的，我们还理解了鸟类（以及恐龙）如何以及为什么换羽，但是滤泡的工作过程究竟是什么样，还需要进一步的解释。对于普鲁姆而言，他第一次在羽毛演化问题上感觉醍醐灌顶的时刻就是在他理解了这个过程的时候。

"一片枝状羽毛的生长过程是不可思议的。"他不止一次这样对我说。然后我们观看了他为课程设计的一张计算机绘图。这张图展示了一片有羽片的羽毛，它的羽枝以单股形式从滤泡的羽环中冒出来，然后沿着羽环四周运动时不断伸长，并与生长中的羽干融合。设想处于一个拥挤的体育场中的人们在制造"人工海浪"。当海浪经过时，每一个人都刚好在同一个正确的时刻站起来，举起他或她的手，使海浪能像流体一样环绕着体育场涌动。羽环内的细胞也是如此，不过它们不是站起来舞动手，而是将角蛋白添加到生长中的羽毛羽枝中。这被称为螺旋生长，因为这个过程在行进时就像一个环绕在滤泡四周的螺旋（或半螺旋）。

如果你把站起身想象成"就位"（角蛋白产生），坐下想象成"离位"（没有角蛋白产生），那么海浪的类比就能有效进行。想要制作羽毛的羽片部分，就需要让体育场一个小片区中的细胞持续保持活力，形成一根坚固的羽干，与此同时，羽枝形成对称的海浪扫过看台的每一侧。（如果这个类比太难去设想，那么就假想在海浪经过的一瞬，每个人都将自己的空啤酒罐堆叠在他们隔壁的啤酒罐之上。当每一道海浪抵达羽干处时，这条线上的最后一个人就会举着一个高高的、由啤酒罐组成的塔——那就是一根羽枝。）当羽片的制造完成后，就到了生产羽管的时候了。只要让体育场的所有人都同时站起来，一根坚硬的角蛋白空管就出现了。到了羽管的端部，再告诉他们全体都坐下，继续喝着啤酒、吃着爆米花，然后好好欣赏比赛。直到下一次换羽，你都不会再需要他们的服务了。

改变滤泡羽环中角蛋白产生的位置和时间，就能导致发育出从须到绒羽、从初级飞羽到纤羽这样不同类型的羽毛来。由此看来，羽毛的奇特性甚至也开始能说得通了。太平鸟[1]得名于自身纯红色的翼羽尖端，而那其实只是几大团角蛋白——在制造羽枝的海浪开始之前，看台上的羽干部分就自行站起来了一会儿。萨克森王天堂鸟羽毛上生长出奇异的旗帜，则是因为体育场看台上交替起立的各个分区同时站起来，制造出片状的角蛋白，而不是典型的细细的羽枝。为了完成这些创举，滤泡上的细胞必须完美协调、一致工作，共奏起始和关闭的交响乐，而这些都由一个特定的基因控制。这是一个有名的基因，也是唯一一个我们会在本书中谈及的基因。人们称它"音猬因子"[2]。

发现音猬因子的科学家们当时正在研究是什么控制着所有动物的生长发育模式。果蝇幼虫重复的体节是如何形成的？脊椎的每一节和手上每一根手指头又是如何形成的？是什么建立了上下、前后、左右的

1 —— 太平鸟英文名为"Waxwing"，直译为"蜡翅"。
2 —— 原文为 Sonic Hedgehog，也是动画片及同名电子游戏《刺猬索尼克》中的主角，一只名叫索尼克的刺猬。

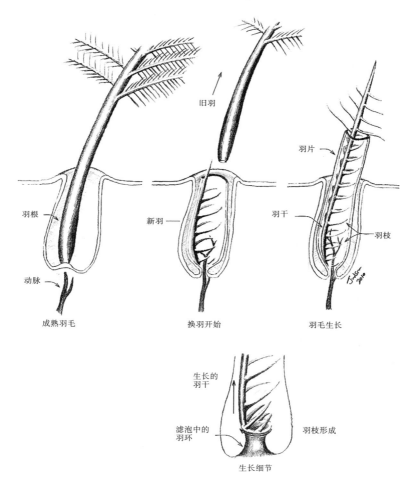

羽根

动脉

成熟羽毛

旧羽

新羽

换羽开始

羽片

羽干

羽枝

羽毛生长

生长的
羽干

滤泡中的
羽环

羽枝形成

生长细节

羽毛生长和换羽。在左侧图中，一片成熟羽毛的羽柄安坐于它的滤泡之中，与下面活组织中的血流隔离开来。当换羽开始时（中间图），滤泡会为新羽毛制造出羽枝和一根羽干，这由延伸到发育中的羽枝弧形区域内部的活组织提供养分。旧羽毛被推出，新羽毛取代它的位置，在羽枝从一个临时性的外鞘中冲破而出时，羽枝展开形成羽片（右侧图）。羽毛的生长以一根坚硬的角蛋白空管（即新的羽柄）的形成结束。羽毛生长的详情是，羽枝以螺旋形式从滤泡中羽环四周向上分出，然后与坚硬的羽干融合并向上生长，就像是体育迷在体育场中所造的海浪一样。

羽毛：自然演化中的奇迹

雄性萨克森王天堂鸟的繁殖羽。

模式，而在生命体的一生中，细胞生长以及被新细胞替换掉时，这个模式又是如何维持的？科学家们发现了一小族信号基因，它们就像开关一样，告诉细胞何时以及如何生长。（事实上，这些基因表现得更像是车灯旋钮开关，不仅控制细胞生长的运行，还控制它的强度。）早在20世纪70年代，在这些基因还没有被完全了解时，实验室技术员们就授予了它们"刺猬"的称号，因为缺少这些基因的突变种果蝇会生产出如刺猬一般长满刚毛的小球，而不是具有正常体节的幼虫。没有了这些功能性的刺猬基因，细胞的生长发育就无法得到控制，也就没法建立一个始终如一的发育模式。"音猬因子"是刺猬基因中最普遍存在和研究最深入的，在人类的每个细胞和从钩虫到黑豹以及鸟类的几乎所有动物中都能见到。

一个庞大的科学家团队致力于分离和解码音猬因子，而他们的努力促使他们获得了 1995 年的诺贝尔生理学或医学奖。我们知道，他们在实验室中度过了无数个日日夜夜，他们是一丝不苟且耐心的观察者。我们也知道，他们玩过很多电子游戏。

　　对那些熟知电子游戏的人而言，刺猬索尼克这个角色就是一个传奇。就好比米老鼠之于卡通片、詹姆斯·邦德之于间谍惊险电影，索尼克界定了一种游戏类型，它出现于电子游戏时代的早期，随后开始了一段漫长和传奇的职业生涯。从商场游戏机到任天堂（Nintendo）、Xbox 和 iPod，以索尼克为主角的游戏已经卖出了超过 7000 万份。我自己的电子游戏经历开始于 20 世纪 70 年代，当时我十分热爱电子乒乓球游戏，但是在雅达利公司[1]倒闭后不久，我的热情也就逐渐消失了。尽管如此，我也曾听说过刺猬索尼克，而且还纳闷他怎么就跟前沿领域的遗传学扯上了关系。

　　就羽毛发育而言，音猬因子绝对是至关重要的——毕竟，自然界极少有什么结构具有比羽毛更复杂的模式。当研究人员研究羽毛生长发育的遗传学原理时，他们发现是音猬因子在导演着这场表演，协调错综复杂的起始和停止之舞。当然，如果仅仅只把音猬因子当作一个开关，那完全是想得过于简单了。它是一个制造蛋白质的基因，其编码的蛋白质和其他蛋白质相互配合，一同激活（或是抑制）一个高度保守的代谢通路。我想，这对于一个分子遗传学家而言是很容易理解的，但我觉得想要将其形象化实在是太难了。体育场里的海浪帮助我直观地

1 —— 美国的一家电子游戏机厂商。

理解了这一复杂的羽毛螺旋生长过程。我想，如果去玩电子游戏的话，可能也会让羽毛遗传学变得十分直观。

最初的索尼克大冒险——如果你感兴趣的话，可以很容易地在网络上找到——发生在二维世界里一片颜色艳丽的绿地上，其间点缀着一些块状的树和鲜艳的花。鼎鼎大名的索尼克是一个有着"之"字形发型、穿着红色运动鞋的蓝色小家伙，能向前冲和向上跳，闪避各种各样的敌人，同时疯狂地追逐宝物。就在我遇到一些飘浮着的金环，并成功避开一只扔火球的恶魔般的猴子后，我以为我已经逐渐掌握了这个游戏的窍门。但我的小刺猬跌进了一道深缝之中，再也看不见了。这次游戏经历没有帮我弄清我的任何一个问题，但是它给出一个强有力的暗喻：一个人听任自己沉迷于羽毛，过于深入地踏上发育遗传学的小径会有什么样的风险。我关上电脑，把注意力转向了一些我更为熟知的东西：金冠戴菊、冰雪风暴和绒羽的演化。

羽绒

这是你能想象到的最陌生的感觉：自由地飘浮在太空中，起初当然有一些恐怖的陌生感，但等到恐惧消失后，这种感觉就一点也不令人厌恶，它是超凡的安宁；其实，据我所知，尘世间与之最为相近的经历，就是躺在一张又厚又软的羽毛褥垫上。

——赫伯特·乔治·威尔斯（H. G. Wells），

《最早登上月球的人》（*The First Men in the Moon*，1901 年）

第五章　保暖

去告诉罗迪婶婶，

去告诉罗迪婶婶，

去告诉罗迪婶婶，

老灰雁死掉啦。

她一直养着它，

她一直养着它，

她一直养着它，

为了做一床羽毛褥子。

——摘自传统民歌《罗迪婶婶》（Aunt Rhody）

一阵突如其来且慌乱的轻声鸣叫打破了沉寂，像是风铃，又像是三胞胎吹奏小芦笛的韵律。

"金冠戴菊。"我急忙小声对菲尔说。我们起身开始走，脚穿着雪地鞋滑过冰面。我瞥见金冠戴菊们正在向前猛冲，四只灰色小毛球飞离了一棵光秃秃的槭树，冲到香脂冷杉的遮蔽之下。

在它们分散开去觅食，在青翠的树枝之间跳跃、飞舞时，我们放慢了脚步，走到了和它们平齐的位置。菲尔从鸟群中随机选择了一只，然后开始在树林下面茂密的灌木丛里追踪它，并回头低声向我报数据："侧枝、侧枝、主枝、侧枝。"我记录下他说的每一个字。这是非常不错的情况——我们的项目时间已经所剩无几，我们正迫切地需要金冠戴菊。

在缅因州西部，每年1月份都是严寒刺骨的天气，而今年的这个季节有我们这一代人经历过的最为严酷的冰雪风暴。数不清的树木被在表面冻结的冰雪压垮，翻倒在屋顶、道路和高速公路上，波及整个地区。3.5万多根电线杆和电塔倒塌，造成400万人在长达一个月的时间里没有电力供应。商户停止营业，机场关闭，国民警卫队在街道上巡逻，滚石乐队也不得不取消了多伦多、锡拉丘兹、蒙特利尔和魁北克城的"通往巴比伦之桥"巡回演唱会。在所有这些混乱期间，菲尔和我几乎没有察觉到任何情况。我们待在一个偏远的小木屋里，那里本来就没有电、供水或者道路交通，所以，这场冰雪对我们而言，不过是在穿雪地鞋徒步的时候遇到脚底打滑的恼人情况。当自然灾害来袭时，野外营地倒也不是一个太坏的地方。

我们的研究属于一次所谓的"冬季生态学"之旅的一部分。冬季生态学是对寒冷天气生态系统的亲身实践探索，由著名的佛蒙特大学生物学家贝恩德·海因里希发起。贝恩德的职业生涯跨越从熊蜂及沼泽植物到渡鸦行为的所有事物，他发表了大量的科研论文，著书17本，在昆虫如何调节体温和鸟类如何思考等方面做出了突破性的贡献。他还烘烤得一手好野营面包，也知道如何给油炸田鼠调味（放很多盐）。每年都会有十几个爱冒险的学生加入贝恩德在缅因州的小木屋，研究植物和动物如何适应寒冷的生活。课程表依赖于好奇心和机遇，是小组在寒冷的森林里长时间漫步时遇见的不论什么生物和问题的集合。最后会有一个期末考试，还要写一篇论文，但是这个课程并不受最终成果的太多束缚，反倒是受森林所奉献的东西束缚更多，而且最重要的课程是弄清更基本的问题：最初为什么要做科研？

"今天我们进入了贝恩德的科学疑问世界。"在我们第一天的野外徒步结束后，我在日记里写道。我还听见有人说："这片森林对他而言就是一座大游乐场！"贝恩德是一位技艺精湛的博物学家，他在森林里总是发动全身所有的感官，从不将自己或者自己的学生限制在典型的学术框架中。他把每一次邂逅都当作一次全新的体验，把科学当作一个基本问题来教学，当作一种想要去理解事物的原始欲望。"有时候最好不要成为一个仅有某方面专长的专家。"他某一天晚上在我们都围聚到炉火边时这样劝诫我们。贝恩德身体壮硕且健康，头发花白，眼睛明亮，说话口音还带有他的母语德语的味道。他研究自然科学的方法也保留有一丝旧大陆的影子，与伟大的自然哲学家的时代遥相呼应："鸟类学家或者昆虫学家，都只看某一类物体。但如果你通晓多个门类，你就会获得一个完全崭新的视角，用一种不同的方式去看待事物。"

我们花了第一周的时间在一起什么都学习一点：如何追踪鼠类、狐狸、鼬和鹿，黄昏时分在哪儿寻找啄木鸟，以及如何通过树枝和叶芽来鉴定树木。然后贝恩德让同学们分散开去设计和实施他们自己的研究项目——这些小研究不是基于教科书或是文献查阅，而是基于每日的森林徒步、仔细的观察和晚间喝着一罐罐百威啤酒的讨论会。当时，我的硕士正读到一半，冬季生态学让我感觉像是一次非常不错的休假，在全新的、引人入胜的景观里做一次彻底的生物学洗礼。我决定研究鸣禽的觅食策略以及不同的物种如何借助混群来越冬。贝恩德若有所思地说："还没有人研究过这个。"我错将这句话理解为"历史上从未有人研究过这个"，但他的真实意思其实是"之前的冬季生态学课程里还没有人研究过这个"。这没有关系，一个名叫菲尔·西尔弗曼的本科生自告奋勇地加入进来，然后我俩一同怀揣着身为真正的科学拓荒者的期待出发。

"物以类聚，人以群分"[1]这句话出自柏拉图，而在自然界中这句话一般都是对的。你不会看到骨顶鸡、鸽子或者秧鸡和一群鹅混在一起，一群鹌鹑中也不会混有鸸鹋、巨嘴鸟、海鹦或是林莺。但是在冬季，黑顶山雀们能吸引来一个鸟群。在缅因州的森林里，黑顶山雀形成多种类混群的核心，这个群体中通常还有红胸䴓、美洲旋木雀、毛发啄木鸟和绒啄木鸟，以及菲尔和我十分努力要寻找的体型娇小的金冠戴菊。一天的大多数时间里，这些鸟都在一起飞行和觅食，它们早上聚集起来，组成喧闹的、不断移动的群体，在森林中穿飞。形成这个习性可能是为了躲避或者防御猫头鹰和鹰一类的捕食者①，但是我们想要知道这些鸟类如何能全都相处得这么融洽。冬季的食物本就稀缺，而在家里的储藏柜都快空了的时候，它们再邀请一帮饥饿的竞争对手前来赴宴，这似乎违背常理。多种类混群的鸟类如何避免直接的竞争呢？

我们的研究方法很简单：在林间徒步，找到鸟群，然后跟着它们。我们的注意力集中在山雀、䴓和金冠戴菊上，仔细地观察它们的行为

1—— 原文为"birds of a feather flock together"，直译为具有同一类羽毛的鸟聚在一起。

并进行计数——每一种鸟落在树木的树干、主枝和侧枝上的次数是多少？它们是否通过分割栖息地来避免冲突，甚至是在一同觅食的时候是否也如此？你能想象得到，数到足够用于统计学分析的鸣禽着陆地点需要花费一些时间。随着日子一天天过去，菲尔的表情也越来越痛苦。这可能一部分是由于寒冷的天气，或者是由于我们不停地滑倒，小腿在雪地的冰面上擦伤了。不过我怀疑他也在开始疑惑，自己究竟为什么要自愿跟着一个疯狂着迷的研究生出来追逐鸟群，而大多数自尊自爱的佛蒙特大学大四的学生都在伯灵顿最好的酒吧里品尝着热棕榈酒来度过自己在校期间的最后一个 1 月份。但是最后，我们得到了足够的数据，发现鸭主要在树干上觅食，山雀占据了主枝，金冠戴菊则在侧枝之间飞来飞去。这就是生态学家们所说的"生态位分离"的一个完美例子，即利用行为上微妙的变化来分配潜在竞争者之间的资源。

那年的缅因州鸟类大会上，生态位研究为大家所津津乐道，而冬季生态学更是给我留下了一段更加深刻的关于羽毛的记忆。在冰雪风暴即将结束的一天夜里，天空十分清澈，气温下降至零下 17℃。天气冷到把一听百威啤酒泼到雪地里，啤酒还没完全从罐子里倒出来，泼出来的啤酒就已经凝结成冰了。我之所以知道这个，是因为我在从贝恩德的小木屋走向我的帐篷时，不小心掉落了一瓶。不论如何，那是个美丽的夜晚。槭树和松树低垂向地面，树枝上厚厚的冰在月光下闪烁着玻璃般的光芒。我正准备入睡时，不禁想起了杰克·伦敦的育空河故事《生火》（*To Build a Fire*）中那个倒霉的"新来的"[1]。但他以期用来抵挡严寒的

---

1 —— 原文为"*chechaquo*"，切努克土话。

只有"连指手套、耳罩、保暖鹿皮鞋和厚袜子"，而我则可以钻进豪华的鹅绒睡袋里。（这个睡袋是我从一个睡在屋内炉火边的朋友那儿借来的。）躺在温暖和舒适中，我想到，就在附近的某处，被菲尔和我追逐了整个下午的小鸣禽们也正在做着同样的事情。

　　想到有任何动物能在如此寒冷的室外生存，我就觉得惊奇不已，而有着北方森林鸟类中最小体重的金冠戴菊做到了。在生态学上，贝格曼定律表示动物体型通常会随着纬度的升高而增大——大型物种能适应寒冷气候，是因为体积大的物体能更高效地维持自身温度。在暴风雪中放一大锅炖菜，它会比一块烤奶酪三明治或者一个煎蛋保持温热的时间更加长久。但是，一只金冠戴菊仅仅只有 5 克多重，差不多和一枚五美分镍币或者一茶匙盐一样重。它的体型也只有和它混群的山雀以及䴓的一半不到，而那些鸟儿到了夜晚都在废弃的巢穴里挤作一团取暖，金冠戴菊却似乎只能将就着在露天里过夜。菲尔和我多次在傍晚时分追随它们，有一次曾在一棵香脂冷杉幼树树冠上追踪到一对。当夜幕降临时，我试图爬向它们的栖所，但是树枝太过浓密，我最终没能爬上去。尽管如此，这棵树实在是太小，不能庇护任何一种舒适的巢穴；庇护金冠戴菊们过夜的遮盖物最多只有一根覆盖了一层薄雪的冷杉树枝[②]。颤抖是一种能产生身体热量的策略，而有些物种还能在夜晚减慢自己的整体新陈代谢，进入一种低体温的蛰伏状态，直到太阳升起。但是很显然，只有一样东西能让金冠戴菊和其他众多鸟类在最冷的天气里不被冻僵：羽毛神奇的隔热能力[③]。

　　热量以三种方式进行传递：以波的形式在空中传播（热辐射），通过空气的流动（对流），以及通过物体与邻近表面的接触直接传递（热

　　　　　　　　　　　　　　　　　　　羽毛：自然演化中的奇迹

传导）。篝火通过热辐射使你感到温暖，汽车里的暖气空调通过对流发挥作用，而当你被一块热乎乎的比萨饼烫到舌头时，那就是热传导。隔热材料能通过封闭空气，并将空气当作屏障来减缓所有这三个过程——某种材料能封闭的静态空气越多，它就能越好地使温暖的一侧保持温暖，寒冷的一侧保持寒冷。睡袋生产商将这种性能值称为蓬松度（loft）；在建筑行业中，它又被称作 R 值。内部表面积大的、结构复杂的毛绒材料能最好地捕捉空气分子团，并使它们停住不动。这就是为什么可以当滑雪服的派克大衣都是蓬松肥大的，而玻璃纤维家居隔热层看起来那么像棉花糖的原因。这也是为什么金冠戴菊的体重这么小，看起来却比一茶匙盐大那么多的缘故。绒羽有着精密复杂的气体封闭微结构，是地球上隔热性能最佳的自然材料，而鸟类具有主动将绒羽变得蓬松起来的能力，从本质上说，就是能随着自己的意愿调整羽毛的 R 值。

一只金冠戴菊。

普鲁姆的理论认为绒羽相当早就演化出来了，而它们对于鸟类的重要性可以用简单的数学揭示出来。在每只鸣禽身上平均 2000 到 4000 片羽毛中（或者在小天鹅体表的 25,000 片羽毛中），绝大多数羽毛都含有绒羽状的基部羽枝，或者被称为副羽的绒羽状附属羽毛，而很多羽毛在结构上都是完全的绒羽状。相比之下，适应飞行的羽毛则只有为数不多的几十根。当一只鸟的绒羽被完好地覆盖在防水的正羽之下，绒羽就能在皮肤附近锁住无数个温暖、干燥的空气小囊，使生命在寒冷环境中生存下来。身处缅因州冰雪风暴中的金冠戴菊为我们提供了一个极端的例证，然而所有鸟类都需要在不可预测的气候变化和大幅波动的气温中求存。鸟类绒羽的数量和质量与它们所处的环境以及生活方式直接相关。鸟类操控羽毛封闭或是释放热量[④]，取决于天气、季节以及一天中的时刻。

在我的冬季生态学课程结束后的几年里，贝恩德开始愈加痴迷于金冠戴菊和它们抵抗严寒的能力。这些小鸟儿们在他的著作《冬天的世界》里担当主演。在这本书里，他写到了研究金冠戴菊的胃内容物（蛾类幼虫）、计算它们的卡路里燃烧率（每分钟 13 卡路里），以及不知疲倦地寻找它们的栖所[⑤]。当他观察金冠戴菊的羽毛时，他发现它全身绝大部分的羽毛都是为了隔热，这些羽毛足足占身体总重量的 7%。户外气温和金冠戴菊羽毛外套里面舒适空间的温度令人震惊地相差华氏 140 度（78℃）之多[⑥]。如果在一个像我在舒适的睡袋里度过的那个夜晚一样寒冷的夜里，拔掉一只停歇不动的金冠戴菊的羽毛，它在差不多几分钟之内就会冻结成冰，几乎就像一听泼洒出去的啤酒一样快。

在地球上分布的鸟类中，我们能找到充分的证据来证明绒羽的优良品质。300多种鸟类会到访北极圈内的苔原和岩石岛屿，还有240种鸟类生活在戈壁沙漠（Gobi Desert）极寒的高原上。在南极深冬季节，帝企鹅们就站在毫无防护的露天环境里孵化企鹅蛋，斑头雁则在每年迁徙飞越喜马拉雅山时，常常飞至30,000英尺（约9100米）的高度。在那个海拔，气温通常会结合寒风，然后降至华氏零下80度（零下62℃）。和金冠戴菊一样，这些鸟也都依靠羽毛来将自身同外界的恶劣天气隔绝开来。但是绒羽的用途并不止于鸟类的皮肤——还有其他生物也提供了同样强大有力的证据，它们以各种数不尽的方法利用绒羽来隔热。

━━━

在我的浣熊小屋里，我书桌前的风景包括了我们院子的一角、一道围栏、一片柳树林的边缘，还有一些老牧草正伴随着桤木生长。在一个春季的午后，我看见一只雌性黄腰白喉林莺一次又一次地从柳树林里蹿出来落在围栏上，正好位于小鸡们洗沙浴的凹坑上方。每一次它都会警惕地环顾四周，然后俯冲至地面，再向上跳起，嘴里紧紧衔着一片羽毛。我不需要找到它的巢，就能知道鸟巢的搭建已经快要完成，杯状小巢里是用我们的产蛋鸡掉落下的羽毛做的内衬。正如金冠戴菊知道如何在一个寒冷的夜晚将自己的绒羽蓬起，全世界各地的鸟类都知道"额外的"羽毛能给它们刚孵化的小雏鸟保暖。

整整四分之一的北美鸟类会使用羽毛筑巢，其中包括几乎所有的鸭子、鹪鹩和燕子，以及许多莺类和雀类。加拿大雁和大雕鸮会扯下自己胸前的羽毛，而大多数鸟类会采用黄腰白喉林莺的策略，搜集其他鸟类掉落的羽毛。金冠戴菊就是技艺娴熟的羽毛建筑师，它们常常会趁雀鹰或隼攻击邻近鸟群时紧随其后，然后收集筑巢的材料。（猛禽通常会在杀死鸟类猎物之后迅速将它们的羽毛拔光，留下一堆整齐的羽毛以供自由取用。）在关于戴菊（一种欧亚大陆的戴菊）的一项研究中，三个鸟巢被千辛万苦地拆开，结果人们发现每个巢里平均包含 2611 片羽毛。生长在羽毛巢中的幼鸟能从额外增加的温暖中受益，比那些在没有羽毛的巢中长大的幼鸟长得更大、羽翼更早丰满。鸟巢中的羽毛层还能保护鸟类免于寄生虫的侵害。事实上，许多生物都会利用"借"来的羽毛。鹿鼠和白足鼠用羽毛填塞它们的地洞，熊蜂则会在那些啮齿类动物搬离后再次利用那些羽毛材料。在沙漠地区，林鼠会在自己乱糟糟的垃圾堆里积攒成堆的羽毛。干燥的气候，再加之结晶的鼠尿，能将羽毛保存好几千年。然而在所有利用羽毛的物种中，有一种因创造性地借鉴羽毛隔热性能而脱颖而出。从睡袋到被子、枕头，到派克大衣，从夹层厚帽到短靴、狗狗床，只有人类将绒羽和羽毛转变成了几十亿美元的全球性产业。

为了更好地了解绒羽产业，我采取了最直接的第一步措施：查看我枕头上的商标。商标上有一只漂亮的白鹅，背景是蓝色和绿色，金色的横标上注出了"派赛菲特羽绒床上用品公司"（Pacific Coast Feather Company）几个字。出乎我意料的是，地址上写着华盛顿州西雅图——从我家过去只需要搭乘一趟渡船和开车两个小时。我拨通了号码，向一位友好的接待员解释了我的情况。她帮我转接了合适的人，然后片刻间我就得到了一个预约——有向导带领我游览全美国最大的绒羽和羽毛公司。

　　　　　　　　　　　　　　羽毛：自然演化中的奇迹

派赛菲特羽绒床上用品公司由同一个家族世代经营，每年制造和销售数百万的枕头和被子——占据北美市场相当大的份额[⑦]。他们在美国的 10 个州以及加拿大运营着 13 家工厂，但是每一个产品中的每一片羽毛都要经过位于西雅图北部一个安静的小街巷尽头的工厂。我在秋天的头一天来到这家工厂，踩着一层白杨树叶穿过停车场。树叶在风中飘荡，簌簌作响。然后我注意到和树叶一起飘荡的还有一些东西——稀稀落落的白色羽毛和绒羽，我离工厂越近，这些羽毛也越厚密。工作材料如空气一般轻盈，这使得泄漏是无法避免的，难怪他们将工厂搬至乡村地区。过去所有产品的加工都在他们位于市区的总部进行，据说传输管道有一次偶然破裂，使西雅图市中心刮起了一场不合时节的绒羽和羽毛暴风雪。

"我们这儿每个月大约要加工 20 万磅（约 90 吨）羽毛。"招待我的人向我介绍说。他的名字叫特拉维斯·施蒂尔，一个友善的、看起来十分可靠的三十多岁的小伙子。他常常话说到一半就开始露齿而笑，所以到了一个故事的结尾时，他就会放声大笑。作为派赛菲特羽绒床上用品公司的主要采购员，他通常商谈的交易占据全球鹅绒和鸭绒年生产量的 5% 以上。这些绒毛来自中国、泰国、越南、法国、匈牙利、波兰等数十个以水禽为当地重要食物的国家。特拉维斯已经在羽毛行业中打拼了 16 年，但他仍然是这个行业里较年轻的采购员之一。"它有一点像是老先生们的关系网络，"他承认说，"你必须有做这个生意的直觉。"

就大多数行业而言，对成品的需求量决定了供应量，与之不同的是，羽毛和绒羽产业的供应链和它的市场完全不相关。需求来自于人们购买枕头、被子、睡袋、羽绒服和其他高档生活用品。而供应量，则几乎完全由鹅肉和鸭肉的消耗量（主要是在中国和东南亚的农村地区）来决定[⑧]。人们食用的禽类越多，市场上就会有越多的羽毛可以购买。当消耗量衰减，人们的口味改变，或者禽类收获的年成不好，羽毛供应就会出现短缺。而且时间的选择也很重要。如果一位农户过早地宰杀自家的家禽，它们没来得及在秋季换羽时增加更多的绒羽，那样就算禽类肉食供应量很高，也不会产出足够多的羽毛。再加上不可预知的疾疫暴发，如禽流感，羽毛就成了最不稳定的商品之一。我问特拉维斯是否有人试着去垄断羽毛市场，他大笑着说："一直都有！"在去年，特拉维斯就见证了价格在几个月内翻了三倍，因为中国的投机商们把他们能找到的羽毛全部收购了——这还只是从鸟类到枕头的漫长旅程中一个小小的障碍。

"中国的每一个村庄里都有一个人骑着自行车，走乡串户地收购羽毛。"特拉维斯解释说。他向我描绘了宽敞得出奇的农舍，以及一家人在决定卖掉羽毛之前如何在自家客厅里囤积大量的羽毛。鸭是主要的食物，构成了绒羽供应的绝大部分；不过鹅也是菜单上广受欢迎的条目，并且它们的羽毛往往售价更高。肉用是饲养任何家禽的最主要目的，但羽毛也是人们给予了充分关注的一项重要附加值。艰难的协商在农村的农民和收购者之间就开始了，然后又在产业链的每一个阶段里不断重现。只要当地骑自行车收购者的囤货量可以塞满一辆卡车，他们就会将存货卖给该地区的工厂，然后工厂会进行一定程度的清洗和分类。小工厂再将羽毛转卖给几家大工厂，后者同时也会从中国其他一些更具有工业规模的家禽农场购进大批量的羽毛。尼克松在"竹幕"[1]之中

---

1 ——冷战时期，西方国家对亚洲社会主义阵营与资本主义阵营边界的称呼。

打开了一扇交易之窗后，派赛菲特羽绒床上用品公司就立即于 1972 年和那些大工厂建立了关系。基于前人建立的关系，特拉维斯和这些大工厂达成了贸易协议。

"我希望能让羽毛生意越做越好。"特拉维斯一度说道。我在他平静的外表之下捕捉到了一丝坚韧——这让他成为了一位卓越的谈判专家。"这一行里，欺骗实在是太容易了——在沿途的任何时刻都能往羽毛里添加棍子、石头或者沙子。所有的东西在出售时都是以重量计价的！"他告诉我，他在派赛菲特羽绒床上用品公司的第一份工作就是搜查出羽毛供应链里的坏种子，清除掉任何不满足他的产品标准的供货商。"现在每个人都按标准办事，"他满意地点头总结说，"这实际上已经不是一个问题了。"

在前往工厂车间前，我们造访了一个小实验室。在那儿，一批最近来自中国台湾的货物正在接受质量检查。一个身材魁梧、面相有些眼熟的男人停下了手里的活，开心地带领我们参观。（"这是我的兄弟乔恩。"特拉维斯后来解释说。尽管公司占有很大的市场份额，它仍然保留着一份明显的家的感觉。）一箱箱装得满满的羽毛正在等待检查。最高质量的羽绒就像液体一样颤抖着，还有少量飘浮在我们周围的空气里。我把手插入一团典型的枕头填充物中——大多是来自颈部和躯干的正羽，混入了少量的绒羽。它们是柔软的、静止的，我的手立即就感觉到了它们的温暖。"这是鸭子毛，"特拉维斯说，冲另一堆完全一样的白色带黑色的羽毛皱了皱眉头，"但我看到有一些小鸡羽毛混在里面。"

我们进入工厂的主要厂棚时，我在停车场看见的羽毛扬尘就增长成了每走一步都会在脚边带起的一阵垂直向上的羽毛旋流。有一个工人正在用耙子从 6 英尺（约 1.8 米）高的一大摞羽毛中耙起一大簇送往进料台，上面有两根运输管将羽毛吸起，喷到生产线上。在他身后，一排巨大的绿色机器正在运转，嘎嘎作响，朝天花板排放着蒸气。天花板上有更多纵横交错的管道，形成疯狂的网络结构。我还看见了木架结构的烘干机和滑槽、软管、电线、一排排神秘的门，远处还有两座三层的玻璃塔连接着地面和天花板。总而言之，这个厂棚像极了让威利·旺卡[1]（Willy Wonka）感觉自在的巧克力工厂。

当我问特拉维斯能否拍照时，他的笑声盖过了周围的喧嚣。"满足你一切要求，"他向我保证，"我没有任何秘密——羽毛技术一百年来都没变过！"许多机器看起来确实是老式的，就像是带着窗框玻璃和涂过清漆的小木门的上好细木家具。但是在一百年前，这里可能会有更多的工人拿着耙子和干草叉搬运羽毛。现代的自动化技术使用通气管道泵送一切物体，而且只需要六个工人就能让生产线正常运转。在厂棚中穿行时，我拍下了一些照片，但是这都无法捕捉到这个地方的忙乱或是它那特别的气味——是一种动物的体味，不是恶臭，但也有些浓郁，闻起来就像一间当天早些时候炖煮过一罐汤的房间。

"羽毛工厂里有三件事情，"特拉维斯解释说，"清洗、分离和混合。"他让我看那些巨大的圆筒，羽毛要在里面至少用蒸汽清理和冲洗六次，直到去除所有污垢或尘土的痕迹。（与流行的观点相反，现在有研究表明，恰当清洗过的绒羽是不会引起过敏反应的——尘土和黏附在里面的螨虫才会让人起反应。）绒羽和羽毛原材料一旦干燥，就会被

---

1 ——《查理与巧克力工厂》中的古怪的糖果制造商。

吹进分离室，即在厂房一端的两座巨大的塔。我们靠近时，正好新的一批羽毛被吹落进塔中，每一个窗口各自都有一团正在旋转的白羽毛涡流。场景很美，还具有一点催眠效果，就像是凝视几十个刚形成的、旋转和飘浮着的银河。由于质量最好的绒羽会在风中升到最高处，分离塔利用一系列简单的挡板和微风，就将原材料混合物整齐利落地分成了7个不同级别。太大而不能用的羽毛就坠落到底部，成了废弃物。

我能理解这些机器是如何工作的，但它们的外表仍然让我感到困惑。繁多的窗户确实看起来很美妙，但这似乎多得有点太过分了——只要在适当位置安排几处孔隙，无疑就足够让人检查分离器里面的情况。直到后来我才意识到他们的设计符合一项更重大的模式：从事羽毛工作的人们喜欢看见它们。不管一个人是在绑制钓鱼用的假蝇、缝制帽子和服装、学习空气动力学，还是在工厂里工作，羽毛带来的欢喜之情都会胜过每天劳作的辛苦。我们在分离器前站了一会儿，看着羽毛飘浮起来又落下。"我曾在中国见过一台完全由玻璃制作的分离器。"特拉维斯说。我问那台机器是否有某种骨架结构支撑着它。"没有，"他眼睛仍盯着羽毛，回答说，"它整个都是玻璃。"

在参观之旅的最后，我们握了手，我还拍了一张特拉维斯站在几堆已完成的产品之前的照片。那些是几大包已经分好类的羽毛，正等着被运往美国各地的工厂。几簇绒羽紧贴在包裹的外面，我还能看见一些绒羽正从进料台的入口处飘出来，进入了风中。这无与伦比的轻盈就是它们隔热性能的关键——无法被超越的封锁空气的能力。往回走穿过停车场时，我弯腰从秋日橘黄色的落叶中捞起了一些羽毛。我找到了一片完美的绒羽，它蔓生的羽枝，像某种无比精美的海葵的触手一般舞动着。它从中国农场的一只鸭子胸前开始自己的漫长旅程，若是最后在一个停车场里终结，这似乎太可惜了。我非常想把它带回工厂里面，让它也能使某个人像那些戴菊一样感到温暖。

当然，在保暖这一点上没有任何东西能比羽毛做得更好。爱斯基摩人的鹿皮能给他们提供很多温暖，但是一全套防雪服以及配套的长筒皮靴和连指手套的重量要超过 18 磅（约 8 公斤）[9]。人造纤维比动物毛皮更轻，但是登山员仍需要穿上 11 条聚丙烯面料的秋裤才能达到一件绒羽探险夹克的保暖性能。顶级品质的鹅绒，按同等重量来说，是新

派赛菲特羽绒床上用品公司一台三层的分离器。

　　　　　　　　　　　羽毛：自然演化中的奇迹

雪丽棉（Thinsulate）、Polarguard、Primaloft 以及其他人造纤维保暖性能的两倍多，同时在持久耐用上，它也能承受数年的频繁使用。秘密就在于它的结构，每一片羽毛的众多分支组成了一张羽枝和羽小枝缠结钩连的网络，它们可以将空气和热量锁住。羽毛天然就是如此生长的，但是人工生产制造分支如此之多的纤维丝极度困难。人造纤维可以是中空的、螺旋形的、扭结的或者是编织成复杂的织物，但它们本质上仍然是单链的。这一隔热性能方面的劣势，不管投入了多少工程技术，迄今也没能被克服。

尽管如此，绒羽作为隔热材料仅占据了市场的一小部分。羽毛几乎没有机会将聚丙烯材料逐出这个行业。这一部分是因为供应上的限制——人们要吃掉大量的炖鹅肉才能填充每一个睡袋、狗狗床和每一件冬衣。但还有一个更为根本的因素妨碍了羽毛完全统领这个行业，那就是水。当绒羽被打湿以后，它会吸收水分，内部装有温暖空气的小囊就会塌陷成湿透的乱糟糟一团，在很大程度上失去它的隔热能力[10]。在低湿度条件下，它还需要很长时间才能变得完全干燥和重新蓬松起来，因而在有暴风雨时，把它卷成一团搁在帐篷里，就更难干燥了。鸟类将自己的绒羽安全地藏在几层防水的正羽之下，从而避免了这个问题。但对于户外衣物和露营装备而言，羽毛这套系统就并不完美。而另一方面，人造纤维普遍都是以石油为基础，因而也是具有疏水性的，它们排斥水，就算被完全浸入水中，也能保持隔热性能。当今隔热行业的研究都集中于如何结合两种材料的优势，寻找到一个方法，用防水材料构建人造的类羽毛结构。这有点像是寻找圣杯之旅，绒羽行业的人们看起来并不是很担心。"人造纤维已经非常好了，"特拉维斯告诉我，"但它们仍然要比绒羽重，而且它们闻起来也不一样。"

———

在我的冬季生态学课程的最后一晚，我徒步进入了贝恩德的森林，最后一次欣赏冰雪和月光。天气已经显著地变暖和了，但气温仍在华氏零度（零下18℃）附近徘徊。我的穿着打扮是为了获得最多的温暖：羊毛袜子、SnowMaster 内衬的靴子、保暖内衣裤、一条 "Ranger Whipcord" 的羊毛裤、围巾、帽子、手套以及三件衬衫，外面再套上了一层厚牦牛绒毛衣。（鹅绒的另一个缺点可以用来解释为何我研究生期间的衣柜里没有羽绒衣物：它的价格！）空气清新且是完完全全静止的，只有我的呼吸声和偶尔有树枝承受不住冰雪的重压而发出的断裂声打扰着这份宁静。只要我开始感到冷了，我就快步走或者跑几步，直到运动让我再次暖和起来。我突然想到，金冠戴菊面临的真正挑战，不是单纯的保暖，而是调节体温。缅因州冬日的气温可能会上下波动 20 或 30 华氏度（分别为约11℃和17℃），而夏季则会带来高于华氏 100 度（约56℃）的热浪。在沙漠气候中，鸟类可能在一天之中就会面临这样的各种极端气温。如果说羽毛已经为了抵御严寒而演化出如此完美的保温性能，那么当气温升高时，它们是如何发挥作用的呢？

　　　　　　　　　　　　　　　　　羽毛：自然演化中的奇迹

第六章　保持凉爽

处于超热状态下的鸟类必须增加呼吸系统、口腔和咽部蒸发面的换气速率，以到达降温的目的，从而避免产生严重的低碳酸血症和碱中毒。

——迈克·格利森（Mike Gleeson），

《家禽喘息的呼吸模式分析》（*Analysis of Respiratory Pattern During Panting in Fowl*，1985 年）

白头海雕再一次发动了攻击，它俯冲向下，在水面撞击起一阵水花。撞击的位置就是一瞬前鸬鹚停歇的地方。波浪一圈圈荡漾开来，白头海雕向上飞起，翅膀猛烈地拍打着，羽毛上的水珠纷纷坠落，而爪下空空如也。我扫视着水塘表面，看见鸬鹚低垂着头突然出现在岸边。白头海雕又重新停落到了叶子落光的槭树上，而鸬鹚则爬到了船坞上。它们俩静立着，就像两个拳击手在一个特别艰难的回合后待在各自的一角，目光呆滞，紧张而又疲倦。

只要有可能，白头海雕更喜欢捡拾腐肉或者偷抢食物。如果被逼无奈需要亲自捕猎，它们就会将目标锁定在产卵中虚弱的鱼、无助的雏鸟或是小型哺乳动物。必要时，它们也会选择其他鸟类，不过追捕这只机灵的角鸬鹚却绝非易事。这场战斗拖延了将近一小时。白头海雕明显是试图通过一次接一次的俯冲，反复地袭击自己的猎物，直到它死掉。而鸬鹚则在使用一个颇为冒险的策略，它直到白头海雕的利爪伸过来的前一瞬才潜入水中，好似在问这只大猛禽敢不敢下水和它一比高低。到最后，它们俩看起来都已经筋疲力尽，而我永远也不会忘记它们的嘴大张着，舌头向外伸着的画面。这是我第一次见到鸟在喘息。最终白头海雕放弃了，但这只是在它扑入水中许多次之后，这时它再也无法依靠扇翅使自己腾空，而不得不划动着自己的长翅膀，可悲地游回岸边。

这一事件就在一个小湖里上演。在那里，我在隆冬时节花低价租到了一间夏季避暑的小屋。天气寒冷刺骨，而我的木柴又不够用，要是在那时，当我满心觉得不舒服时，我只会想到这些可怜的鸟湿透了该有多冷啊。而眼下，想到羽毛，我便会惊讶于它们竟然没有死于中暑。

肌肉活动燃烧卡路里，以运动和热量的形式释放出能量。越是剧烈的运动（比如飞行、饭后潜水以及游泳逃命），体温升高的潜能就越大。所有动物都是如此发挥机能，这也是为什么长跑运动员更愿意穿短裤、短袖，而不是牦牛绒和长筒靴。哺乳动物同样依靠排汗来帮自己散热[①]，但是鸟类却没有这项功能。并且，鸟类维持着比哺乳动物高出相当多的基础代谢率，所以它们已经是在更热的处境下活动了。例如，金冠戴菊全年体温都稳定在华氏 111 度（44℃）左右。仅仅几度的变化，活细胞中蛋白质的分解速率就会开始高于机体置换新蛋白质的速率，生命体就会立即陷入昏迷、丧失意识并死亡。所以鸟类无法承受体温升高[②]，因此它们忍受剧烈运动带来的热量和在炎热气候里生活的能力，同它们对寒冷生活的适应一样不可思议。更何况，它们还是在完全被羽毛包裹住的情况下做到这一点，而羽毛可是自然界最好的隔热材料。这就像是穿着睡袋跑马拉松。

全身披覆羽毛的鸟类如何保持凉爽？这个难题可以分解成两个不同的部分：应对身体内部的热源（如运动时肌肉的活动）和应对外部热源（如阳光）。我决定先处理第二个问题——看起来，我用几支温度计和一只死掉的啄木鸟就能回答这个问题。

一旦你决定去写一本关于羽毛的书，你会发现人们都开始为你积攒羽毛——单片的羽毛、肢解下来的翅膀，有时候还有他们在车窗玻璃上发现，或是从自家猫咪那里夺取过来和在路边捡到的一整具鸟尸。严格说来，这种行为在美国是违法的——大多数野生鸟类，以及它们的巢、卵和羽毛，都在《候鸟协定法案》（*Migratory Bird Act*）的保护之下，不允许任何侵扰或买卖。但这些标本仍然被陆陆续续地送过来。那只啄木鸟在被送到我们家里时，是被整整齐齐地包裹在一个垃圾袋中，而且在我把它妥善安置进冰箱里时，它还很新鲜。它是一只北扑翅䴕，从北极圈的山区到中美洲和加勒比的热带雨林里都有分布。它甚至能在加利福尼亚州死谷的炙热中存活下来，而那里是一个凹陷的沙漠盆地，夏季气温能达到华氏 134 度（57℃）。如果有任何羽毛生来既能帮助鸟类保暖，又能帮助它们散热，那么这个就一定是了。

在夏末的一天，我把扑翅䴕拿出来解冻，让它在浣熊小屋阴凉的走廊上回暖。看着它让我想到，即使是在最平凡的事物中，也会有奇迹。因为北扑翅䴕无处不在，习性也平淡无奇，它极少能让自然观察者们多看它一眼。但是凑近了看，它羽毛上的色彩闪烁着，就像是从内部点亮了一般。这是一只雄鸟，一道由细小羽毛组成的深红色条纹从嘴部

北扑翅鴷（约翰·詹姆斯·奥杜邦绘制）。

一直延伸到灰色的脸部和喉部。头顶从眼上方的浅栗色变为枕部的橄榄色，然后一直向下延伸到背部，灰色褪去，成为深褐色和黑色斑纹。我提起它收拢的翅膀，每一片羽毛下面的玫红色以及白色腰部（飞行时十分有特点）都显露了出来。就连胸部的羽毛也有装饰，每一片奶油色的羽毛上都溅洒有一滴有光泽的、完美坐落于羽片尖部中央的黑色。就算是一位想象力超群的画家，有无限量的绘画颜料，都无法凭空描绘出这幅图景。

我在走廊的阴凉下测量这只死鸟的体温，在它漂亮羽衣的外侧

　　　　　　　　　　　　　　　　　　羽毛：自然演化中的奇迹

和内侧都放置了体温计。两侧的温度计都显示为令人舒适的华氏74度（23℃），证明标本已经完全解冻并和外界环境相适应了。然后我把它拿到了阳光下，把它放在刚割过的草坪上，使其保持直立的姿势——我经常看见扑翅䴕在地面觅食时采取这个姿势。我能感受到太阳散发的热能温暖着我的皮肤，而扑翅䴕的深色羽毛迅速变热起来。我在它背部的羽毛外放置了一支体温计，又将另一支伸到翅膀之下贴近皮肤的正羽和半绒羽中。几分钟后，背部羽毛表面的温度激增至102华氏度（39℃），但是羽毛里面的温度只有华氏87度（31℃）。半小时后，羽毛里面的气温仅再度上升了两度，比阴凉的走廊要热，但是比仅一英寸（约2.5厘米）之远的深色外表明显凉爽得多。

扑翅䴕的羽衣有一套复杂的羽毛屏障，它抵挡了太阳的辐射热能，减慢了热传导，将气温降低了13至15华氏度。为了做对比，我将一块四分之一英寸（约6毫米）厚的瓷砖立在扑翅䴕的身旁。瓷砖是我从浣熊小屋的木柴炉下面拿出来的，我用它来防止地面过热。瓷砖表面的色调比扑翅䴕的背部要浅，只达到了华氏97度（36℃），但是热传导立即使整块瓷砖都变得热起来。很快它的底面就增至华氏92度（33℃），只比表面低了5华氏度。在这个简单的实验里，普通扑翅䴕无生命力的羽毛表现得比一块用来隔热的瓷砖好两到三倍。对于活着的鸟类而言，它们可以改变身体的角度，还可以抬起羽毛，使之蓬松，或者进行相应的调整，有一整套策略使得羽毛成为更加高效的隔热屏障。

在几十年里，一些专家将"隔热屏障"理念作为羽毛演化的起因。这起先是从爬虫学家开始。他们注意到各种类似鬣蜥的蜥蜴具有可以向上举起的长鳞片，鳞片下小小的阴影能防止它们在炎热气候中体温过

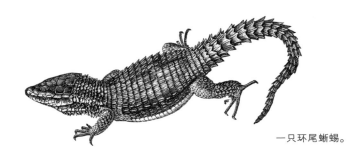

一只环尾蜥蜴。

热。于是便有了这样的理论，声称鸟类的祖先身上的小隔热屏障不断延长，边缘不断磨损，渐渐变得具有弹性，并最终完全失去了鳞片的特性，演化成为现代多种多样的羽毛。这个理论后来被证明是荒谬的，但这并不是说蜥蜴和鸟类不具有一些共同的基本体温调节行为。蜥蜴作为冷血动物，依赖太阳的照射获得温暖，并且一整天都在一丝不苟地调整自己的身体角度，来使自己处于舒适的状态。在清晨，你会发现它们侧着身体晒太阳，以获得尽可能多的热量，但等到气温升高，它们则将脸朝向太阳，身体顺着阳光的方向，尽可能减少暴露在阳光下的面积。当天气变得炙热无比，蜥蜴则会抬起自己的脚，增加对流降温，也可能会完全退缩到一处阴暗的缝隙里来度过一天之中最热的时候。

　　鸟类也会做这些事情，不过寻求荫蔽通常是它们的第一道防线，而不是最后一道。观鸟爱好者们将行动时间安排在一大早或是黄昏之前并不是巧合，因为几乎所有的鸟类都将自己的活动集中在一天之中最凉爽的时刻。我的这只扑翅䴕要是还活着，毫无疑问也一定会找到一处阴凉的栖所，而不是在自己后背的羽毛越来越烫时，还一动不动地站在草坪上。但是也有一些情形使鸟类不得不待在强烈的阳光之下，这时它们

　　　　　　　　　　　　　　　　　羽毛：自然演化中的奇迹

就会学习蜥蜴这个好榜样，有策略地调整自己身体的角度。非洲和亚洲的兀鹫通常会在杀戮场所附近的露天栖息地上等待好几个小时，但是只要简单地改变自己的身体朝向和姿势就能减少阳光的照射，而同时也能使裸露的皮肤感受到来自四个方向的任何微风，极大地增加了对流降温。（加州神鹫和新大陆的其他秃鹫也会这样做，但同时它们也会将粪便排泄到自己的脚上，依靠排泄物的蒸发带来额外的散热效果。）银鸥和其他许多海鸟会在岩石小岛上露天筑巢，哪怕是在极热的天气里，也不抛弃自己的卵。取而代之的，它们会像长有羽毛的向日葵一样，在自己的巢上缓慢地旋转，小心翼翼地使自己的背部和炽热的阳光保持平行。有一个著名的研究指出坐巢期的乌燕鸥有六种不同的散热策略，包括喘息、竖起背部的羽毛、起身露出光秃秃的腿等。

躲避炎热的行为和羽毛外衣提供的基本保护，能缓和一个大晴天带来的热效应，但是鸟类还面临一个更为严峻的挑战：体内产热。这是单纯的日常体力活动不可避免的副产物。地球上没有任何一种哺乳动物比鸟类维持更高的新陈代谢速率、产生更多的热量。仅飞行肌就占一只鸟体重的 35% 之多，飞行中所用到的能量高达 90% 以过剩的热量形式释放出去。当一只鸟起飞时，它突然之间就会发现自己产生的热量是停歇时的 7 倍、10 倍，甚至是 20 倍。（走禽巨大的腿部肌肉也讲诉了一个类似的故事：美洲鸵和鸵鸟在高速奔走时，也会表现出极大的代谢率增加。）尽管羽毛能被抬起或是竖起来，从而释放出一些热量，但很明显鸟类还必须具备其他生理上的适应，来帮助自己在燃烧如此多卡路里的同时还能保持凉爽。

自然界的革新常常发生在受压状态下。在这种状态下，相互竞争的

一只坐巢的乌燕鸥至少会使用六种散热方法：（1）暴露翅膀弯曲部位的裸区；（2）喘息；（3）竖起头顶的羽毛；（4）竖起背部的羽毛；（5）潮湿的腹部蒸发散热；（6）将血液分流到裸露的腿上。

适应性压力造成了一种演化上的两难境地。通过飞行和快速奔走，鸟类产生极大的身体热量，而同时它又生活在世界上最好的隔热大衣之下。如果我们接受大家越来越一致认同的观点，认为羽毛出现在兽脚类恐龙中，认为绒羽——即具有隔热能力的羽毛类型——出现在飞羽之前，那么我们就能合理假设，动力飞行和特化的降温机制是串联在一起发展的。随着早期的飞行者扩展了自己的振翅飞行能力，制造出更多的热量，它们已经有隔热功能的身体又演化出摆脱热量的方法。而如果我们接受约翰·奥斯特罗姆的理论，认为恐龙是活跃的温血动物，那么鸟类降温的那些基本要素就应当已经出现在兽脚类恐龙中，因为其高速奔走的生活方式本身就会产生大量的肌肉热量。这两种假设似乎都是对

羽毛：自然演化中的奇迹

的，于是最终结果就是：一个结合羽毛操控、血流量控制和蒸发散热的复杂系统，使得大多数鸟类能驱散比自己制造的还要多的热量，即使是在一个大热天里飞行时。

鸟类的各种降温策略密切协作发挥作用，不过也分为三个不同的类别。第一个类别与羽毛自身的角度有关。那天我在浣熊小屋解剖鹪鹩时，我最先注意到的事情之一就是它羽毛的分布。尽管羽毛覆盖了全身，但是它们的根部却是从被大片裸皮（所谓的"裸区"）分隔开的区域里生长出来③。当鸟类受热时，它们会抬起羽毛，或把羽毛移开，露出那些裸露的区域，通过对流，让空气和风拂去热量。虽然鸟类缺乏汗腺，但它们却有直接将水分通过这些裸区释放出来的能力，极大地提高了热量散失的效率。只有极少数鸟类没有明显的裸区，其中包括企鹅。企鹅的羽毛均匀、密实地遍布全身，但它们生活在极寒环境中，有许多其他的选择来散发热量④。

当人类身体变热时，皮肤表面的毛细血管会自动舒张，让更多动脉血流过，将热量传递到外界空气中。这就是为什么当人们爬山或者洗桑拿的时候脸会变红，以及为什么过度发红的皮肤是中暑的典型症状。鸟类也会做同样的事情。但它们有更多的热量需要散失，却只有少数一些裸区来释放，所以它们拼命地让血液流动起来。鸥和鹭可以使自己裸露的腿和脚上的血流量增加 20 倍之多，迅速地将多余的热量散发到周围的空气或水中。还有许多种类在飞行时，会将腿悬坠下来释放热量。热带鸟类，如蓝喉蜂虎，在正午时分的炎热中，这种行为会加剧。在实验研究中，人为地使一只飞行中的家鸽的腿隔热，很快就会使它进入危险的过热状态。

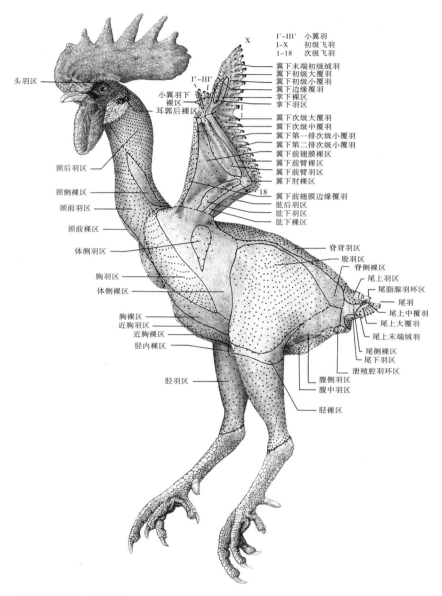

头羽区

翼下末端初级绒羽
翼下初级大覆羽
翼下初级小覆羽
翼下边缘覆羽
掌下裸区
掌下羽区

I'–III'

小翼羽下
裸区
耳郭后裸区

X

I

翼下次级大覆羽
翼下次级中覆羽
翼下第一排次级小覆羽
翼下第二排次级小覆羽
翼下前翅膜裸区
翼下前臂裸区
翼下前臂羽区
翼下肘裸区

颈后羽区

颈侧裸区

颈前羽区

18

翼下前翅膜边缘覆羽
肱后羽区
肱下羽区
肱下裸区

颈前裸区

体侧羽区

脊背羽区
股羽区
脊侧裸区
尾上羽区
尾脂腺羽环区
尾羽
尾上中覆羽
尾上大覆羽
尾上末端绒羽

胸羽区

体侧裸区

胸裸区
近胸羽区
近胸裸区

胫内裸区

尾侧裸区
尾下羽区
泄殖腔羽环区

胫羽区

腹侧羽区
腹中羽区

胫裸区

一只单鸡冠普通来亨雄鸡，展示了生长羽毛的"羽区"（*pterylae*）和裸露皮肤的"裸区"（*apteria*）分布的复杂模式。

　　　　　　　　　　　　　　　　　　　　　羽毛：自然演化中的奇迹

热应激反应下的鸟类还会将更多的血液分流到它们的裸区、眼部周围的裸皮和肉垂（如果有肉垂的话）。嘴部的血管也会释放身体热量。这解释了为什么那么多鸟类会在夜晚或是寒冷天气里将嘴藏在羽毛下面，同时这可能也解释了为什么一些生活在炎热气候里的鸟类会长出如此巨大的嘴。研究者用红外相机拍摄巨嘴鸟时，发现只要温度上升到这些鸟的舒适带之上，它们滑稽的嘴就会像白炽灯泡一样亮起来。嘴部的血流负责散失全身总热量的 30%—60%，这使巨嘴鸟的嘴成了动物界中最大的嘴之一，也是最为高效的"散热窗口"。

　　鸟类散热的最后一项策略依靠蒸发作用的物理原理。液体变为气体的过程中要消耗能量，而水滴蒸发时，就以吸收邻近表面的热量作为其中一部分能量。这就是狗、猫和其他哺乳动物的喘息背后的原理——快速呼吸可以蒸发口腔、喉部和鼻腔内的水分，使得呼吸过程背后的组织降温。就像任何一只筋疲力尽和过热的白头海雕与角鸬鹚都能证明的那样，鸟类也能喘息。但是鸟类独特的呼吸系统将蒸发散热提升到了一个全新的层次[⑤]。

　　当鸟类吸气时，气体会绕道而行。气体不会直接灌进它们的肺部，然后耐心地等着再次被呼出，而是采用四步法使气体持续不断地流经体腔，甚至流经它们的骨骼。不同于哺乳动物和其他大多数脊椎动物直接的吸气和呼气运动，鸟类演化出了一个具有 9 个甚至更多个气囊的复杂系统，来辅助它们肺部的功能。这些气囊包围着内部器官，并延伸到腿部和翅膀的骨骼内部。（兽脚类恐龙的化石证据证明，它们具有同样的气囊，这提供了鸟类和恐龙之间的另一个联系，并确认了奥斯特罗姆的观点，即温血的鸟类祖先已经需要具备一个良好的散热系统。）

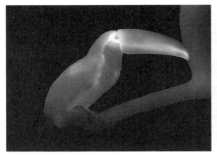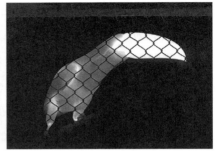

一只巨嘴鸟分别处于冷环境（左图）和热环境（右图）中的红外热影像，在右图中它的嘴开始辐射出过多的身体热量。

鸟类吸气时，将气体带入了气囊的第一道网络[1]；呼气时，才将气体推入肺中。再次吸气时，吸入的气体则将肺中的气体排入到前气囊中，而且只有在第二次呼气之后，第一次吸进的气体才会从前气囊中经过鸟的口腔或鼻孔被排出去。这个系统提高了肺部的效率，同时也显著扩大了内部蒸发的表面积。空气正是被带入产热的肌肉内部或周围。每一次呼吸过程中都能做到快速而全面地散热。而当一只喘息中的鸟每分钟呼吸几百次时，这就有助于形成一个极其高效的系统[6]。风洞实验表明，仅依靠蒸发散热，一只悬停中的蜂鸟就能驱散身体制造的四分之一的热量，而飞行中的鹦鹉则能驱散将近二分之一的热量。鸟类的呼吸行为，再同时利用双腿的悬垂，以及让血液有指向性地流向羽毛稀疏的散热窗口，就能防止一只活跃的鸟达到过热状态[7]。

　　想要完全领会羽毛是如何帮助塑造鸟类散热系统的，你只需要去

1 —— 即后气囊。

看看蝙蝠——现存仅有的另一种能够进行动力飞行的脊椎动物。蝙蝠就像鸟一样，只要它们使自己升空，并开始扇翅，就会面临体内产热的急剧增长。它们也同样具有发达的飞行肌，并且飞行肌的代谢需求和产出几乎与鸟类相当。但是鸟类将自己的呼吸道改造成了一套复杂且独特的体内蒸发系统，蝙蝠却只能将就着使用和家鼠、白鼬以及其他任何哺乳动物一样简易的肺部结构和散热方式。蝙蝠的身体没有羽毛，因而它保持着一套简单的散热方案。它们巨大且裸露的翼膜是最明显、最自然的散热窗口，可以被泵满热血，然后在风中飘动。但就算是这样，也只是在极端情况下才有必要。对圈养蝙蝠的研究发现，在短途或是长度适中的飞行中，它们完全能维持舒适的体温。只有当它们被迫在加热室中持续飞行半个小时的时候，才会让血液充盈翼膜。蝙蝠的皮毛只具有一般水平的隔热能力，它们更多地依赖于在洞穴或裂缝中群栖和挤作一团来抵御寒潮。但是在飞行时，这件薄大衣就能让它们将热量直接从身体里散发出去。热影像图能极好地解释这一点。蝙蝠的全身都发着光，就像烧红的炭，而鸟类只能从少数部位散失热量：嘴、腿以及两侧翅膀下羽毛覆盖较少的区域。

鸟类能够克服隔热飞行中面临的升温挑战，这使得它们能异常广泛地分布在不同的生态环境中。像北扑翅䴕这样的个别种类，能够在从热带到北极的广大区域里繁衍生息。总之，鸟类占据了每一块大陆，游荡在每一片开阔海域，几乎能在地球所能提供的任何气候条件下生存下来。蝙蝠能相对轻松地保持凉爽，但它们也需要为这个能力付出代价[8]。在为数众多的哺乳动物中，蝙蝠被限制在温和的气候条件和生境中——它们需要保持夜行性来避免高温，需要通过迁徙或者集群冬

在左图中，巴西无尾蝙蝠（*Tadarida brasiliensis*）全身都在辐射热量，而在右图中，仓鸮只能从它的嘴部、腿和翅膀下的裸区散失热量。

眠来避免寒冷。要想在更冷的环境中繁荣发展，蝙蝠还需要有更好的隔热能力，而反过来，这也会需要它们在飞行时有更好的散热方式。

　　鸟类散热和飞行之间的密切关系并不会让人感到意外。迟早，几乎所有关于鸟类的讨论都会转向飞行这个最基本的特征。这个习性与羽毛如此紧密地交织在一起，而我们这本书也必须转向直接去介绍它。在下一个部分，我们将会探索飞行可能是如何演化而来的，以及羽毛在这个演化过程中扮演了怎样的角色。

羽毛：自然演化中的奇迹

飞行

关于飞行，有一门艺术，或者说，有一个诀窍。诀窍就在于学会如何将自己投掷到空中，然后消失。

——道格拉斯·亚当斯（Douglas Adams），

《生命、宇宙及万事万物》（*Life, the Universe, and Everything*, 1982 年）

第七章　奔走起源还是树栖起源

金杰：我们还没有起飞。为什么？

马克：堆力！……我们怯的是堆力！

洛奇：我一个字都没听懂……我打赌他说的不是话。

金杰：她说，我们需要更多推力。

洛奇：推力？！当然！我们需要推力！

——小鸡们在讨论空气动力学，

选自电影《小鸡快跑》（*Chicken Run*，2000 年）

在伊丽莎和我养小孩之前，我们养鸡。从某种程度上说，得到这些鸡的过程和把小孩带到这个世界上的过程挺像。首先有一段长长的妊娠期：计划、阅读资料、讨论、修建围栏以及多次访问养鸡网站"Findmychicken.com"。之后就是分娩的挑战，我们这两个具有科学思维模式的人为用锤子和钉子建造一个功能完备的鸡舍的可操作性争论不休。在县里集市的 4-H 家畜拍卖会上，经过一场激烈的竞标战役，裤裤、小胖、小白终于来到我们身边。我们得到它们时，它们还是孵出不到一年的小母鸡，还处于羞于产蛋的时期，还在好好学习小鸡童年生活的艺术和禅宗。它们还不知道该如何抓挠，也不会正确地咯咯叫。而且，它们看起来完全不确定自己是不是应该飞起来，就像那些在它们的鸡舍里敏捷地飞进飞出、偷走满嘴谷物的麻雀那样。

　　三只小鸡跟我们回家后，最初大部分时间都在院子里疯狂地横冲直撞，扑扇着自己又短又秃的翅膀，甚至还会短时间地腾空低飞。这三只小鸡都是银边怀安多特鸡[①]，是个漂亮的繁育品种，白色的羽毛优雅地镶着黑色的边。但是飞起来后，就算有再漂亮的羽毛，也不能给它们矮胖的身体增添一丝的优雅。它们笨拙地猛冲向前，像是发条拧得过头的玩具，脖子向上提起，翅膀狂乱地拍击，只为了能再向上提升几

一只怀安多特母鸡。

　　　　　　　　　　　　　　　　　羽毛：自然演化中的奇迹

厘米。在老动画片《走鹃》（*Roadrunner*）里，郊狼[1]也有一副类似的形象：当他冲出悬崖后，他那晃动的腿能让自己腾空几秒钟，但最后胜利的总是重力。在浣熊小屋的走廊里观察它们飞行时，我意识到我们的小鸡可能是在展现自身演化过程中的一个场景。但也或许不是，这取决于你相信哪种说法。

一只奔跑着、扑腾着翅膀的鸡，直接触及了鸟类学上最具争议的问题之一[2]：鸟类的飞行起源于地面奔走还是树栖滑行？我和许多科学家讨论过这个问题，但他们总是会立即给出一个既成的答案。这个问题将参与飞行演化大讨论的人明确地分成了两个阵营。奔走起源支持者认为，飞行源自于脚步敏捷的兽脚类恐龙，它们一开始只是扑扇上肢，进行低矮的跳跃，就像我们的怀安多特鸡一样。树栖起源阵营则坚定不移地认为，飞行是作为延长树栖生物从一个树枝跳跃到另一个树枝上的距离的辅助手段演化而来。这场争论不可避免地与鸟类和羽毛的起源问题交织在一起，而且这两个阵营都宣称从化石记录中（有时还是从相同的标本中）获得了证据支持。确切的演替顺序我们也许无法知晓，但是探索这个分歧（以及其他可能的解释），为第一次有羽毛参与的飞行的起源揭示出了演化过程中一系列的可能性。

奔走起源理论能直接追溯到托马斯·赫胥黎和他那些将始祖鸟与美颌龙联系起来的著名论文及演讲。他提出，鸟类起源于两足行走的地栖恐龙，由此理所当然地推出，最早的飞行者们也是两足行走的。从捕食策略这一角度来看，飞行具有重大的意义：长时间的飞跃、滑翔，

---

1 —— Wile E. Coyote，该片中的一个反派角色。

直到最终振翅而飞，这让兽脚类恐龙和鸟类突然间能够享受到天空中大量的美味昆虫。（昆虫至少要比已知最早出现的鸟类早 1.5 亿年演化出飞行能力。）奔走起源支持者还提到，只有两足行走的祖先才能将前肢解放出来，演化成自由的翅膀。其他大多数能飞行或者滑翔的脊椎动物，如蝙蝠和鼯鼠，都起源于四足动物，需要靠四肢移动。它们不可能学会像鸟类那样靠拍动两个上肢飞行，因为它们会在第一次尝试时就摔个嘴啃泥。最后，从地面奔走开始学习飞行，能给适应性、平衡能力、操纵性能和空气动力学的完善提供一个安全的学习环境。正如许多人类飞行先驱者（尤其是生还者）学到的那样，低空滑翔时坠落的风险，要比从树上或者悬崖上跃起时小得多。

　　随着整个"兽脚类恐龙—鸟类理论"的失宠，奔走起源假说也在 20 世纪黯然失色。直到 70 年代，约翰·奥斯特罗姆重新研究了始祖鸟和恒温恐龙，新的发现突出了兽脚类恐龙和鸟类从叉骨到筑巢习惯、从砂囊到睡觉姿势的众多相似之处，奔走起源假说才因此再度兴起并取得优势地位。普鲁姆提出，飞行的出现要晚于羽毛。他的这一观点更是将奔走起源假说往前推进了一步。尽管他小心地不去排除树栖起源假说，但在 2002 年的一篇文章里，他还是写道："完全陆生环境中的二足兽脚类恐龙已经具有振翅飞行所需的大多数功能组件。"当中华龙鸟以及其他一些明显披覆羽毛的二足兽脚类恐龙的化石在辽宁省义县的页岩中被发现时，奔走起源的支持者们欢欣鼓舞，认为这证实了他们的理论，这一理论也突然间被推向了主流。

　　尽管奔走起源假说重获新生，但它还是有一个大弱点，并且在这个关键点上，它的逻辑薄弱。当年幼的小胖、裤裤和小白在我们的院子里全力冲刺却没能成功飞起时，它们得到了一个深刻的教训：从地面上起飞很困难。大多数鸟类的飞行依靠于特化的飞行肌肉，以及能使它们的翅膀灵活且有力量地向下拍击的肩关节。连续有力的拍击能同时提供动力飞行所需的抬升力和推力。但是，这些适应性特征似乎并没有出现在始祖鸟和披覆羽毛的兽脚类恐龙中，或者就算是出现了，也比较原始和粗糙。（鸡具有飞起来所需的身体构造，但是它们没有持续飞行所需的适当的体重与翅膀比例！）兽脚类恐龙可以奔跑和跳跃，这几乎不用怀疑。但是这种策略能提供起飞所需的推力和抬升力吗？正是这个问题，使得树栖起源假说仍旧活跃。

艾伦·费多契亚告诉我说："恐龙阵营里一片狂喜，他们认为难题已经解决了。"但是他和"非龙团"的其他成员都拒绝接受飞行能够在陆生环境中演化出来。"这几乎是非达尔文主义的！"他惊叹地说道，"你看，每一个脊椎动物类群都演化出了某种程度上的飞行。飞蜥（一种滑翔的蜥蜴）、蜜袋鼯（一种有袋目哺乳动物）、飞蛙、鼯鼠、翼龙、蝙蝠，它们有且仅有一个共同之处，那就是：它们都是利用重力这一廉价的能源，由树栖演化出飞行能力。"

从树枝上或者其他高处下落，肯定历来是通向天空最流行的途径，而且滑翔的树栖生物种类数目相当可观。甚至连蚂蚁都能遵循树栖飞行模型。在秘鲁亚马孙地区，一些生活在雨林冠层的动物具有平展的、流线型的头部和腿，这使得它们在起跳坠落之时能滑翔回到树干上。树栖起源理论中鸟类的祖先也处于同样的环境中，它们在藤蔓之上猛跑，跳跃于树枝和树干之间。早先关于假想物种——先鸟（*Proavis*）的图示，促使这幅景象深深印在了我们的脑海中。后来几乎每一张始祖鸟的图画都把它描绘成在这种生境中滑翔或者攀爬。在这种环境里，任何有利于空气动力学原理的适应性特征都能获得迅速且显著的好处，这是演化出复杂飞行的渐进过程中需要考虑的一个重要因素。树栖起源论者认为，树栖祖先发展中的过渡阶段是很难拟想出来的。因为，半成形的翅膀，对于那些无法离开地面的动物来说有什么用呢？飞行的演化需要重力这一廉价能源去攻克对不能飞的鸡和兽脚类恐龙而言构成巨大挑战的抬升力和推力难题：这也是树栖起源论的核心要素。

　　这个逻辑很具有吸引力。就算是蝙蝠，作为最敏捷的非鸟类飞行家[③]，在地面上也十分无助。很多种类的蝙蝠都需要从至少几米高的地方垂直降落，才能达到飞行速度，随后它们的笨拙就立即被敏捷的飞行所取代。我曾经观察到，黄昏时分，蝙蝠们从我家走廊上的巢箱里涌出、跳落，然后舒展开翅膀，急转弯，从护栏的缝隙之间穿过。美国空军会为这种飞行策略颁发奖章。树栖起源理论中廉价的重力确实是强大的演化推动力，但是羽毛却让事情变得复杂了。除鸟类外，其他所有会飞和滑翔的脊椎动物还有一些共同之处，费多契亚并没有提到这一点：不管是有袋类、哺乳类、两栖类，还是蜥蜴，它们在空中飞行都是依靠翼膜——薄薄的一层紧绷在身体各部位之间的皮肤。

　　如果我这本书改名为"翼膜"，而不是"羽毛"，我们可能会用好几个章节来探讨脊椎动物为了滑翔和飞行而演化出翼膜的那些众多独立而不相关的时间节点。对蝙蝠而言，翼膜连接了前肢的指头，再伸展至后足踝关节；飞蜥的翼膜则在细长、灵活的肋骨之间伸展开来；翼龙具有异常延长的第四指，纤维状的皮膜从这根指头连接至后肢；华莱士飞蛙依靠巨大的盘状脚飞行，透明的组织精巧地在向外伸展的脚趾之

　　　　　　　　　　　　　　　　羽毛：自然演化中的奇迹

格哈德·海尔曼的先鸟，一种假想的鸟类祖先，能在树丛之间攀爬和滑翔。

间结成了蹼。在所有会飞或者会滑翔的动物中，只有鸟类用羽毛来做机翼。这个事实让费多契亚的论点更加具有说服力。如果树栖飞行演化难题答案又再一次是翼膜，那么鸟类羽毛则是一个可能会改写历史的特例。羽毛具有独特的滤泡结构和螺旋式生长过程，它们结构复杂、形态多样，远超出了工作所需[④]。既然简单的一层皮膜就可以完成飞行，为什么还那么费劲地去演化出羽毛呢？

　　"奔走—树栖之争"，使我们熟知的很多数据处于争端之中，但是界线并非泾渭分明。正如普鲁姆指出的，羽毛起源于陆生环境并不意味着飞行也起源于陆生环境。理所当然地，那些已经长有羽毛的兽脚类恐龙也可能会弄明白怎样爬上一棵树。科学家们逐渐地觉得"奔走—树栖之争"是一个伪争论。他们提出了新的假设，寻找两者之间的中间路径。徐星和他同事们的发现很好地总结了这一情形。一方面，尾羽龙和北票龙的化石证明了两足行走的地栖恐龙具有复杂的羽毛。但是，小盗龙和近鸟龙不仅翅膀上长有飞羽，连腿上也有，这对于一个奔跑、跳跃的动物来说实在是个笨拙的安排。徐星现在认为，这种"四翅兽脚类恐龙"生活在树上，是连接地栖和飞行的桥梁。

"如果你去看鸟类演化线上所有的动物类群，"徐星在电话中解释道，"你会发现许多与飞行相关的特性都是从陆生环境中演化而来的，

华莱士飞蛙依靠超大的蹼脚滑翔。

羽毛：自然演化中的奇迹

但问题是成功飞行前的最后一步……这需要重力的帮助。树栖恐龙能够填补这个缺失的环节。"徐星承认他还不知道小盗龙和近鸟龙腿上的羽毛对于飞行有什么帮助，但是他把它们视为一个极其重要的过渡阶段。"'四翅兽脚类恐龙'明确说明了奔走起源假说是无法单独解释飞行起源问题的。"

悲伤的是，因为化石记录十分不完整，阐明飞行的起源面临着重重困难，这正如众多和远古事件有关的问题一样。尽管采自辽宁省的标本非常好，但这也仅仅只给了我们寥寥几瞥。几种兽脚类恐龙和早期的鸟类之间，隔着几百万年的空白。这就好比试图抓住一本复杂的小说的中心要点，但是每一个章节却只能随机选取一页来读。有时候，最好的见解来自于对现存类似动物的研究，正如普鲁姆观察羽毛的生长过程来寻找有关其演化的线索，同样，鸟类的生长过程有可能也能告诉我们一些有关飞行起源的事情。一只年幼的鸟在学习使用它的翅膀飞行时，是否可能是在无意识地模拟它自己的演化历史？一位名叫肯·戴尔的鸟类学家针对石鸡（亚洲的一种猎禽[1]，和我们院子里奔跑的小鸡们差不多）提出了这一问题。他的意外发现构成了一个新理论的基础，该理论很可能是迄今为止奔走起源和树栖起源之间最理想的桥梁。

"我们发现了一种新的行为，之前还从未有人注意到。"肯通过他蒙大拿大学办公室的电话告诉我。肯的声音低沉且清晰，说起话来充满了一个习惯于向人解释事情的工作者应有的自信。事实上，20 世纪 90 年代，他在"动物星球"上主持了一系列名叫《鸟类影视大全》（*All*

---

1 —— 原文为"game bird"，意为供人猎玩的禽类，多指鸡形目鸟类。

Bird TV）的自然纪录片。拍摄这个节目，使他得以前往世界各地的野外站点，他发现了年幼的雉类、鹌鹑、鸩[1]以及其他地栖鸟类是如何奔跑着跟随它们的父母。肯描述它们怎样拍打自己未成形的翅膀并低低地跃起，他说："它们就像爆米花一样跳起。"所以当一群研究生挑战肯，让他为经年已久的"奔走—树栖之争"找出一些新的数据，肯设计了一项课题，通过观察年幼的鸡形目鸟类是如何学习飞行的，来寻找可能存在的线索。

肯以石鸡作为模式物种。不过，如果没有那位给他提供鸟类标本的当地牧场主提出的关键建议，肯可能不会有那些发现。当这位牛仔顺道拜访来了解研究的进展时，肯向他展示了自己精密、整齐的实验室装备，并解释了如何测量鸟类的第一次跳跃和飞行。牧场主觉得不可思议。"他看了一眼，说了几句特别有趣的话：'那些鸟在地上做什么？它们讨厌待在地上！给它们点什么东西让它们爬呀！'"地栖鸟类不喜欢陆地？起初这话听起来挺不符合自然规律的。不过当肯仔细思考了这个问题，他意识到，自己在野外观察到的所有地栖种类都喜欢栖息在岩脊、矮枝上，或者其他能让它们不受捕食者侵袭的较高处的栖息所。只有觅食或者转移地点时，它们才会回到地面上。因此，肯在实验室里添加了一些干草垛供那些石鸡栖息。在他短途出差时，他让儿子负责给石鸡喂食和采集数据。

那时候，年轻的特里·戴尔还不过是个十几岁的少年。当父亲回来时，特里看起来很生气。"我问他实验进展如何，他说，'太糟糕了！那

---

1 —— 南美洲的一类走禽。

些鸟在撒谎！'"肯回忆道。石鸡幼鸟是走上干草垛栖息所的，而不是飞上去的。特里多次观察到石鸡奔跑着爬上干草垛，同时一路扑扇着翅膀。肯飞奔至实验室一探究竟。那是个恍然大悟的时刻。"石鸡是腿和翅膀协同使用。"肯告诉我。这一简单的观察结果开启了多种多样的可能性。

肯和特里一起工作（从那以后特里就开始准备攻读动物运动学博士学位），肯设计了一系列新颖的实验，增大斜坡的倾斜角，然后拍摄石鸡奔跑上斜坡的过程。当倾斜角增加时，石鸡们就开始扇翅，但是它们扇翅的角度与飞行中的鸟不同。石鸡向下和向后扇翅，不是为了借助扇翅的力量升空，而是为了使自己的脚稳固地紧贴着斜坡。肯解释说："这就像赛车尾部的扰流板。"这个类比十分恰当。在一级方程式赛车比赛中，扰流板就是汽车尾部巨大的流线型鳍状导向板。当赛车疾驰时，扰流板能给赛车贴向地面的力，[1]增加赛车的牵引力和操纵性能。石鸡也正是在做同样的事情，它们借助翅膀，爬上了几乎不可能攀爬的陡坡[⑤]。

肯将这一技能称为 WAIR，也就是翅膀辅助斜坡奔跑的简称（wing assisted incline running），并继续在各种不同的物种身上证明它[⑥]。WAIR 不仅能让刚出生几周的幼鸟爬上垂直面，也给成鸟提供了一种能替代飞行且节省能量的选择。在石鸡实验中，成鸟常常能借助 WAIR 爬上倾斜角大于 90 度的陡坡——基本上就能爬到墙壁或者天花板上。在野外，早成鸟，如灌丛塚雉，从孵化出来的第一天起，就开始使用 WAIR，甚至当它们成年以后，似乎也更倾向于 WAIR 而不是飞行。正如肯所说："只要你给一只动物一个三维的环境，比如大石头、悬崖峭

---

1 ——让车轮牢牢附着于地面，不至于因为速度过快离开地面而翻车。

一只石鸡幼鸟借助翅膀攀爬陡峭的斜坡。在通往飞行的路上，鸟类祖先是否也是这样做的呢？

壁、树，它就能找到攀爬的最佳方法。"

在演化的语境下，WAIR 具有令人讶异的解释力。戴尔父子借助降落俯冲，为振翅飞行（滑翔的动物无法做到这一点，这也正是树栖起源理论的缺陷）以及半成型的翅膀的空气动力学功能（这是奔走起源假说的主要缺点之一）设想出了一种可行的起源。就羽毛而言，WAIR 帮助完成了从体表覆盖物到现代飞羽的适应性转型。剪短或者去除石鸡的飞羽，往往会导致它们在攀爬过程中滑下斜坡。就算是最年幼的石鸡，也能从尚未丰满的羽翼中获得显著的推力。肯向我保证："羽毛这方面的问题，正好符合我们的研究结果。我们的发现与普鲁姆的研究结果完全一致。"

WAIR 假说最大的意义在于，它能提供从一个两足行走的地栖祖先到一个披覆羽毛的飞行者之间递变的适应性阶段。奔走起源论者和树栖起源论者都有理由欣然接受这个假说：对于前者，它指出，地栖兽脚类恐龙就算只有未成型的翅膀也具有潜在的优势，并且，羽毛和翅膀的逐渐优化，能为幼鸟提供更大的生存机会；对于后者，它发现了原始鸟类最初开始爬树的方法，由此就可能转型成为真正的飞行。"那是整个故事中的另外一半，"肯解释道，"WAIR 让鸟类爬到位于高处的庇护所，但它们还是需要再次回到地面。那它们该怎么办？跳，同时拍翅膀！"

许多鸟类学家和古生物学家欣然认为 WAIR 是迄今为止最好的飞行演化理论，但它并不是现今唯一的新假说。我无意中想起，在怀俄明恐龙中心里有一个迅猛龙（贪婪的捕食者，以惊吓以及慢慢吃掉《侏罗纪公园》中的角色而最广为人知）的主题展览。化石标本似乎被凝固在捕猎的瞬间，身体向前弯曲成令人恐怖的角度，前肢伸出，带有利爪的脚深深陷入沙中。在标本附带的描述中，一张图片显示迅猛龙的身体布满了紫色的羽毛，翼尖轻触地面。尽管一些迅猛龙化石具有羽乳头（尺骨上的乳头状突起，即飞羽的着生点），但一直还没有发现真正的迅猛龙羽毛。我致电了古生物学家及美术家斯科特·哈特曼，正是他拼接了迅猛龙的骨架。我询问他为何要给迅猛龙如此像鸟类的翅膀。

"为了转弯。"他简洁地回答，并解释说兽脚类恐龙髋部的灵活性低，因而缺少在高速奔跑时急转弯这一捕食者必备的技能。哈特曼认为，迅猛龙和其他两足行走的捕食者应该都是在它们自己都从未曾料想到的情况下，发展出流线型的翅膀和羽毛来帮助它们转弯。"树木可能在飞行中起到了作用，"哈特曼承认说，"但是我可以告诉你，爬上树的那些动物早已经拥有了翅膀！"

解密飞行演化过程中的所有步骤也许不太可能。完成这个过程，在过去花了1.5亿多年，而且化石证据中还有太多模糊不清之处，足以让这个争论持续好几十年。正如费多契亚对我说的："我和奥斯特罗姆大约30年前就在讨论这个！"但是不论鸟类是如何成功飞行的，科学家们都同意飞行给鸟类提供了大量新的演化可能性。鸟类一旦飞上天空，就扩散并分化到每一个可能的生态位，它们的身体也在持续适应着高空中的生活。多孔、中空的骨骼被气囊填满，无牙齿，喙重量轻，肺部小而高效，呼气和吸气时均有富含氧气的气体沿单一方向流经肺部。上述特征有的也出现在了兽脚类恐龙中，但是所有这些特征在飞行的鸟类中得到了高度的提炼和完善。飞羽同样也在继续适应：羽干变厚以承受扇翅的张力，不对称的羽片相互重叠，一起构成了有规则的、调节能力极强的翅膀。观察小鸡们奔跑，探索各种各样的理论假说，让我看见了飞行演化可能遵循的不同路径。但是当我看着鸟儿们的翅膀，看着它们优雅、敏捷地飞行，我意识到，"奔走—树栖之争"并没有解释什么至关重要的问题。我仍不明白鸟类究竟是如何飞行的。

　　　　　　　　　　　　　　羽毛：自然演化中的奇迹

第八章　一把羽毛锤子

我的这只悍鹰现在非常饥饿，在她没有俯首听命以前，不能让她吃饱，不然她就不肯再练习打猎了。

——威廉·莎士比亚，

《驯悍记》(*The Taming of the Shrew*，约 1590 年)

月球上的宇航员们并没有很多闲暇时间。阿波罗 15 号登月计划是美国宇航局首次配备有月球车的登月之旅，两名宇航员只有 18 个小时的时间在月球表面自由活动。他们需要探索哈德利沟 (Hardley Rille) 和肘形坑 (Elbow Crater)，从起源石 (Genesis Rock) 上采样，并且完成一系列开创性的实验。因此在 1971 年 8 月 3 日这一天，当指挥官大卫·斯科特站在实时摄像机前面执行一个未经授权的实验时，他打心眼儿里希望实验能成功。

"我本打算先试试再说，"斯科特后来回忆道，但是任务行程紧凑，他根本没有机会，"最后我们只能让它飞了一下。"

画面模糊的录像直接传送至地球上的控制中心，并从那儿传到了全世界。录像中，身着笨重的白色太空服的斯科特，一手拿着锤子，一手拿着羽毛。在他的身后，巨大的登月舱看着像某种黑色的虫子，再往后面，茫茫的月球表面与黑色的地平线相接。他在解释自己所做的实验，声音小但是清晰："我猜测，今天我们能来到这儿的原因之一，是因为一位叫伽利略的绅士，他做出了一个关于重力场中自由落体的重大发现。"

几秒钟之后，他让锤子和羽毛从齐肩的高度同时掉下去[①]。它们都笔直地坠向地面，就像被看不见的绳索牵扯着一样，正好在同一时刻落在斯科特脚下灰色的月球尘埃中。

"太棒了！"斯科特惊呼道。实验结束了。他和助手立即回到了他们的工作中，整理设备，准备踏上漫长的归途。他们甚至都没有时间去捡起那根如今很有名的羽毛，它至今仍在月球上。

游隼的飞羽落在了月球表面。

　　　　　　　　　　　　　　　　　　　羽毛：自然演化中的奇迹

这段简短的插曲，成为了阿波罗空间计划的标志之一，它还经常出现在全世界各地的教室中。物理老师常用它来解释重力的一大基本原理：做自由落体运动的物体加速度相同，与物体自身质量无关。伽利略最早提出他的观点是在 17 世纪早期，他推翻了亚里士多德长期以来被公认的理论，即重的物体下落得快。但是单单验证匀加速定律并不需要去一趟月球。据说当时伽利略为了验证他的理论，在比萨斜塔上扔下了两个不同大小的球，并测定它们下落的时间。斯科特本可以用一块砖和一枚卵石，在地球上的发射台上重复这个实验。他需要在月球上实地验证伽利略的另一个假设：在真空中，因为没有空气阻力，下落物体的性状也是无关紧要的。看到一片羽毛在真空中下落，使我们想起，空气动力学中的第一要素就是空气。

我不喜欢坐着不动研究科学，斯科特的工作留下了一个明显的试验尚未得到验证。当伊丽莎看见我时，我正拿着梯子、锤子和那天一早我与诺厄散步时捡到的乌鸦羽毛走向浣熊小屋，她说："我想我知道会发生什么。"我也知道，但我还是想亲眼看一下。

浣熊小屋的屋顶大约高 11 英尺（约 3.5 米），刚好和我们院子里最高的李子树一样高。在这个阳光灿烂的下午，我站在最高处，就像斯科特指挥官一样，左手拿着羽毛，右手拿着锤子。当它们自由下落后，锤子迅速垂直落下，不到一秒钟就落在了地面上。而乌鸦的羽毛则飘到一侧，在空中旋转了两次，翻卷着，乘着微风，足足飘荡了 6 秒钟才落在离锤子 12 英尺（约 3.6 米）远的地方。

这次演练证明了两件事。首先，令人欣慰的是，浣熊小屋周围的空气是充足的，此外，它还证明了当空气存在时，羽毛毫无疑问会表现得与锤子不一样。后面这一点同样也值得让人欣慰，特别是对于飞行员、空中乘务员、飞机模型发烧友、风筝冲浪者、飞行常客，以及其他一切需要依赖机翼使自己的机器升空的人。我使用的那片乌鸦羽毛，具有一片飞羽特有的曲线和羽干，是一个完美的小小机翼。它的形状和大小告诉我，它来自乌鸦的左前翅，但是它在空中的表现就像是一个独立完整的翅膀。

任何羽毛都能在微风中飘荡；它们就像秋日的落叶，仅仅凭借轻盈和庞大的表面积，就能飘浮在空中。但是一只鸟身上数以千计的羽毛中，仅有少数翼羽和尾羽才具有真正的机翼那样的不对称结构。每一只鸟的翅膀和尾部都有一排排如小翅膀一样的羽毛分层堆叠，这些羽毛不仅每一片都能独立发挥作用，还能相互配合，给鸟类的飞行提供无与伦比的精细调控。

在大卫·斯科特的月球实验中，他选择了隼的一片飞羽。他的选择是为了向自己的母校美国空军学院（其吉祥物正是提供羽毛的游隼）致敬，同时也因为"隼"（Falcon）正是将他带上月球表面的登月舱的名字。而第三个原因，让他的这个选择显得更加完美。

隼，可能比其他所有鸟类都更能体现一把"羽毛锤子"所具有的空气动力学特点。当隼从高空中俯冲下去捕捉猎物时，它们的速度经测量，要比火车头或者一级方程式赛车还要快。在那种速度下，它们产生的冲击力就正如一记重锤，能将猎物的骨头击打得粉碎，并使自己的利爪深陷入猎物体内。这种极速运动让隼类繁衍昌盛。它们依靠飞行速度比其他鸟快而生存下来，同时它们还要想办法让自己更快、更敏捷、身体更灵活。观察隼类飞速下落，就如同听了一节关于鸟类飞行一切可能性的课，但是它们运动得太快，很难看清细节。我需要以内部人士的视角来看隼的飞行特点，而我很幸运。我们岛上全年的生物种群都很少，但其中碰巧就包括世界上最有名的"高空跳伞隼"，以及训练这只雌隼的热心的飞行员。

———

当肯·富兰克林从飞机上跳下时，他先将弗莱特福[1]抛了出去。当他和隼都腾空之后，他扔出一个加重的、流线型的诱饵，使弗莱特福在俯冲时有一个瞄准的目标②。几年前，肯在从飞机上落下的物体名单中增添了一项：美国国家地理的一个影片摄制组。通过将一个极小的、改进过的飞行计算机绑在弗莱特福的尾部，他们测出，弗莱特福在以流线型急速俯冲时，速度高达每小时 242 英里（约每小时 389.46 公里），是动物飞行速度的最高纪录。通过特写视频的连续镜头，他们能看清弗莱特福是如何做到这一点的：它将身体伸展成流线型，并向下加速，做肯所谓的"穿越分子的滑行"。

在仲夏一个燥热的下午，我去拜访了富兰克林一家。我一下车就听见弗莱特福发出了尖厉刺耳的"咔咔咔"声。"我们今天会放飞它，"富兰克林说，"接下来三个月左右的时间里，它会自由自在地飞翔。"弗莱特福由人工圈养喂大，幼年时期就对肯和他的家人产生了印随行为，它大部分时间都生活在他们的鸟舍中，有时甚至还飞进他们的房子里。我们说话的同时，肯时不时地走到走廊上观察着天空。这看起来几乎是

---

1 —— Frightful，隼的名字，意为令人惊骇的。

无意识的习惯性动作。我也加入了他的观察，正好弗莱特福出现了。它从我们的头上掠过，看起来很享受这份自由，但是又没有离家太远。我看着它急转，又腾飞而上，尾羽呈扇形展开，细窄的翅膀扑扇着，然后停落在一根冷杉枝上，始终鸣叫着。"给它自由有点冒险。它们总是会有意外事故发生，"肯的言语中流露出父母对子女的担心，他说，"但是它会没事的——它飞得那么好。"

肯有运动员般健硕的体格，皮肤晒得黝黑，头发刚刚开始发白。他有着习惯看远处的那种迷离目光。他的工作是为联邦快递开大型喷气式飞机，但很明显他的热情在鸟类身上。他和他的妻子苏珊娜都是驯鹰大师，多年以来饲养和训练了许多只鹰。弗莱特福从一开始就是一只聪颖的小隼，敏捷、忠诚，顷刻间就能抓住诱饵。弗莱特福13岁时，就将"高空跳伞"的日子抛在了脑后，出入于富兰克林的家，看起来很享受惬意的退休时光。"它是个很优秀的猎手，但它也相当乐意总有人喂它，"肯解释道，"隼就像人一样，只要能活下去，它们就只会做必须要做的最少的事。"他又说道："但是它们能做的还有很多。"

在我们继续交谈的过程中，肯所说的这句话得到了充分的论证。肯给我看了一张放大的照片，上面有一只隼正在向下做自由落体式俯冲。它的翅膀收拢，身体伸长，就像一滴拉长了的黑色泪珠。"这种身体形态正是我想要记录的，"肯解释说，"当它们极速飞行时就会这样。"

在与隼一起进行的200多次高空跳伞中，肯亲眼目睹了它们那些令人惊艳的动作：在飞机尾部的气流中紧随着飞机飞行，旋转身体使自己能注视着一个旋转的诱饵，或是在自由降落中轻而易举地和肯保持同步。极速飞行只是偶尔发生，那时它们会飞速超越肯，然后消失在视

羽毛：自然演化中的奇迹

游隼，美国鸟类学家路易斯·阿加西·富德斯（Louis Agassiz Fuertes）
绘制。

野外，甚至当肯以每小时 100 多英里（约每小时 160 公里）的速度降落时也是如此。正是这激发了肯对弗莱特福进行速度的试验，参与拍摄美国国家地理的影片，以及后来的 IMAX 电影。

我问肯，羽毛在隼的高速飞行中扮演着怎样的角色。他立即抽出一张飞行中的鸟的照片，指着翅膀上的覆羽以及覆羽下面的正羽，说道："你看这些羽毛的边缘——它们是锯齿状的。"在羽毛重叠的位置，羽尖看起来确实不平整，似乎有一些羽枝特别地长和坚硬。"鹰和雕就没有这种羽毛，"肯继续说，"这与气流有关，可以减少俯冲飞行过程中的扰动和阻力。虽然我并不确切知道它的原理，但是我可以肯定事情就是这样。"我越是琢磨空气动力学，琢磨羽毛在各个重要方面促进鸟类飞行的作用，就越是觉得肯所说的话很熟悉，但是，一只现存鸟类的翅膀实在太复杂，不会服从简单的量化。

肯从他的电脑里找出了一组照片，这些照片超近距离地记录了一只隼捕捉一只鹬这一扣人心弦的场景。照片的对焦是如此精准，以至于捕捉到了鹬在挣扎中掀起的每一滴泥浆，而且还清晰地显现了两只鸟的每一个特征。照片一张接着一张，展示了隼在俯冲减速、急转弯以及抓捕猎物的过程中羽毛状态的变化。隼的尾羽展开成扇形；每一片翼上的覆羽有的放下，有的抬起；飞羽伸展开，重叠的羽片分离形成翼缝，并变换角度。在一张照片中，每片飞羽的羽尖都急剧向上弯曲。"在我观察到的所有俯冲中，我从没有见到一片羽毛在飞行中破裂。在地面上和猎物打斗时，会有，但绝不会是翅膀上的羽毛。"

考虑到在如此高速的飞行中急停和急转产生的巨大结构张力，这个说法让人震撼不已。安装于弗莱特福尾部覆羽上的飞行计算机揭示了惊人的数据。它曾经从 3000 英尺（约 900 多米）的高空俯冲向下追逐抛出的诱饵，加速至每小时 157 英里（约每小时 253 公里）并熟练地抓住诱饵，然后在距离地面仅 57 英尺（约 17 米）的高度停止下落。在那一瞬间，作用在它身上的重力加速度测量值曾高达 27G（1G 为 $9.8m/s^2$）。而战斗机飞行员在重力加速度超过 9G 时，就会有失去意识的危险。

肯送给了我一撮隼的羽毛，同时还了我不少需要思索的东西。我们的对话让我对鸟类飞行这种纯粹的肉身运动及其本质上的三维属性又增添了一份赏析的意味。除了有名的俯冲，隼还能轻松地向上和向两侧猛冲，在热气流中翻飞舞蹈，看上去能从任何方向捕捉猎物。"我觉得不论垂直还是水平，对它们来说都没有任何问题。"肯还说道。

我没有问过肯的动力从何而来，也没问过关于他和弗莱特福一起高空跳落和飞行时冒着的巨大个人风险——他内心的驱动力和好奇心足以回答这一切。不过我知道，他还希望他的工作最终能帮助改良飞行器的设计，并且他已经在与波音公司的高级工程师密切合作。尽管和鸟一起高空跳伞或许很独特，但研究它们的流体动力学特点能帮肯更好地适应长期的飞行员工作，毕竟这份工作的创意中历来就融入了部分鸟类学的思想。将鸟类、羽毛和航空航天坚定地置于自然科学一大热门趋势的中心地位，是历史的必然。

第九章　完美的机翼

她所需要的就是披覆一层羽毛，这样她就会无限期地待在空中！

——莱特兄弟的助手丹·泰特（Dan Tate），
1902 年于基蒂霍克（Kitty Hawk）

　　我的兄弟是个有才华的机械工程师。当他还在蹒跚学步时，就表现出了自己的职业倾向。他用玩具螺丝刀拆掉了各种各样的家居装备。比如他把父母的床架上所有的螺丝钉都给卸掉了，可以预想到，这会带来什么样的滑稽效果。当我告诉他，我正在写一本关于羽毛的书时，他立即毫不犹豫地回答了我一个词："仿生学！"

　　对于工程师、物理学家，甚至是化学家而言，这个词就是他们的实验指导准则。仿生学，顾名思义，就是模仿生物的结构、行为以及生理过程，从而创造出尖端技术[①]。仿生学的来源，能追溯到第一个沿着兽道寻找水源的人，或者是第一个用树叶做伪装悄悄接近一只羚羊的人。当然，羽毛从很早以前就对捕猎做出了贡献。将羽毛添加到箭杆的尾部，标志着从石器时代到广泛使用火器的时代，狩猎和战争中最伟大的进步之一。早期的猎人观察到羽毛的羽片是如何控制鸟类的飞行，由此向制作羽箭做了一次小小的飞跃^②。（进一步说，发射阿波罗 15 号的大型火箭上的尾翼，就是最早那些使箭尾端飞行平稳的羽毛的后代。）尽管羽毛和羽箭齐头并进了几千年，科学史家们通常将仿生学与一种更深厚的人类渴望联系起来，用威尔伯·莱特的话来说，就是"渴望模仿鸟类飞行……飞越无边无垠的天空"。

在希腊神话中，有一位技艺超群的工匠名叫代达罗斯（Daedalus），他和他的儿子伊卡洛斯（Icarus）利用羽毛、蜡和麻绳制作的翅膀逃脱了国王的抓捕。当他们飞至海洋上空时，伊卡洛斯开始变得鲁莽和骄傲起来。他无视父亲的告诫，越飞越高，离太阳越来越近。固定羽毛的蜡在太阳的炙烤下变得松软起来，并最终融化。翅膀解体了，伊卡洛斯跌落到身下的海水中淹死了，烧焦的羽毛如雨点般落在他的身旁。在之后的两千多年时间里，道德家们都将伊卡洛斯作为一个残酷的例子来教育青年人不要自负和冲动。但就仿生学而论，是代达罗斯犯了更大的错误。

代达罗斯在制作他那副有名的翅膀时，仅仅是照搬照抄了鸟类的外形，而忽略了使鸟类飞行成为可能的那些生物和物理过程。他的作品更多的是妄想，不是科学，只能够在古代说故事和听故事人的想象中飞行。但是，这一美好幻想具有强大的力量。几百年来，做一次伊卡洛斯之飞的诱惑鼓舞并挫败了众多尝试飞上云霄的人。一次又一次，有着凌云壮志的飞行者们重复着代达罗斯的基本错误：他们在自己的胳膊上粘上各种别出心裁、稀奇古怪的翅膀，却根本没有从生物学的角度了解，为何翅膀对于鸟类而言是精湛的设计，而对于人类而言却是灾难。接踵而至的就是一连串从大桥、阳台、屋顶和院墙上坠落的不幸事件，每一

《伤悼伊卡洛斯》（赫伯
特·詹姆斯·德雷珀绘
制）。

次都有某个倒霉的发明家将自己绑在新设计的翅膀上。奥克塔夫·陈
纳的经典专著《飞行器的发展》(*Progress in Flying Machines*, 1894
年）的第一章读起来就像是一本急诊室日记。因为每一次飞行尝试之
后，都紧随着关于飞行者伤势的描写：阿拉德先生（Mr. Allard, 1660
年）"严重受伤"，马基·德·巴克维尔（Marquis de Bacqueville, 1742
年）"摔断了腿"，勒蒂尔先生（Mr. Letur, 1854 年）"伤势过重，不治

羽毛：自然演化中的奇迹

身亡", 德·格鲁夫先生 (Mr. De Groof, 1874 年) "当场丧命"。1812年，德让先生 (Mr. Degen) 从第三次失败的飞行尝试中幸存了下来，却遭遇到他之前从没有担心过的事："在第三次尝试后，他被失望的围观者们毫不留情地痛打了一顿，之后还被耻笑为一个骗子。"

在详细描述了众多案例之后，陈纳得出了一个结论："不仅人类凭借自身体力升空的每一次尝试都是彻底的失败……似乎任何精巧的装置或者技能都没有希望使人类完成这一伟大的事业。"几年之后，法国和德国的工程师证实了陈纳的结论。他们利用了空气动力学这一新兴领域的公式，最终证明人类不能自主飞行。这些意见出现在航空飞行事业的十字路口，就在不到十年之后，莱特兄弟成功升空——不是靠拍翅膀，而是借助固定的流线型机翼和一个 12 马力的发动机。这有名的第一次飞行，以及此后多年随之而来的争论、竞争和急切发展，已经成为一个伟大的传奇，为世人所传颂[3]。在接下来的讨论中，我们会专注于羽毛和翅膀影响航空航天的历史（以及未来）的几个关键点。

虽然莱特兄弟后来更多地将其成功归功于一个精良的机械车间，而不是鸟类的影响，但是兄弟两人都是观鸟爱好者。他们会长时间地观察鸥、秃鹫和雕飞行，并记录下它们每一次翅膀的转动或者羽毛的调整。威尔伯观察到鸟类在空中转弯时如何转动自己的翼尖，这给了他一个关于"弯曲"的想法，弯折或者调整一个翅膀的角度，就能使鸟类开始向某一侧转弯。这个突破成为了他们的专利"三轴控制"系统的一块基石。该系统的基本原理至今仍在指导着飞行器的转向系统。威尔伯的观察和之后的发明体现了仿生学的思想，即借助大自然来推动人类的技术发展。"机翼翘曲"成为了漫长的航空航天发展史上的一次飞跃，它还可以追溯到有史以来最伟大的发明家之一——莱昂纳多·达·芬奇。

达·芬奇渴望飞行。他曾写道，发明飞行器的人将会为自己赢得"永恒的荣耀"。在 16 世纪的头几年，达·芬奇仔细观察了黑鸢、百灵和意大利乡村常见的其他鸟类，并粗略地在笔记本中记下自己的想法。这本私人笔记后来被称为《鸟类飞行手稿》（*Codex on the Flight of Birds*）。达·芬奇的飞行器设计里包含那幅有名的原始直升机设计图，以及一个伊卡洛斯式扑翼机，但是书中最重要的图片要数那一系列随手绘小鸟。它们飞起来像鸽子，有各种各样的姿势，同时每一片翅膀的上下都描绘出了气体流动的线状图。这些图，再加上达·芬奇对"浓厚"和"稀薄"空气的描写，充分说明他已经开始意识到机翼的重要性及其功能。

当气流与鸟类翅膀的前端相遇时，它面临一个选择：向上流动，还是向下[④]。两条路都通向翅膀后端，但是当气流沿不同的路径流动时，其速度不同，环境条件也大有不同。翅膀的角度和飞行速度决定了多少气流向下偏转，通过增大翅下的气压，同时减小翅上的气压，产生升力。这正是牛顿第三定律所揭示的：每一作用力总是有一与其大小相等、方向相反的反作用力。这个作用大家都很熟悉，只要你曾在疾驰的车里将手臂伸出车窗外，并将手掌弯曲成弧形，你就会感受手被风托起。形状也很重要。鸟类翅膀的横截面，有弧形的顶部、厚实的前缘以及长而逐渐变细的末端，就像两个翻转的逗号在身体的两侧伸展开去。气流沿着弧形的翅膀上表面流动，以"下洗流"离开翅膀后缘，进一步减少翅上的气压，额外增加升力。这个也很容易验证。拿一张纸平置于嘴唇前面，沿着纸的上表面吹气——你会发现纸会从下面升起，因为你吹出的气流减小了纸上表面的气压，就会产生向上的推力。

达·芬奇特别擅长于理解空气动力学。他研究过溪流中水流绕过障碍物以及流经不同口径水管的方式。他是第一个领悟到空气和水是以同样原理流动的人，并被认为是流体动力学交叉领域之父。尽管没有人认为达·芬奇是鸟类学之父，但是普鲁姆曾经研究了达·芬奇的鸟类观察结果，并注意到达·芬奇对鸟类飞行的理解与现代的理解是如此接近。"如果他知道我们现在都知道些什么，"普鲁姆说，"他一定会咒骂自己当初没能够完全弄明白鸟类飞行是怎么一回事。"

如果达·芬奇公布了自己的发现，他可能会在空气动力学界掀起巨大的文艺复兴热潮，提前好几个世纪实现人类飞行的目标。但是《鸟类飞行手稿》被埋没在达·芬奇的私人收藏中，使得其他思考者们不得不靠自己重新发现他的想法。对于鸟类和机翼的详尽解读，直到 19 世纪晚期才因德国的奥托·利林塔尔和古斯塔夫·利林塔尔兄弟（Otto Lilienthal，Gustav Lilienthal）而重新出现[⑤]。他们俩"将幼时自然观察研究期的大部分时间都贡献给了我们的好朋友——白鹳"。

兄弟俩迅速从观察迈向积极行动，他俩还在十几岁时就建造了第一个飞行器。尽管早先的尝试无非是将镇子里所有能收集到的羽毛缝合起来，但是之后他们立即意识到，翅膀或者机翼的整体形状，要比完全照搬照抄一只鸟的外在形态重要得多（这正是代达罗斯所犯的错）。他们试验了各种形状的机翼，然后认识到了弧形上表面的重要性。他们的设计具有一种特别的外观——一名飞行员笔直站立，周身裹上磨损严重的帆布，飞行员利用自身重量的偏移来控制飞行器。飞行器里没有

奥托·利林塔尔展示他众多飞行器中的一个（1894 年）。

发动机。利林塔尔兄弟利用逆风和上升气流，学会了在空中滑翔，并且
不扇动翅膀，就像他们想要模仿的白鹳一样。奥托成为了世界上有名的
第一个真正意义上的飞行员，被称为"滑翔之王"。他成功地完成了两
千多次飞行，有时滑翔距离超过 1000 英尺（约 305 米），直到 1896 年
一次飞行坠毁，奥托不幸身亡。莱特兄弟提到，奥托的辉煌成就给了他
们最初的灵感，他们早期的很多工作都基于奥托的著作——《鸟类飞
行——航空航天的基石》（*Birdflight as the Basis of Aviation*）中的机
翼和公式。

在许多方面，莱特兄弟正好从利林塔尔兄弟中断之处开始。他们从
前辈的成功中学习到了很多，同时从失败中学到了更多。奥托的死亡事

　　　　　　　　　　　　　　羽毛：自然演化中的奇迹

故教会了他们，空中控制要比单纯的起飞重要得多。莱特兄弟制作了一系列以操纵系统为重心的滑翔机，悄无声息地开始打破利林塔尔在滑翔距离、速度和升空时间等方面的纪录。当他们为自己的飞行器添加动力时，他们有另外一个先驱者可以参考借鉴，这个先驱者同样从自然界鸟类的翅膀中获得了灵感。

尽管莱特兄弟和利林塔尔兄弟取得了无可争议的技术上的成功，但却是一个名叫克莱芒·阿代尔的法国人让航空飞行成为了时下风尚。克莱芒·阿代尔将亚历山大·格拉汉姆·贝尔的发明介绍并投入到火热的巴黎市场中，因而在电话行业中赚了不少钱。之后他又专注于飞行器，投入相当于如今好几百万美元的资金，建造了一系列精致的蒸汽动力飞机。与同时代的人一样，阿代尔认为飞行的关键就在于大型鸟类毫不费力的飞行能力。他以秃鹫（而不是白鹳）为研究重点，还曾伪装成一个阿拉伯人，深入到阿尔及利亚的冲突地区游历，观察野外的非洲物种。最后他的设计看起来更像蝙蝠。但是阿代尔最大的贡献更多是在推进装置这方面，而不是翅膀的形状。

尽管阿代尔的"风神号"只升空了8英寸（约20厘米），而且不能控制驾驶，但在1890年，它是人类历史上第一个自推进的载人飞行器（比莱特兄弟在基蒂霍克的飞行早13年）。这架飞机的小蒸汽发动机为一个雅致的螺旋桨提供动力。螺旋桨由四片以木头雕刻而成的巨大羽毛组成。阿代尔认识到，翅膀上的飞羽就是绝佳的机翼，只要螺旋桨叶垂直安装并且高速旋转，为鸟类提供升力的空气动力学原理同样也能为飞行器提供推力。推力和升力的分离，实际上成为了未来所有飞机的标志。莱特兄弟将螺旋桨设计变成了一门精密的科学，同时，阿代尔怪诞的羽毛螺旋桨叶也在蓬勃发展的周边产业中保留了下来。直到 20 世纪 50 年代，飞机模型发烧友仍在制作"羽毛飞机"，以及其他具有羽毛制螺旋桨的工艺品。

在如今的喷气式推进时代（你还能在飞机上租 DVD 看），羽毛螺旋桨毫无疑问看起来很古怪。你或许只能在老教科书里或者在美国航空航天博物馆某个积满灰尘的偏僻展厅里找到它。在莱特兄弟之后，航空航天学中直白的仿生学减少了，取而代之的是公式、风洞试验，直到电脑模拟。现在极少有航空工程师会花时间在野外追踪白鹳、鹰或者阿尔及利亚的秃鹫。在 20 世纪，飞行器的飞行和操纵原理都已经建立，进步基本上集中于对莱特飞行器组件的改进——更强大的引擎、更好更大的机翼、更及时响应的操纵系统，以及更大的承载量。这就是技术的进步：一次巨大的飞跃，之后是无数次的优化和改良。

在短短几十年里，飞行器的设计已经日臻完美[6]。塞斯纳 172 是世界上最受欢迎的飞机，由 1955 年的原始设计改造成为值得信赖且高效率的 4 人座小飞机。波音 737 问世于 20 世纪 60 年代，现在仍是世界上最畅销的喷气式客机。当创新陷入死胡同时，技术往往能回到它的根源寻找灵感。对更高效、机动性更强和噪音更小的飞机的需求，让仿生学再次成为了流行，顶尖的工程学实验室重又研究了羽毛和鸟类飞行的许多细微之处。19 世纪的飞行家们只有望远镜和笔记本，而现在的工程师们能使用高速摄像机、激光测距仪、数字化模型软件以及其他工具，可深入地研究生物模拟，揭示鸟类飞行的根本之谜。

燃油效率，是驱使航空航天产业再次研究鸟类飞行的动力。2008 年原油价格的飙升，导致大量的航空公司破产，其中就包括日本航空、

羽毛：自然演化中的奇迹

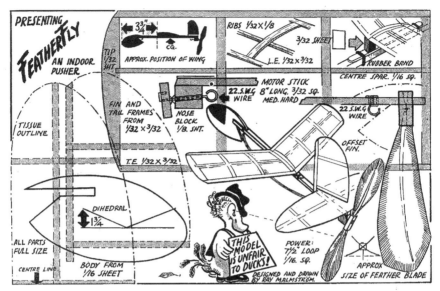

至少到 20 世纪 50 年代，飞机模型制品中的螺旋桨还在使用羽毛。

拓荒者、空中巴士和阿罗哈这些航空巨头。在这个石油储备日益缩减的世界里，幸存下来的航空公司只能急切地寻找降低油耗的方法。想要轻一点的飞机，只有一个选择，那就是换成铝合金，但是这就意味着要完全重新设计，使用全新的材料、全新的生产工艺。第一个选择这条路径的是波音 787 梦想客机，看起来很有潜力，但最近却第 7 次超过交付截止期限，仍旧处于试验和改进的阶段，并延滞了 3 年。[1]一些工程师认为，快速解决问题的办法就在于鸟类灵活操纵翅膀的方式，它们展示的高超技巧，或许可以恰如其分地被称为"气流管理"。

1 —— 波音 787 的研发计划于 2005 年 1 月被提出。之后，于 2009 年 12 月进行了首次测试飞行，并于 2011 年 10 月投入运营。

教科书中的机翼图往往会遗漏掉一个至关重要的细节：扰流。事实上，空气从来不会像图示中那样以平滑的曲线通过翅膀，它会形成复杂的涡流，并且涡流会随着温度、气压、风速、翼形以及角度的细微变化而持续改变。翅膀周围的气流阻碍其运动，并在上表面翻卷形成涡流，螺旋状的气流喷射着离开翼尖。这个过程对于绘图而言实在是太过复杂，但是理解它，是理解空气阻力（翅膀向前运动的天然阻碍）的关键。只要阻力减少，飞行效率就会提高，立即就能为航空公司节省下燃油。在减少阻力这方面，没有任何事物能比鸟类做得更好。

　　如果你曾坐过飞机靠窗的座位，你可能会喜欢上机翼闪烁着的银色光芒，还能看见飞行过程中几片副翼时而升起、时而下垂。这是一个精密而又优美的设计，但是和鸟类比起来，肯定是相当粗糙的。鸟类的翅膀会针对时刻变化着的环境条件立即做出反应，可以扇动、弯曲，时而伸长、时而收缩，可以铺展、变窄、翻卷和扭转。总之，每一片重叠着的飞羽都能作为一个单独的动态变化的机翼。同时，每一片还能独立运动。飞羽的形状就和机翼一样，它们在大翅膀这个整体中扮演着一个小翅膀的角色。秃鹫、雕和其他在高空翱翔的鸟，都能对翼尖张开的"翼指"进行细微的调整，从而操控气流或者改变飞行的速度和方向。所有的鸟都能本能地利用羽毛的运动来改变翅膀周围的扰流。初级飞羽可以通过开合来引导气流，覆羽可以像小旗帜一样升起或者放下：羽毛的可能性是无限的。

　　为了梳理清楚这些错综复杂的事物，甚至难倒了最先进的电脑模型。但工程师们已经意识到，在飞机机翼的尖端增加人工翼梢小翼，就可以达到一只猛禽的飞行效率。使用翼梢小翼改进后的喷气式客机，

　　　　　　　　羽毛：自然演化中的奇迹

燃油消耗量足足降低了6%。考虑到一架满载的波音747每秒就会消耗1加仑（约3.78升）的燃油，这是相当大的节省。翼梢小翼现在已经被广泛使用，这些垂直的翼片已经为航空业省下了数十亿美元的燃油费用。一个具有更大的潜在经济利益的经验可以用一个意想不到的词来概括，那就是：绒毛特性[1]。

鸟类飞行的照片中，飞羽常常是倾斜和不平整的，或者覆羽竖起来，与翅膀成一定角度——正如肯·富兰克林拍摄的隼捕捉水鸟的精彩照片里那样。工程师们现在认为，有意地将机翼翼面变粗糙，能显著地减少空气扰流和阻力。让一架喷气式客机长满羽毛，不太可能。但是，计算机模拟显示，在机翼表面简单地覆上一层毛，就能将飞行效率提高15%。一般说来，空气经过机翼表面（或者任何机翼翼面）时，会分解形成众多的细小涡流，并脱离翼面。这是扰流的一种，会造成额外的阻力，并直接在机翼后面形成静滞的空气阱。自行车车手紧贴进前方车手形成的向后气流中，正是利用这一原理，以低气压、低扰流的方式骑行，节省体力。这似乎违背常理，但是，粗糙表面能通过操控涡流的形成，促使涡流紧靠着机翼表面，从而减少空气阻力⑦。几年后，你坐在飞机中凝视窗外时，看到的可能就是一个毛茸茸的机翼，而生厂商制造的每一根毛都最近似于一片羽毛。

控制机翼周围的气流，还有显著减少飞机噪音的益处。对于居住于繁忙的航线附近的人们来说，这是很重要的考虑。猫头鹰从头顶飞过时，万籁俱寂之中，它们的振翅声听起来仿佛来自另一个世界。长久

1 —— fuzziness，意为毛茸茸、模糊不清。

鸟类翅膀周围复杂的气体流动仍在给予航空工程师们灵感（图为一只主红雀）。

以来，猫头鹰一直被与神话故事中的灵异世界联系起来。但是猫头鹰的飞行却没有任何超自然的成分，只是翅膀拍击空气的方式不同而已。猫头鹰羽毛的羽枝一直延伸至翅膀的前缘和后缘，每一片羽毛以及整个翅膀都能减少空气扰流，增加飞行效率，而且最重要的是，在飞行时发出低沉的扇翅声。这种隐秘的行为要比猫头鹰捕食的那些警惕性高、听觉灵敏的哺乳类动物和鸟类更有优势。（而在渔鸮那令人满意的演化过程中，就没有这些羽毛的变化。当然，如果你的猎物是在水下，根本听不见你的靠近，你就根本不需要悄无声息地飞行了！）为了制造出噪音小的飞机，猫头鹰羽毛成为了商务客机颇具启发性的学习榜样。商务客机能否在都市机场中起飞和降落，部分是由其噪音强度来决定的。

就在仿生学被迅速地应用于减少空气阻力和飞行噪音时，真正的航空航天梦想家们却想要重新考量飞机的整个概念。在奥托·利林塔

羽毛：自然演化中的奇迹

尔英年早逝之后，他的兄弟古斯塔夫仍继续追求着他们的最终愿景：一架不是依靠螺旋桨或者涡轮喷气发动机提供能量的飞行器，有着像鸟一样的翅膀，能振翅飞行。在近 40 年时间里，他在柏林郊外的一个小飞机库里设计了越来越雄心勃勃的（有时甚至是离谱的）飞行器。它们被称为扑翼机[1]，但是却没有任何一架离开过地面。之后古斯塔夫似乎成了固定翼飞机蓬勃发展时代中的弃儿。但不论如何，这些年里，许多工程师拾起并继承了他的火炬，相信他们的努力最终会硕果累累。

机器雨燕（RoboSwift），是一架荷兰制造的无人侦察机。它的灵感来自于名为雨燕的这种鸟优雅的飞行姿态。尽管它仍由螺旋桨供能，但能通过机翼后掠，从而实现俯冲和转弯，同时还能展开，在高空中高效地飞翔。另一个荷兰团队最近发行了"DelFly 二号"。它也是一架用于无人侦察的飞行器，但是它完全依靠疯狂的振翅来完成猛冲和升起。结果这架小飞行器实在太像鸟类，以至于它在最早的某次户外任务中遭到一只雄性椋鸟攻击，然后被追赶到地面上。成功的载人飞行，要属多伦多大学的扑翼机计划。在 2006 年，他们的全尺寸自动力飞行器在空中短暂地飞起。这让人感到十分惊异，就连飞行员自己在硬着陆后，从驾驶员座舱里一出来就惊呼："它飞了！它飞了！它飞了！"飞行仅持续了 14 秒，不过这让莱特兄弟的飞行器不再寂寞，后者的首次短途飞行才持续了 12 秒。

不论是依靠扑翼机、滑翔机，还是绒毛喷气式飞机，人类对飞行的尝试总是结合了对鸟类、羽毛以及鸟类翅膀惊艳的空气动力学的了解。

---

1 —— 英文 ornithopter，来自希腊语，意为"鸟的翅膀"。

对伊卡洛斯式飞行的渴望，仍存在于我们的科学技术中，更存在于我们的虚构故事中。从超人到小飞侠彼得·潘，再到《黑客帝国》中的角色，我们的超级英雄都拥有像鸟一样的飞翔能力。高空跳伞、悬挂式滑翔、风筝冲浪以及其他极限运动，都多多少少提供了一些飞翔的感觉[8]，但是最接近鸟类的飞翔，永远只存在于我们的梦境之中。卡尔·荣格和西格蒙德·弗洛伊德对于飞行梦境的象征意义有分歧（前者是超越，后者是性），但是他们的理论只能证明他们都不是观鸟爱好者。1908年，在法国航空俱乐部的一次演讲中，威尔伯·莱特似乎离真相又近了一步。他将成功飞行归功于人类对飞行由来已久的渴望，人们渴望用自由、单纯的飞翔来代替费时费力的行走："我有时候觉得，渴望像鸟类一样飞翔，是从我们祖先那儿继承下来的理想。我们的祖先在史前时代，穿越无路可循的地带，艰难跋涉，只能艳羡地看着鸟类高速自由地翱翔过无垠的天际，穿越重重阻碍。"[9]

羽毛：自然演化中的奇迹

美艳

只要这个世界上还有女人，她们就会购买羽毛。

——巴黎羽毛商人，《开普时报》（*Cape Times*，1911 年）

第十章　天堂鸟

我饶有兴致地看着那些层峦叠嶂、连绵起伏的山，人类的足迹从未踏至此地。这里是鹤鸵和树袋鼠的王国。那些幽暗的密林之中还居住着世界上最非凡、最美丽的鸟类：种类繁多的天堂鸟。

——阿尔弗雷德·拉塞尔·华莱士（Alfred Russel Wallace）登陆新几内亚，

《马来群岛自然科学考察记》（*The Malay Archipelago*，1869 年）

观鸟爱好者就像渔夫一样，他们喜欢夸大其词。渔夫那些荒诞离奇的大话可以归咎于记忆混乱或者喝多了廉价的啤酒，而观鸟和钓鱼不一样。观鸟中那些夸张故事的来源正如"观鸟"这个名字一样。在很大程度上，这项活动应该被称为"鸟类鉴定"。我们可能经常去观鸟，但是往往并不符合观鸟的定义："仔细地观察，通常持续一段时间。"我们的双筒望远镜似乎能自个儿为自己做主，只要我们一为那种鸟定下名字（比如莺鹪鹩、笑鸥、扑翅䴕、乌鸦或者莺等），它们就会迅速移走。这是一个危险的误区，因为观鸟真正的奇妙之处在于观察，沉浸在羽毛、行为和习性的精美细节之中。每一种常见的鸟都会做一些不寻常的事；每一次看见它们都值得去多看一眼并且记录在鸟种清单上。我试着时刻去注意鸟的踪影，但是在我看见天堂鸟的那天，我彻底搞砸了。

那是在 3 月中旬的澳大利亚，道格拉斯港（Port Douglas）北部海岸公路刚好在经历了暴雨之后重新开放。一些同行的生物学家和我正处于从野外工作中回来的休息期。我们搭乘顺风车，一路从北到库克敦（Cooktown），去往传说中的约克角（Cape York）半岛。库克敦的东海岸距离新几内亚岛（New Guinea）不到 100 英里（约 161 公里），它的气候就是岛上热带气候的真实写照：一条热带雨林绿色林带勾画出澳大利亚干燥内陆的边缘。这里有爬树的袋鼠，还有蓝色脑袋的巨大鹤鸵在丛林中漫步，就如同兽脚类恐龙一般。鹤鸵的脚趾上长有 6 英寸（约 15 厘米）长的脚爪，头顶上还长有尖尖的骨盔。尽管对于生物学家们来说，这个假期听起来有名无实，但是谁能抵挡住这些如此独特的生物的诱惑呢？

我们一直来到了苦难角（Cape Tribulation），一片位于丹翠国家公园（Daintree National Park）的海滩。当时苦难角只有 80 个居民、一家背包客青年旅社、一家炸鱼快餐外卖店以及一家开在某户人家客厅里的便利店。我在日记里写满了满意之词。"剩下的就是雨林、海滩和大堡礁。"就是在那儿，在穿越热带雨林的泥泞小路上，我发现有一只带着黑色光泽的鸟停歇在高高的树冠层上。它的喙略微向下弯，绿色的喉部在清晨的阳光下泛着彩色辉光，正是这辉光暴露了它的存在。"小掩鼻风鸟"，我记下名字，然后继续往前走。我们能探索的时间短暂，我急切地想要看到尽可能多的东西。

就在我的匆忙之中，我错过了自然界最美妙的表演之一、羽毛性吸引力的活生生的例子。如果我真正地观察了那只鸟，我可能就会看到他膨起自己华丽的绿色喉部，拱起翅膀，在脑袋周围形成一个完美的乌

羽毛：自然演化中的奇迹

黑发亮的拱门。他还可能会将喙扬向天空，张大嘴放声歌唱，发出尖厉刺耳的鸣叫声，并露出嘴边鲜明的金黄色皮肤。如果幸运的话，还能看见黄褐色的雌鸟飞落到雄鸟的面前，上下晃动自己的脑袋，抬起翅膀和他一同沿着树枝时前时后地跳起精美的摇摆舞。自然纪录片总忍不住给这番艳丽奇观配上探戈舞背景音乐，那简直就是完美组合。然而，我对于小掩鼻风鸟的经历，仅仅只有野外手册中照片旁边的那个小小的勾号。

风鸟和约克角的其他奇妙动物一样，较之澳洲内陆，它们和热带的新几内亚有更多相似之处。风鸟属于新几内亚岛上最有名的鸟类类群：天堂鸟科（Paradisaeidae），天堂之鸟。我对待天堂鸟是难以原谅的浅薄草率，而另外一些博物学家却和我有着恰恰相反的问题[1]。在 1858 年，阿尔弗雷德·拉塞尔·华莱士就为之疯狂着迷。

1858 年 6 月 1 日，华莱士是新几内亚岛上唯一的欧洲居民。他住在位于岛上崎岖不平的西北海岸的多雷村（Dorey）一个 12 乘 24 英尺（约 3.6 乘 7.3 米）的小屋里。当时他刚度过了大有收获的一天（收集到了 95 种甲虫），但他希望雨能停，这样他就能继续追寻他真正的目标："世界上最非凡、最美丽的鸟类"。尽管最后令人失望，多雷被证明并不是一个看天堂鸟的好的位点，但 1858 年 6 月 1 日那一天仍旧标志着华莱士个人对科学最伟大的贡献。华莱士不知道的是，就在那一天，受人尊敬的学者们在伦敦聚集召开林奈学会的每月例会，他们将会听到华莱士的文章以及查理·达尔文的论文，它们将自然选择下的演化理论介绍给了全世界。

这是个传奇故事。就在达尔文还在谨慎地反复思考自己想了长达 20 年的假设时，华莱士在疟疾引起的发热之中产生了顿悟，并在两天之内就将自己的想法写了下来。华莱士和达尔文就科学问题定期保持着书信联系，所以很自然地，华莱士将自己的文章寄给达尔文请他评论。文章从摩鹿加群岛（Moluccas）的边远村落寄出，像一道晴天霹雳抵达了达尔文的乡村庄园，让这位谨慎的学者受到震惊而终于采取了行动。在同行们的激励之下，达尔文小心翼翼地以林奈学会上发表的论文取得了优先，并在第二年出版《物种起源》，永远地改变了科学界的面貌。两个博物学家之间的关系仍是友好的。后来，华莱士还将自己的回忆录献给达尔文，并题词"对达尔文的天赋和他的工作表示深深的钦佩"。但是达尔文的声望会将华莱士永远置于一个奇怪的境地：他是因为缺少名气而出名，并且更广为人知的不是他的观点本身，而是他并未因为自己的观点获得应有的赞誉。

但是在当时，这些事件对华莱士完全没有影响。他继续在马来群岛逗留了三年，忍受着发烧、与世隔绝，甚至差点饿死。他收集到了多得惊人的125,660件标本，其中有1000多种是科学界的新种。这里有甲虫、猩猩、蝴蝶、袋鼠、蛇、蝙蝠、贝类以及一种飞蛙，但是没有一种比天堂鸟更能激发华莱士的想象力。读一读他对天堂鸟"舞会"的描写，就能立即知道原因：

> 在其中一棵树上，十几到二十只羽翼丰满的雄天堂鸟聚集在一起，抬起翅膀，伸长脖子，扬起美丽的羽毛，并持续不断地振动它们……整棵树上都是各种姿态的挥动的羽毛……它们的翅膀垂直向上扬起，头下垂并向前伸，长长的羽毛抬起并展开，直至形成两把壮观的金色扇子，基部有深红色条纹，然后

到分叉开、轻轻摇荡的羽毛尖部，颜色逐渐变浅至浅棕黄色。整只鸟都在羽毛的遮蔽之下，蜷缩着的身体、黄色的头部、宝石绿色的喉部构成了金色壮丽波浪的根基和背景环境。[②]

通过这些语句，华莱士开始解开困扰了博物学家们几个世纪的谜题。他的"舞会"就是现在生物学家们所谓的"择偶场"（lek），一种集体求偶炫耀，一群雄性动物聚集在一起，摆出姿势，激烈地竞争配偶。"lek"一词来源于瑞典语中"play"[1]这个动词，但是求偶中的雄性却一点也不爱玩耍。它们表演的质量不仅反映了它们在舞池中的地位，更是决定了它们中谁能够繁衍后代，而谁只会是演化过程中的一朵壁花[2]。有择偶场炫耀表演行为的物种，往往在求偶仪式中具有特定的夸张外表或者行为。某种羚羊、鱼，甚至是一只小白蛾子，都能做到这些，不过，炫耀表演在天堂鸟身上发挥到了极致，这也有助于解释为什么天堂鸟能长出有史以来最多变、最多彩的羽毛。

华莱士所说的"壮观的金色扇子"属于大天堂鸟雄鸟。它们有上百根正羽如饰带一般从胁部热烈地飘曳而出，将体长延伸了两倍甚至更多。从头部到尾部，大天堂鸟的颜色组合实在是太过于绚丽，以至于很难模仿。一本鸟类手册上描述说它至少有 14 种明显不同的羽毛颜色，从"暖深黑色"到"胡桃棕色"，再到"栗色""橙黄色"和"葡萄粉色"。然而大天堂鸟仅仅只是开始。

分类学家们辨识出了 42 种天堂鸟，每种都有自己独特的一套精美

1 —— 意为游戏、玩耍、表演、比赛等。
2 —— 舞会中没有舞伴而坐着看的人。

在阿鲁群岛上，羽毛猎人正悄声靠
近雄性大天堂鸟（出自阿尔弗雷
德·拉塞尔·华莱士的《马来群岛
自然科学考察记》)。

表演和求爱服饰。有一些天堂鸟会蓬起头顶如短裙一般的黑色发绿的
羽毛，摇摆着跳草裙舞。还有一些天堂鸟会倒挂在树枝上，或者用自己
泛着彩虹光泽的绿色羽毛玩出各种花样，头顶上飘动着长长的丝带，尖
端点缀着金币般的羽片。它们蓝绿色和紫色的颈部羽毛或是向两侧伸
出，像是蝶形领结，或是膨胀起来，就像雄狮的鬃毛。

　　出版于 1871 年的《人类的由来及性选择》标志着达尔文对演化理
论的第二次大贡献[③]。他原打算将这本书写成人类起源的专著，但最后

　　　　　　　　　　　　羽毛：自然演化中的奇迹

却花了超过一半的篇幅介绍繁殖行为是演化的强大推动力这一观点。他似乎对此结果感到很惊讶，就好像第二个主题的重要性是在他写的过程中增加的："结果是，现在正在写的第二个部分，即性选择，较之第一个主题，已经被过分地延长了，但这是无法避免的。"当然，达尔文对人类演化部分的处理，展现了他一贯的认真，其重要地位仅次于赫胥黎和德国生物学家恩斯特·海克尔的经典著作。性选择正是这本书中最新颖和最经久不衰的观点。

达尔文提出，争夺配偶造成了一段独特的演化过程，最后导致雄性和雌性在体型和外表上的显著不同（即生物学家们所说的"两性异型"）。他的自然选择理论适用于生存竞争，性选择则适用于在竞争中占领配偶。通过这种方式，性选择在适者生存的严格限制之外发挥着作用，解释了一些生物为什么会演化出那些没有其他明显可见用途的奇怪、夸张的特征。他举的例子中最重要的一个就是鸟类体羽的极端状态。他用了 4 个章节来描写鸟类和羽毛，从孔雀和雉鸡类，到蜂鸟和犀鸟，以及他从华莱士的信件中了解到的各种天堂鸟。

经过无数次的实验和野外考察，演化生物学家们现在区分出了两种基本的性选择形式[④]。一种是对优势地位的直接竞争（通常是在雄性之间），会导致演化出更大的身体体型以及更像攻击防卫武器的附属肢体。可以设想一下，长有巨大长牙的雄象，或者是具有宽阔胸部和锋利犬齿的雄性银背大猩猩，在一起相互猛烈撞击脑袋的情形。所谓的性内选择，其实就是典型的哺乳动物笨拙和暴力的竞争方式——一只雄性以某种方式重击另一只雄性，直到有一个胜利者出现，获得所有的交配权利。而另一种性选择形式则更加精妙细腻，鸟类爱好者和羽毛发

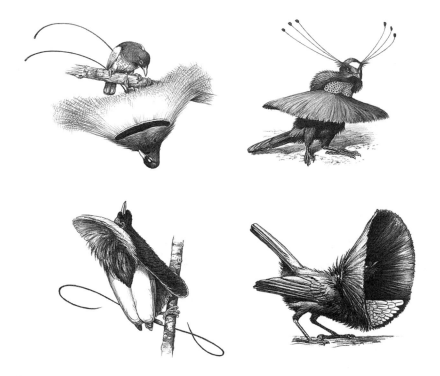

雄性天堂鸟精致的繁殖羽和炫耀表演。从左上第一只起，顺时针方向依次是：蓝天堂鸟、阿法六线风鸟、华美天堂鸟、丽色天堂鸟。

烧友都会很满意地转向这个版本。这种性选择形式直接导致装饰物产生，即爱的演化。

鸟类践行的所谓的性选择，这个过程遵循自然界的基本法则之一：雌性是爱挑剔的。结果证明，这个准则不仅仅适用于冰淇淋口味、家具或者是宝宝房间的颜色，事实上，在演化过程中，它对围绕着配偶选择的一系列决定都具有重要意义。雌性被放置于驱动者的位置上，使得雄性必须从一群雄性中脱颖而出。一些鸟类通过鸣唱、精心设计的炫

羽毛：自然演化中的奇迹

耀飞行或者求偶舞蹈来表现自己，不过对于鸟类而言，性选择产生的最激动人心的结果是色彩多变的羽毛。如果没有性选择，可以说，羽毛和鸟类就不会如此多样化⑤，也就不会有我的这本书，更不会有一代又一代的观鸟爱好者为雄性鸟类繁殖季节的华丽盛装而疯狂。

不论是哪种鸟类羽毛的两性异型现象，根源都是性选择。但很重要的是，要记住自然选择同样起到了作用。雌鸟羽色的"单调乏味"反映了它自身精密设计的成功繁殖策略。"找个好男人"几乎不是一个限制因子——只要有雄鸟在炫耀表演、鸣唱、守卫领地或者以其他形式表现自己，繁殖机会就多得是。对于想要将自己的基因传递下去的雌鸟而言，卧在巢中产卵或者孵化时，它必须将自己隐藏起来，在为刚孵化出的雏鸟寻找食物时，它仍然要保持隐蔽。在这方面，自然选择偏爱保护色。利于隐蔽的棕色或者带条纹的褐色，都是雌性常选用的色系，不论是鸭类、雀类，还是莺类。

性选择充满了微妙之处，但是两大主要学派描述了性选择在实际运行中是如何有利于鸟类华丽艳美的羽毛的。在"优质基因"理论中，更美观的装饰标志着更加健康、更有精力的身体。雄性能够承受住生长和维持漂亮羽毛的高能量消耗（以及在装饰得如此显眼的同时还能躲避天敌），其内在一定是强健的。雌性挑选它们作为自己健康后代的父亲是最好的选择。随着时间的推移，羽毛的装饰也会变得越来越漂亮。另一方面，"失控选择"的支持者们则认为，装饰基本上是随机的，不与任何潜在的有利性状相关。这个模型也被称为"性感儿子理论"[1]或

1 —— Sexy Son Hypothsis，以通俗的语言来解释就是，雌性在选择雄性配偶时，会考虑它们生下来的后代将来会不会是性感的、可以吸引异性的。

者"时尚偶像理论"，它提出雌性偏爱的任何特性都会被无限放大——为了追求美而美。

"优质基因"理论从一系列有意义的研究中获得了支持。比如说，雌性家燕始终选择拥有最长尾羽饰带的雄性，而被选择的雄性身上携带的寄生虫明显少于其他雄性竞争者。家燕的长尾羽就是在为自己健康的身体打广告。对于雌性刺歌雀而言，最性感的雄性会进行最漫长的炫耀飞行，展示它们带有斑块的翅膀以及亮黄褐色的枕部。而并非巧合的是，这些雄性长刺歌雀也具有最高的体脂储备和最高的养育幼鸟成功率。事实上，两种模式很有可能会重叠，因为在一幕"性感男孩"场景中，这些宣传健康状况的"诚实的广告"效果也会被无限地放大。而为了阐明经典的"失控选择"，教科书都不约而同地指出了天堂鸟。它们的羽毛装饰得如此精细，一度曾被认为来自另一个世界。

当华莱士最终回到英格兰时，他的行李中包括两只活的雄性小天堂鸟。它们以香蕉、大米和昆虫为食。每一次轮船停靠在一个新的港口时，华莱士就会冲上海岸去为那两只鸟寻找食物。有一次停靠在马耳他，他满意地描述道："我在一家面包店里抓到了大量的蟑螂……我装满了好几个饼干罐子，足够它们回去路上吃的了"。小天堂鸟存活了下来，并且在伦敦动物学会那里卖了个好价钱。动物学会的会员们非常感激，还授予华莱士终身免费会员资格。在那个对博物学着迷的年代，这两只鸟是世界上首次展现给公众的活着的天堂鸟。它们吸引了成群结队的人，并最终驱除了关于这些神秘鸟类来源的各种挥之不去的传言。

在长达三个多世纪的时间里，欧洲人都对探索者和旅行者偶尔从远东地区带回来的带羽毛的鸟皮感到惊讶。和赤褐色的羽毛以及金黄色的体羽一样神奇的是，这些鸟看起来似乎都没有翅膀或者脚。这些标本是从马来商人那里买回来的，那些人自己也从来没有见过一只活的天堂鸟，伴随它们的是经久不衰的传奇。马来人称它们为"上帝之鸟""天堂之鸟"，它们是居住在天堂下界的神圣生灵，在天空中任意飘浮，不需要扇翅或者降落。它们并不是被捕猎的对象——人们是在它们死去坠落到地面上后才发现它们的。

事实上，捕捉天堂鸟的新几内亚部落人完全了解市场行情，他们丢弃无用的翅膀和脚，保留最值钱的羽毛。天堂鸟的羽毛被当作珍贵的贸易物品，在地区贸易中占据着奢侈品消费的位置，它们被远销到泰国和尼泊尔，出现在首领、贵族和国王的服饰上。天堂鸟的传说仍在继续，当时的博物学家们也很认真地对待这件事情。他们提出了一些越来越稀奇古怪的行为，来解释这些神话般的鸟类的生态学问题。它们在天堂吃什么？露水和仙果。它们如何睡觉？用长长的尾羽在树枝上打个结吊着。它们在哪儿筑巢？雌鸟将蛋产在雄鸟的背上，自己也坐在雄鸟背上一个舒适而铺满羽毛的凹坑里。

华莱士用细致的观察记录来反驳这些传言[6]，达尔文也提出了自己的理论，好几代的野外生物学家们（包括像恩斯特·迈尔和贾雷德·戴蒙德[Jared Diamond]这样的学术泰斗）则补充了细节。但是天堂鸟仍旧充满了神秘色彩。尽管它们颇负盛名，但是仍有很多种类隐藏在新几内亚崎岖的山区腹地之中，人类对它们知之甚少。华莱士在长达 8 年的考察中，仅仅在野外见到过 5 种天堂鸟，迄今为止还没有任何人见过全部的 42 种天堂鸟。如今在新几内亚，天堂鸟的羽毛仍是珍贵的贸易物品，当地的部落人也仍在村落集会仪式上用羽毛装饰自己。这些集会被称为"唱唱"(sing-sings),为年轻男子提供了一个向未来妻子们展示自身地位的重要场所,这就是有意识地模仿择偶场中的雄性鸟类。女人们及其家人会根据每一个竞争者收集到的珍贵羽毛的数目和质量来进行恰当的评估。不管是自己拥有的,还是借来甚至是临时租来的,天堂鸟的羽毛都是男性地位的重要象征。

纵观人类史,人们一直取用鸟类羽毛作为装饰物,这一主题我们将会在下一个章节中详细地探究。天堂鸟将绚丽的饰羽发挥到了极致,而还有一个与之类似的人类行为也值得在这里提及。新几内亚的密林为天堂鸟提供了一片栖息的乐土,而在另一片乐土之上,人类则在以完全不同但又惊人相似的方式展示着羽毛。

1991 年 12 月,巴布亚新几内亚的欧贝娜人(Obena)男性们正在进行"唱唱"表演。男人们穿戴的羽毛至少来自 6 种鸟,其中包括萨克森王天堂鸟和华美天堂鸟。

位于内华达州的天堂市，坐落在从内华达山脉向西绵延至斯普林峰（Spring Peak）的辽阔的平底山谷中心。美国人口调查局称之为"专为人口调查设计的地方"。他们用这个含义丰富的说法来形容恰好位于城市真正的边界之外的任何人口稠密的地区。来自世界各地的赌博者和游客对天堂市有另外一个称呼——拉斯维加斯大道。

在降落时，我乘坐的飞机低低地掠过蜿蜒崎岖的山麓丘陵和干枯的河床，掠过烈日炙烤、尘土飞扬、云影纵横的乡村。裸露的岩石和沙地上散落着斑点一般的灌丛，有一种别样的荒凉美。我知道这些灌丛是三齿拉瑞阿、牧豆树和鼠尾草。我曾经在这附近一个风景相似的地方度过了极其愉快的几周，研究当地的蜜蜂，但这一次的旅行和上一次不同。我的行李中没有帐篷和睡袋，没有捕虫网，没有解剖显微镜，甚至连放大镜都没有。相反，我在临出发前把自己最体面的一条裤子洗得干干净净，并且在衣柜里四处搜寻一件有扣子的衬衫。

飞机继续降落，拉斯维加斯忽然出现在眼前。棋盘网格状的房屋和沥青公路超乎可能地在沙漠中蔓延开来，其间点缀着大型购物商城、壮观的高尔夫球场，以及无数个如小小蓝色珠宝一般的后院泳池。尤其是拉斯维加斯大道，仿佛幻象一般升起。我能看见一座仿制的狮身人面像和一座埃菲尔铁塔。这儿有皇城宫殿、火山、私人游轮、威尼斯运河和一座金字塔。总而言之，这里看起来一点也不像一位野外生物学家适宜的环境。

如果说天堂鸟是"失控选择"的具体体现，那么拉斯维加斯大道则是失控的休闲、失控的娱乐，而这一切从飞机场就开始了。一个小商贩登上了我们的机场大巴，向我们介绍风景名胜，并兜售打折的演出门票、餐厅预约和按时计价的公寓。我们路过了一家名叫米拉其的酒店[1]，这个名字看起来起得恰如其分。事实上大多数来拉斯维加斯的游客都从未真正涉足过拉斯维加斯，这也是与整个幻象相称的一部分。当我们的大巴车在车流之中缓慢地行进时，我婉拒了两份牛排餐厅的折扣券和一张"胡萝卜头"[2]的演出票。我来到这儿，心中只有一个目的。

几个小时后，我就身处百利赌场酒店一家拥挤的剧院中，坐在一对从英国乡村过来度假的母女和一大群日本游客之间。和我一样，他们也都是生平第一次来到这家剧院。每个人的闲聊中都涉及同一个主题：这些大得要命的酒店。突然间，房间里的灯变暗了，观众们在期待之中安静下来，紧接着舞台上如爆炸一般突然站满了歌舞女郎。

"华丽秀"[3]被定义为精心设计的娱乐节目，"盛景"[4]则是指场面宏大、效果引人入胜的表演。但是这两个词完全无法概括向我们倾泻而来的耀眼灯光和强劲音乐。舞台上有超过 75 个歌舞女郎，她们爬上金光闪闪的楼梯，在平台上旋转，在装饰着镜子的高台上列队行进。服装上的人造钻石闪烁着，还有一些女孩袒胸露背，但是她们的外表丝毫不能夺走羽毛的光彩。无数白色和黄色羽毛形成巨大的扇形裙尾和高高耸立在女郎们头顶上的约 1.5 米的发饰，长长的羽毛围巾和裙摆垂落在

1 ——Mirage，意为海市蜃楼。
2 ——Carrot Top，美国独角滑稽秀演员。
3 ——原文为 extravaganza。
4 ——原文为 spectacular。

舞者们的身后，如金色波浪一般随着她们的步履摇曳。

几分钟过后我才意识到自己是真的张大了嘴。如果不是因为开场音乐的巨大音量，我觉得大家一定能听见我合上嘴时的啪嗒声。（这场表演的标题真是名副其实："百女齐舞"。）但是我的震惊不仅仅是来源于这场夸张过火的表演：我预料到会有耀眼的灯光和强劲的音乐，我知道这儿会有歌舞女郎，我也知道她们会穿上羽毛做的服装。真正让我震惊的是，她们看起来像极了择偶场中炫耀的鸟类。正如拉斯维加斯的酒店仿建世界名城和地标，这些歌舞女郎也在进行一场奢华的模仿。她们装饰着金色的羽毛，每一个姿势、每一个动作，移动、摇摆，都正如华莱士所描述的天堂鸟，在雨林的树梢上舞蹈。

这个盛大演出又被称作"大狂欢！"（总是要带上叹号），自从 1981年初次登台，除了"超级碗星期天"[1]，一直连续不间断地在表演。它是拉斯维加斯历史上续演最久的歌舞剧之一。它让任何一个对羽毛感兴趣的人快速领略到"人类羽毛"的极致，以及人们是如何利用鸟类羽毛来进行自己的感官表演。和巴黎著名的红磨坊中的演出一样，"大狂欢！"代表悠久的羽毛时装传统的顶峰和延续，以及与之相伴的复杂的制作工艺。

"因为它们的优雅、柔软……"他停下来，寻找合适的词语，"以及隐含的意义。"这是在看完演出的第二天上午，我刚刚咨询了"大狂欢！"剧装店的负责人，问他为什么他们几乎在每一套服装道具上使用羽毛。马里奥斯·伊格纳迪乌是一位对歌舞秀有着 12 年经验的资深人士，他用轻柔的英式口音说话，使自己显示出我意料中在时尚界可能见

---

1 ——Super Bowl Sundays，美国橄榄球超级杯大赛。

拉斯维加斯歌舞女郎精美而复杂的羽毛装饰反映了悠久的羽毛时装史。

到的那种时尚优雅。他耐心地向我展示每个部分是如何制作而成的，怎样用坚硬的金属丝替代羽干并将其弯曲成各种形状，怎样修剪、梳理羽毛，使之变得蓬松，并缝合起来，形成各种各样的组合。一个简单的头饰可能就会用上 2000 片羽毛，重达 20 多磅（约 9 公斤）。"全是手工制作，"他告诉我，"每套服装都是纯手工制作出来的。"

　　在歌舞剧中用到的这 1000 套服装中，每一个在后台和我交谈过的人似乎都有一套自己最喜欢的。他们谈论起羽毛工艺，都欣喜若狂。在笔记中我写道，马里奥斯、舞者以及舞台服装技术员都是极其小心、满怀欣赏地轻抚着羽毛，就像工匠触摸上好的木料一样。一盒一盒鸵鸟羽毛、美洲鸵羽毛、雉鸡羽毛、野火鸡羽毛、家鸡羽毛以及鹅毛，沿着剧装店的一面墙排列得整整齐齐。店里随时准备着一系列型号和颜色的羽毛，以备时常修补，使服装总是看起来崭新如初。有很多部件甚至可以追溯到首次表演，而现在替换它们的花费可能相当高——最大型的那几套服装，每一套都将花费好几万美元。

"如果你没法花钱做到最好，你就应该干脆不用羽毛。"时尚设计师皮特·梅尼菲告诉我。他和鲍勃·麦凯（Bob Mackie）制作了演出中所有的服装。他们的原始设计图指导了每一次的维修和改装，如今被保存在店里巨大的三环活页夹中，成为公认的"圣经"。"羽毛可以保存很长时间，不过维护是至关重要的，"他继续说道，"我看过一些演出，那些绿色的羽毛看起来就像菠菜一样挂在女孩们身上！"

最大型的服装都有自己的绰号。瀑布一般的红色和橙色羽毛服装被称为"维苏威火山"，绿色的版本则被称为"芦笋帽子"，还有的叫"莫霍克人""鸡冠""蓝精灵"等。一套包括完全由羽毛制作的头饰、背饰以及裙摆的歌舞女郎服装能超过 35 磅（约 16 公斤）。单是将这套服装穿上舞台并保持平衡就已经很难了，更别说穿着它表演。一名歌舞女郎如此解释这种两难困境："扭摆得不够，就没人看你。摆得太厉害，你的服装就会掉下来！"

雄性天堂鸟以及其他明显两性异型的鸟类，也面临着几乎一样的挑战。在羽毛上投入的精力太少，就没人看你，而投入过多，你就有可能面临更糟糕的命运：因为行动太笨拙或是太虚弱而不能与其他雄性竞争，或是觅食和躲避天敌。结果导致一个微妙的平衡：羽毛质量或者舞蹈能力上的细微差别就能使自己在潜在的配偶面前脱颖而出，从而会对精致的羽毛施以持续不断的演化压力。

在这里类比就站不住脚了，因为歌舞女郎们显然能在"大狂欢！"

女子歌舞团之外的环境下娴熟地运用自己的女性魅惑力。她们的服装和演出次数也不是在刻意模仿任何一种鸟。"如果那样就太老掉牙了，"皮特·梅尼菲坦白地说，"真的是陈词滥调。"然而这些歌舞女郎确实接受了用鸟类羽毛来求爱和施展魅力的悠久文化传统，从新几内亚"唱唱"上的仪式，到 19 世纪细腻精妙的时装风格，再到同样用羽毛盛装打扮并带有淫秽、性暗示色彩的康康舞[1]或卡巴莱歌舞表演[2]。梅尼菲给想要在舞台上保持自己个性特征的歌舞女郎们一条建议：红色唇彩。"听着，如果你要在头顶上戴 35 磅重的羽毛，还不涂上口红，那你还不如压根别露脸！"

我们可能很容易对"大狂欢！"嗤之以鼻，认为这不过是一场狂欢，借助羽毛体现出的拉斯维加斯的奢侈放纵。旅游市场营销人员将它列为"经典的"拉斯维加斯最好的部分，是对过去年代的一种重现，那时候游客们可以在火烈鸟酒店以及早期其他赌场里和好莱坞名人们亲密接触，并且历史渊源要比毕斯·西里尔（Bugsy Siegel）更久远。这个表演所有的装饰都是精美无比，它重演了一段历史，在这段历史里羽毛不仅仅是一种时尚的表现，它们就是时尚的化身。装饰女士帽子的竞赛曾一度引发一场全球贸易，人们从中获得大量的财富随即又失去，鸟类物种被推向了灭绝的边缘，国际上的纷争如同约翰·勒卡雷[3]和杰拉尔德·达雷尔[4]作品的杂合体一般呈现。

1 ——Cancan，一种高抬腿的法式舞蹈。
2 ——Cabaret，一种具有喜剧、歌曲、舞蹈及话剧等元素的娱乐表演，盛行于欧洲。
3 ——John Le Carré，英国著名谍报小说作家。
4 ——Gerald Durrell，英国博物学家、自然资源保护论者。

第十一章　女帽上的羽毛

羽毛适合所有的季节，因为它们总是充满了魅力；羽毛非常适合穿戴，因为它们是动物纤维，由上天亲自设计来承受各类天气。

　　　　　　　　——夏洛特·兰金·艾肯（Charlotte Rankin Aiken），

　　　　　　　　《女帽制造业》（*The Millinery Department*，1918 年）

女人们纤细、柔软的手指，能温柔、体贴地抚摸她们的孩子，但她们将手伸向无助的野生鸟类，撕扯它们的翅膀、羽毛和胸脯时，却如同暴力铁拳一般冷酷无情。

　　　　　　　　——威廉·坦普尔·霍纳迪（William T. Hornaday），

　　　　　　　　《纽约时报》（*New York Times*，1912 年）

在好莱坞电影最经典的一个场景中，年轻的冒险家杰克·道森为他的情人罗丝画素描。她侧躺在长沙发椅上，除了脖子上戴着的蓝色大钻石项链外什么也没穿。他们的所在地，当然，是泰坦尼克号上的一间头等舱包房，当时距离船沉没仅仅只有几小时。这部电影轰动一时，将两位主人公之间的爱情故事和那件虚构的宝物、极其珍贵的首饰"海洋之心"的命运交织在一起。

　　事实上，泰坦尼克号末日之旅搭载的货物中没有需要索赔的宝石、金子或者其他显而易见的财富。货物清单幸存了下来，上面记载的物品从常见之物（1963袋土豆），到奇怪的东西（28袋棍子），再到令人匪夷所思的东西（76箱龙血——一种植物树脂）都有，还有沙丁鱼、蘑菇、花边领子、一箱牙膏、兰花以及数量庞大的核桃。但是船上最珍贵的货物，在保险证明上声称的价值相当于现在的230多万美元，那就是羽毛。泰坦尼克号上装载了40多箱上等羽毛，将被运往纽约城的女帽商店。在1912年的春天，羽毛是属于世界上最昂贵的商品之一。按重量来算，只有钻石比它们更值钱。

　　全球羽毛贸易在第一次世界大战前的几年里达到了顶峰[①]，其规模在现在看来简直不可思议。仅只是伦敦的羽毛商人和加工者就雇用了22,000多个全职工人，而大的风潮中心在巴黎、纽约和当时的其他时尚城市中繁荣兴旺。羽毛被用于制作扇子、拂尘、围巾、插花，以及大衣和披肩的边缘装饰，不过有一类时尚让整个业界为之癫狂[②]：帽子。女人们不仅仅只是喜欢羽毛帽子，她们认为它们是必需品。不戴帽子出门是难以想象的，任何一个体面的衣柜里都会有一套适合各种季节和心情的有边帽和无边帽。最珍贵的羽毛会成为传家之宝，一次又一次地从一个帽子传到另一个帽子，紧随最新的流行趋势，从母亲到女儿手上，一代代往下传。毕竟，羽毛在近半个世纪里完美地诠释了女装时髦式样[③]，没人能想象到这一切会结束。

　　野生鸟类的羽毛，也就是贸易中所谓的"高档羽毛"，每年在春夏季开始流行，但是有一类羽毛一年四季都很时兴：鸵鸟。而有一个国家

　　　　　　　　　　　　　羽毛：自然演化中的奇迹

在羽毛饰品发展的鼎盛时期，羽毛制作的帽子和装饰品总以醒目的位置刊
登在《麦考尔》（*McCall's*）和其他畅销的时尚杂志的封面上。

独一无二地统治着鸵鸟羽毛产业。南非的鸵鸟养殖场主曾经驯养了100多万只鸵鸟，并以每年两次的频率采集它们的羽毛。鸵鸟羽毛和羊毛并列为南非的第三大出口品，仅次于黄金和钻石。它们带来了巨大的财富，直到今天，豪华的羽毛制品仍旧是挥霍无度的象征，在南非，它们的制造者就像早年美国的那些石油大亨、亚马孙的橡胶业巨头或者印度殖民地挥霍无度的王公贵族一样臭名昭著。鸵鸟养殖场主具有巨大的政治影响力，以至于在1911年，他们说服政府主导了一项秘密行动，以确保南非在鸵鸟羽毛行业的统治地位。没有其他任何事件能比伟大的"跨撒哈拉鸵鸟远征队"更能说明资本和权力在全球羽毛热潮中的重要影响力了。

就在不幸的泰坦尼克号撞上那块声名狼藉的冰山时，拉塞尔·威廉·桑顿正躺在尼日利亚北部宗盖鲁（Zungeru）一家极小的教会医院的病床上，奄奄一息。他因为严重中暑，十分虚弱。在医生的命令下，他被从附近营地抬到了医院，将自己探险队的命运交到了两个年轻同事的手上。经过这番折磨，从几周后拍的照片里可以看到，他仍然脸色憔悴且苍白，而且他余生大概都不会不戴帽子走到太阳下了。而他的日记里关于这件事的记载是典型的轻描淡写："心神不宁""犯恶心"，或者只是简单的一句"病了"。

桑顿这次中暑，差点儿让他无缘见证历史上最不可能实现的探险之一的圆满结束。10个月前，南非政府推选他领导一支探险队去寻找一种神秘的鸟"巴巴里鸵鸟"。拉塞尔在布尔战争中的突出表现以及他对鸵鸟养殖的深厚了解给南非政府留下了深刻的印象，因此他们委派拉塞尔寻找和捕捉鸵鸟，只要后勤跟得上，就尽可能多地把活的鸵鸟带回来。钱不是问题。在这群势力强大的立法者和羽毛大亨看来，这次行动无疑是对南非鸵鸟产业的拯救。

巴巴里鸵鸟主要因名声和传言而为人所知。它们具有华丽精美的"双丝"羽毛，精致、浓密且有光泽。每一英寸羽毛包含的羽枝数目，比任何其他已知鸟类的羽毛都多。随着全球市场的竞争越发激烈，目光敏锐的商人将鸵鸟羽毛分成了60多个级别，巴巴里鸵鸟羽毛的这一特性也就至关重要。如果将这些传说中的鸵鸟和健壮的开普鸵鸟杂交，就能确保南非在羽毛贸易中世世代代的领先地位。要是没有这一支援，南非越发感到面临"来自美国的威胁"。在美国亚利桑那州以及邻近的几个州，新兴的鸵鸟大农场正受益于理想的气候条件、灌溉牧场和慷慨的政府津贴。在美国支持鸵鸟产业的人中，还包括一位有影响力的国会议员。他在众议院向他的同事们慷慨陈词，充满激情地推广鸵鸟产业，其中不乏这样的话语："不论是谁穿戴鸵鸟羽毛，那都是以正义的象征在装饰自己"，或者"任何人都不用对未来的鸵鸟产业有任何担忧。鸵鸟羽毛毫无疑问是所有羽毛中最美丽的装饰品，它本身就是独立于流行之外的"[④]。

南非用巴巴里鸵鸟来应对美方威胁的计划是一个伟大的战略。唯一的麻烦是，没人知道去哪儿找巴巴里鸵鸟。"巴巴里鸵鸟国"涉及北非的一大片区域，从摩洛哥一直延伸到苏丹。多年以来，政府研究人员曾多次向整片区域的代理商征集羽毛样品，全都无果而终。巴巴里鸵鸟羽毛仍旧偶尔出现在伦敦和巴黎（并且居于高价），但是没有人能找出它们的来源。唯一明确的证据最终从地中海海岸的的黎波里（Tripoli）传来：一包神奇的羽毛随着一支骆驼商队运到了这里。据了解，这支商队来自位于这片大沙漠南部边缘地带的萨赫勒（Sahel）。基于这点仅有的地理信息，也是出于整个产业的未来可能面临的岌岌可危的境地，"跨撒哈拉鸵鸟远征队"出发了。

1911 年 8 月初，拉塞尔以及两位有名望的鸵鸟专家弗兰克·史密斯（Frank C. Smith）和杰克·鲍克（Jack Bowker），匆忙地秘密离开了开普敦。拉塞尔担心，另一支美国的竞争队伍可能已经在行进之中。而这支美国远征队的领队不是别人，正是拉塞尔的兄弟欧内斯特·桑顿，他不久前刚在德兰士瓦（Transvaal）被聘为南非政府的鸵鸟专家，但却突然辞去职位，神秘地前往了美国。拉塞尔知道欧内斯特对巴巴里计划的细节了如指掌，并且怀疑欧内斯特已经告知了美方。直到后来，拉塞尔才明白事情的真相。欧内斯特确实是被美方招至麾下，但是他扮演着一个类似双重间谍的角色。他在为美国鸵鸟产业收集信息的同时，又将自己的行动以谣言传出去，借此刺激南非政府采取行动。欧内斯特一听说拉塞尔的远征队终于被批准，就立即回到了南非，在好几篇报纸文章中解释了自己的动机，并且在自己位于鸵鸟区中心的农场里重拾起了鸵鸟饲养的旧业。

与此同时，拉塞尔和他同事们乘船、搭火车以及徒步，行进了 500多英里（折合 800 多公里），深入到英属尼日利亚广袤的沙漠中心地带。经过在伦敦、拉各斯（Lagos）、扎里亚（Zaria）几站停下来做后勤补充，他们的队伍壮大到包括向导、翻译们、工头们，以及 100 多个扛着食物、水、行李和装备的当地搬运工。他们从地方长官处获得鸵鸟出口许可，会见了几位首领，并在靠近法属苏丹（今尼日尔）边境的一个贸易中心的市郊卡诺（Kano）搭建了长期营地。从卡诺出发，他们组织了几次侦察活动，向西到卡齐纳镇（Katsina），向东远至乍得湖（Lake Chad），同时还监视了从各地过来经过这里的骆驼商队。起初他们见到的鸵鸟羽毛几乎全都不是他们想要的类型，但最终有一类羽毛开始浮出水面。上等的"双丝羽毛"，以及长有"双丝羽毛"的巴巴里鸵鸟，都来自于一个名叫津德尔（Zinder）的地方附近的村庄。虽然他们终于成功确定了巴巴里鸵鸟家园的位置，但他们的胜利是苦乐参半的。津德尔，以及它周围的土地，都深处法国的管辖范围内。

但拉塞尔的决心没有动摇，他给比勒陀利亚[1]发电报请求获准继续向北穿过边境线去寻找他的巴巴里鸵鸟。虽然政府肯定早已料到会有这种可能性，但是他们仍然犹豫了六个星期，才最终给出答复。当时的政治局势颇为微妙。南非共和国在世界舞台上还是个全新的国家，仅仅是不到一年之前由英属开普省（Cape）、纳塔尔省（Natal）殖民地、前布尔共和国德兰士瓦（Boer republics Transvaal）以及奥兰治自由邦（Orange Free State）联合而成。虽然严格意义上来说，南非共和国是自治的，但它仍然属于大英帝国的一部分，当然没有必要和法国起冲突，让刚刚起步的外交政策变得复杂化。但是最后，鸵鸟产业势力方的急迫需求占了上风。拉塞尔得到了许可，以及他要求得到的所有资金支持。

随着日记上写下的一笔"北上嘀！"，远征队出发了。在历经一个多星期的沙漠徒步，每天行进24英里（约30公里）之后，远征队抵达了津德尔。一到达那里，他们就与当地军团的指挥官一同进餐，申请出口

---

1 ——Pretoria，南非共和国行政首都和德兰士瓦省省会。

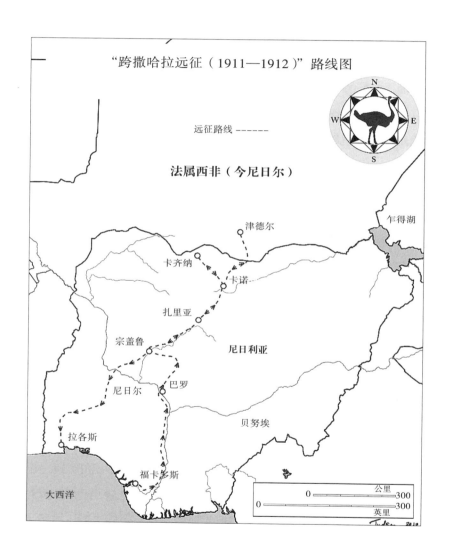

"跨撒哈拉远征（1911—1912）"路线图

远征路线 ------

法属西非（今尼日尔）

乍得湖

津德尔

卡齐纳

卡诺

扎里亚

宗盖鲁

尼日利亚

尼日尔　巴罗

贝努埃

拉各斯

福卡多斯

大西洋

公里
0　　　　　　　　300

英里
0　　　　　　　　300

羽毛：自然演化中的奇迹

许可，但是法国殖民当局对他们的动机表示出合理的怀疑。殖民当局可能还没有充分意识到他们的鸵鸟的价值，不过他们知道自己不想让南非人带走它们。一阵忙乱的国际电报，带来了南非政府、尼日利亚政府，甚至是英国王室的呼吁，但再多的外交手段也没法改变总督的立场。在任何情况下，拉塞尔和跟随他的人都不得购买、追寻、捕捉，或者以其他方式获取法国领土范围内的鸵鸟。

尽管拉塞尔和他的同事们被迫空手回到卡诺，他们仍然坚持在当地寻找鸵鸟，并且在那个地区待了 5 个月。就在这时，故事的记述出现了分歧。在拉塞尔的日记和远征队官方报告里，他声称通过他和当地首领的贸易往来，他们一步一步获取了一群巴巴里鸵鸟。这些鸵鸟毫无疑问是来自法属苏丹，而南非人却没有违反任何法律，也没有直接参与任何跨境偷窃、走私或者欺诈活动。但是弗兰克·史密斯的回忆却是一个不同的版本。

在后来的生涯里，弗兰克·史密斯编出了一些离奇的故事，诸如与图阿雷格偷袭者枪战，智胜美国间谍，并从廷巴克图（Timbuktu 距离远征队的实际路线好几百英里远）把鸵鸟赶过来。虽然据说他为自己在向公众讲故事时忘乎所以而向拉塞尔和鲍克道了歉，但他的私人通信表明，远征队有少数英勇事迹可能并没有写进官方报告里："我很抱歉，我不能详尽地描述我们是如何在法国领土上抓到鸵鸟，并且跨越边境将它们运回英属尼日利亚的，因为这有可能……引发'国际争端'，必须省略不写。但私下里，我必须得说，有几次我们智胜法国外籍军团，实在是太兴奋刺激了，他们驻扎在边境线上，不让我们把鸵鸟偷运过来。但这是'不允许记载的'，当然也是绝不能公开发表的。"⑤

远征队是如何将鸵鸟从津德尔一路运往卡诺的，可能无从知晓了，但是不论是从当地官员那里购买来的，还是在夜色掩护之下偷运出来的，"跨撒哈拉鸵鸟远征队"的故事都不需要任何夸大之词来达到想要的效果。在羽毛贸易顶峰时期那些令人陶醉的日子里，年轻的南非政府愿意为了自己的鸵鸟养殖场主链而走险。对高质量羽毛的期许，值得他们去冒与法国出现外交争端的风险，去资助一项长期的国际任务（完全可以称之为"鸵鸟谍报活动"）。从比勒陀利亚到巴黎，再到美国的国会大厦，当时的领导人都在煞费苦心地保护自己在羽毛经济中的利益。

　　到 1912 年 4 月底，150 只"双丝"巴巴里鸵鸟挤满了远征队在卡诺的营地周围的围栏，但挑战远没有结束。这就像登山者一样，他们爬上顶峰时，会对彼此说："恭喜! 你离回家只有一半的路了!"拉塞尔发烧躺在病床上，鲍克正在拉各斯安排船只，只剩下史密斯去运送他们笨重的货物，穿越萨赫勒地带，向南到达海岸。留存下来的照片显示，鸵鸟被拦在 8 英尺（约 2.4 米）宽的脆弱的棕榈围栏里，由当地搬运工驱赶着前行。最后，它们被装进了特制的货箱，搭乘火车到达海岸，然后被转移到一艘开往开普敦的轮船的定制货舱里。拉塞尔躺在吊床里搭乘火车抵达，鲍克一瘸一拐地登上船（他在装配船只时摔伤了背），史密斯完成装载，他们就终于起航了。

　　在他们离家的漫长日子里，关于这次任务的谣言引起南非民众的广泛猜想。他们返回时，在码头受到了英雄凯旋般的狂热的欢迎。127只鸵鸟都在漫长的旅途中惊人地活了下来。它们立即被运送至位于格鲁特方丹（Grootfontein）的全国顶级农业大学，参与一项繁育计划，在短时间内，羽毛产业的未来似乎得到了保障。在开普敦码头上庆祝的

"跨撒哈拉鸵鸟远征队"的照片。从左上按顺时针方向分别是：前往津德尔的骆驼商队，被当地羽毛商人拔光了羽毛的鸵鸟，用围栏运送鸵鸟，在拉各斯装载鸵鸟上船。

那些人，没有谁能料想到，在不到两年的时间里，全球羽毛市场就会彻底崩溃。就像在午夜钟声敲响的一刹那灰姑娘的礼服一样，拉塞尔历尽艰辛得来的巴巴里鸵鸟瞬间从无价之宝沦为了平平常常的一群鸟。

　　羽毛产业的崩溃，正赶上第一次世界大战的爆发和女性时尚的根本性转变。在欧洲和美国各地，战事将越来越多的女人推向了工作岗位，审美品位也在一夜间转向了更简单、更实用的风格。与此同时，人们越来越关注野生鸟类的命运，这也导致了高价羽毛交易受到越来越多的法律限制。对羽毛的需求一落千丈，无数的羽毛商人、鸵鸟养殖场主和女帽商走向了破产。其中有些人自杀了。南非圈养的 100 多万只鸵鸟迅速减少至不足 9000 只。直到 1925 年，弗兰克·史密斯（当时世界上唯一一个鸵鸟饲养业终身名誉演说家）为了使羽毛产业复兴，仍在四处游说。作为 1924 年到 1925 年大英帝国伦敦世博会的"特派鸵鸟专员"，他负责监管一场由 24 只活鸟组成的大众表演秀，并向女王展示羽毛修剪技术。尽管最初他在报告里说，在邦德大街的时装店里看见了许多羽毛，但当他离开伦敦时，他仍感到很沮丧："我在英格兰的这两年里[⑥]，竭尽全力试图去挽回女士们对羽毛的兴趣，但这只是无望的挣扎——女士们不会购买任何价位的羽毛。小礼帽和短裙已经开始流行，鸵鸟羽毛无论如何也无法与这两种服装相搭配。"用羽毛帽子象征女性吸引力的时代已经过去，拉塞尔的巴巴里鸵鸟也在格鲁特方丹逐渐消亡，养殖试验中止了，并且也无关紧要了。到了 20 世纪 30 年代，那里的巴巴里鸵鸟全都死亡殆尽。

从演化的角度而言，很值得问一问是什么使得巴巴里鸵鸟如此特别。为什么这一个种类能发育出如此与众不同、如此高质量的羽毛？作为现存最大、最重的鸟类，鸵鸟很早以前就失去了飞行的能力，取而代之以快步行走的陆地生活方式。这使得它们巨大的翼羽主要适应于繁殖期的炫耀表演。通体黑色的雄鸵鸟会在褐色的雌鸵鸟面前表演精致的屈膝舞蹈，向下拍打和抖动雪白的翅膀和尾巴，与此同时一直前后甩动粉红色的长脖子，头部朝身体两侧猛撞。正如天堂鸟或者时髦的帽子本身一样，鸵鸟的性选择更青睐浮夸的外表，而不是功能。它们的飞羽已经丧失了非对称性和彼此钩连的羽片，这两个特点能让大多数鸟类的初级飞羽保持坚硬并呈流线型。鸵鸟羽毛的羽枝呈细长而夸张的波

羽毛：自然演化中的奇迹

浪形，从羽干上垂落下来^⑦，在尖部聚集成簇，就像一条溪流，在凝滞的空气中向内塌陷。"双丝"巴巴里鸵鸟羽毛具有异常浓厚、有光泽和稠密的羽枝，这是演化中的一个异类，明显仅局限于一个极小的种群。

历史上的鸵鸟，分布遍及非洲和中东的干旱荒漠平原、刺灌丛和半荒漠地带。一些亚种和地方变种在颈部颜色、体型大小或者蛋壳厚度等特征上有所差异。拉塞尔注意到，巴巴里鸵鸟狭小的分布区被贫瘠的撒哈拉沙漠三面包围，似乎就是这种高度的隔离使得显著的遗传独特性得以保留下来。但不幸的是，我们将永远无从得知准确答案。鸵鸟在尼日尔和尼日利亚已经灭绝 20 多年了。

近年来鸵鸟数量的减少，大多是因为栖息地丧失和人口增长。早些年，羽毛贸易也起到了一定的影响，但是到 19 世纪中期，作为商品售卖的绝大多数鸵鸟羽毛都来自驯养的鸵鸟。但是，鸵鸟仅仅构成羽毛市场的一部分。野外捕捉的鸟类羽毛或者珍奇美艳的羽毛在这场时尚潮流之中同样广受欢迎。从某些方面来说，它们的故事更加离奇古怪。

───────

就像鸵鸟贸易一样，漂亮羽毛的交易在 19、20 世纪之交达到了顶峰。事实上，当时只要能被安放到帽子上的鸟类都能成为捕猎对象。在一家典型的女帽店里，待售品可能会包含单片的羽毛、扇形的"鹭毛羽饰"（aigrettes）、翅膀，甚至数十种整只的鸟类，特别是在时装讲究色彩和款式变化的春夏两季。有一个著名的故事：1886 年，一个名叫弗兰克·查普曼（Frank Chapman）的年轻银行家，同时也是一个鸟类爱好者，来到纽约的大街上观鸟。他很快就记录到颇为可观的一系列鸟类种类，但它们并不是在头顶上飞，不是停歇在树上，也不是在人行道上啄食面包屑。这些鸟类以及它们的羽毛都装饰在查普曼穿过一个拥挤的商场区时碰到的几百位女士的帽子上。在一次这样的"探险之旅"中，他看到 700 多顶无边女帽、鸭舌帽、钟形女帽和低檐帽，其中超过 3/4 的帽子上装饰着羽毛，而那些不带羽毛的帽子，则大多是"服丧期的女士"或者"年纪大的女士们"在戴，对这些人来说，端庄得体意味着穿不那么起眼的服装。从鹏鹕、鹟和啄木鸟，到一只棕榈鬼鸮，查普曼的鸟类名单里包括 40 多种不同的鸟类，但还有更多的羽毛已经残缺不全或是被改变了原样，无法辨识种类。而且他仅仅记录了本土的鸟类，只要他走进附近中央公园的林地里，就能看到这些鸟。如果他扩大调查标准，他可能会记录到几乎来自全世界各地的鸟类：新几内亚的天堂鸟、特立尼达拉岛的蜂鸟、澳大利亚的鹦鹉、巴西的翠鸡、马尔维纳斯群岛的燕鸥——企业和商贸影响范围的扩张，使这个城市的街道变成了一个充满异域风情的大鸟舍。

有一类鸟几乎在羽毛猎人的手上走向灭绝，它们的险境唤起了公众的环境伦理意识，这在现代环保运动中仍发挥着重要作用[⑧]。大白鹭和雪鹭因具有醒目的白色羽毛和引人注目的群聚筑巢区而不幸地面临双重危险：它们的羽毛售价很高，繁殖习性则让它们成为易于被捕获的猎物。更糟糕的是，雌雄两性都具有漂亮的羽毛，因此猎人不单只将雄性作为目标，而是大批捕杀群栖地的全部鸟类。在羽毛贸易的高峰时期，一盎司（约 28 克）的鹭羽就能够卖到等价于现在的 2000 美元。成功的猎人一个捕猎季就能净赚 10 万美元。但是，每一盎司的繁殖羽就代表着有 6 只成鸟被捕杀，而每杀死一对成鸟，就意味着有 3 到 5 只

羽毛：自然演化中的奇迹

雏鸟将会饿死。数百万的鹭死了。到了19、20世纪之交，这种一度十分常见的鸟类却仅存活于佛罗里达州大沼泽地区深处和其他边远的湿地中。有关这场大屠杀的画册和照片激起了一波微小但却在不断增长的反羽毛贸易的情绪，而当时的银行家弗兰克·查普曼就深受其影响。

查普曼在一封写给《森林与溪流》(*Forest and Stream*)杂志编辑的信中发表了他对羽毛帽子所做的调查。两年后，他永别金融界，接受了美国自然历史博物馆的一个小职位。他在博物馆待了五十多年，最终升职为鸟类部门的主席，并积累了一系列科研、教育和保护工作上的成就，使得他的同事们都戏称他为"美国鸟类学家的院长"。从一开始，他的职业生涯就反映了他在观察女士帽子时所表现出来的品质：富有创造力的科学头脑，善于发现细节的敏锐目光，以及对虐待鸟类行为的坚定不移的义愤之情。查普曼虽然忙于一系列科研活动和博物馆的职责，但他始终直言不讳地批评羽毛贸易。下面这段话摘自他的自传，描写了一次他前往一个未被破坏的鹭群栖居地的经历，其中不容置疑地表达了他的感受："一时之间，我满足于安安静静地坐在船里，陶醉在这个地方的魅力与美好之中。虽然想到伪装成羽毛猎人的撒旦随时都可能来到这个伊甸园，我的愉悦之感也没有被破坏。"

随着查普曼在业内的声望升高，他开始积极地指导新兴的鸟类保护运动。他创办《鸟类知识大全》(*Bird-Lore*)杂志并担任主编，收集来自全国各地涌现的奥杜邦学会分会的声音。后来杂志的名称直接改成了《奥杜邦》，到现在仍是世界上被最广泛阅读的博物学出版物之一。1900年，查普曼率先发起圣诞节鸟类统计活动，作为传统假日狩猎聚会的一种不杀生的替代选择。这个活动一直延续至今，现在每年有

55,000 多个参与者在 17 个国家和南极洲记录到多达 6500 万只鸟。查普曼还提议在佛罗里达州的鹈鹕岛上建立第一个国家野生动物保护区来保护繁殖期的鸟类，西奥多·罗斯福总统于 1903 年将该提案签署为法律。

这些活动，以及随之而来的立法上的成功，都围绕着反对珍奇羽毛贸易而联合起来。当时虽然所有野生动物都面临围攻，但环保组织是在见到鸟类皮毛被剥下来装饰女帽的景象时，才第一次真正发出了战斗呼号。当查普曼在奥杜邦学会华盛顿特区分会的创立会议上致辞时，他的演讲题目是"女人是鸟类的敌人"（Woman as Bird Enemy）。纽约动物园的主管威廉·霍纳迪随后在 1912 年一篇具有影响力的文章《女人——鸟类世界强大的破坏力》（Woman, the Juggernaut of the Bird World）里呼应了这一主题。文章的开头是一句阴郁的双关语："无数被屠杀的鸟类的鲜血都在女人们的头上。"

让人始料未及的是，在女人构成羽毛产业首要市场的同时，也正是她们造成了它的毁灭。全美国几乎每个奥杜邦分会都是由女人创立的，同时她们也占据了早期会员中的绝大部分。通过数不清的讲座、茶会、午餐宴会和抗议活动，奥杜邦学会的活动家开展了最早期的草根环保运动，同时也使鸟类保护成为了一个全国性乃至国际性的议题。《雷斯法案》（Lacey Act）于 1900 年在国会通过，制约了州际野生禽类和狩猎用鸟的运输。1911 年，纽约州宣布贩卖所有本土鸟种和羽毛的行为都是不合法的，不久后其他州也相继加入。《威克斯－麦克莱恩法案》（Weeks-Mclean Act，1913）和《候鸟协定法案》（Migratory Bird Act，1918）相继通过，将鸟类保护扩大到全国范围，类似的法案也在加拿大、英国和

羽毛：自然演化中的奇迹

欧洲通过，有力地终结了羽毛贸易时代。贩卖鸵鸟羽毛和其他驯养鸟类羽毛的商人迫切试图将自己和羽毛盗猎日渐增长的耻辱分离开。对野生鸟类种群的大批杀害给整个产业留下了道德污点，无疑也促进了时尚品位的改变。在大沼泽地，在鹈鹕岛，在从前遍布分布区的数百个其他繁殖地，鹭的种群开始缓慢地恢复。大白鹭依旧装点着美国国家奥杜邦学会的徽标。徽标上描绘的大白鹭正处于飞行之中，翅膀倾斜，长腿伸直悬坠着，繁殖羽从背后倾泻而出，就像书法家精妙绝伦的笔触。

在前不久去纽约城的一次旅行中，我抓住机会重演了弗兰克·查普曼著名的调查。虽然他是从第十四大街开始，而我是从曼哈顿上西区开始，但我相信我至少覆盖了他去过的一些地方。从我的小旅馆出发，我漫步在百老汇大街上，穿过各种街边小巷，最后停在了查普曼常去的美国自然历史博物馆的正门台阶上。博物馆大楼和周边许多古老的褐砂石建筑都可以追溯到查普曼那个年代，但是在过去这一个世纪里，很多其他事情都改变了。仍旧有很多女士戴着帽子，没多久我就数到几百顶帽子——绒线帽，贝雷帽，少量钟形帽，甚至还有一两顶小圆筒帽。（经过慎重的考虑，我决定不将"帽衫"考虑在列。）另一方面，我发现帽子上鲜有装饰品，而且隔很久才能见到一两件。我在帽子上见到了缎带、一些别针、运动标识，甚至一对长长的、毛茸茸的兔子耳朵，但目之所及一片羽毛也没有。要想在如今的曼哈顿找到羽毛帽子，你需要预约。

"我可能是你能见到的最疯狂、最痴迷于羽毛的人。"利娅·查尔芬打开自己陈列室的门片刻之后对我说道。利娅·C.库蒂尔女帽店位于市中心区一个工作室的二楼，就在曾经的女帽区往南几个街区。现在，这里的店面大多兜售打折促销的手提包和毛皮，而同样是这些街道，曾一度挤满了制帽匠、羽毛商人和羽毛加工者，他们熙来攘往于周围的许多工厂和车间。如今在纽约仍以制帽为生的人屈指可数，其中只有利娅是真正专门致力于羽毛。"我在努力让羽毛帽子重回公众的视野，"她强调说，"哪怕只是小规模的！"

从我针对帽子所做的调查结果来看，这似乎是孤注一掷。但是只要有人能实现这个目标，那个人很可能就是利娅。她身材娇小，性格如火一般热烈。她的热情都不禁让我开始思索该怎么把羽毛搭配到一个野外生物学家的衣物上，而且她有极具感染性的表现力。在我们的整个交谈中，她时不时地从墙上取下一顶新的帽子，试戴一下，摆个造型——全部过程中我们的交谈没有丝毫明显的停顿。我头上那顶可靠的蓝色旧绒线帽明显开始变得黯淡无光。

在过去十年里，利娅已经注意到羽毛业有一小股稳定的复兴潮流。她向我展示了一堆来自世界各地的杂志，里面都特别刊登了她的设计。但自相矛盾的是，伴随着羽毛产业的增长，纽约城里残存的最后一批羽毛批发商消失了。她解释说，重新兴起的兴趣全都在高端产品上：定制的高级时尚款式。"现在这是个有利可图的市场，"她说，"但是数量不足以支持以前的供货链。"她苦笑了一下，又说："如果我不是做帽子的，我可能连自己的帽子都买不起！"

利娅的手艺，部分是通过研究古老的羽毛手工艺品学到的，她仔细审视每一个细节来拾起羽毛贸易中各种古老的技巧：如何修剪羽片，如何切开羽干，或者如何用一根由彩线精心缠绕的柔韧的金属丝替代羽轴。"没有老师来教这些。我们缺失了一代人。"我问她为什么要费这

羽毛：自然演化中的奇迹

份心，羽毛究竟提供了什么她无法从其他材料中获得的东西。"天然的优雅，"她立即回答道，"没有任何其他东西能像羽毛一样。它是……"然后她停下来，寻找合适的词语来形容，"它是有魔力的。"

查尔芬的工作室占满了一间天花板很高的狭窄房间，从大门一直延伸到周围高大的落地窗。它有一种赏心悦目的杂乱感，不是无序的混乱，而是富于创造性的活动暂时被打断的那种乱。对于利娅来说，这个地方有三重身份，既是工作室，又是办公室，还是产品陈列室，整整一面墙上挂满了完成的作品。"好啦，这边请，"当我走进房间的时候她比了个手势指向墙上的帽子，说道，"请看吧！"

有利娅亲笔签名的帽子收藏室被称为"鸟舍"，它确实名副其实。在这里，鹭羽、彩色的羽毛，以及煞费苦心手工制作的翅膀和"幻想中的鸟类"，都按最新的样式插在各式各样的手工毡帽和头饰上。"别担心，我用的是'农场羽毛'，"她解释说，然后指向对面墙边的一摞摞盒子，里面装着各式家禽羽毛——从公鸡的颈羽和火鸡的尾羽，到珍珠鸡和鸵鸟的羽毛。这看起来就像是"大狂欢！"剧装店的微缩版，而利娅的作品同样表现出对细节难以置信的关注。歌舞女郎的服装设计以光和色彩冲击感官，而这些帽子则是雅致的、微妙细腻的、引人联想的。简而言之，羽毛饰品是精致高雅的，更像是精美的雕塑，而不是服装。

"最令我吃惊的是，帽子会改变你的侧面轮廓。"利娅试戴一顶装饰有长长的带铜绿色条纹的雉鸡羽毛的软帽，一边观察一边说道。我从来没有从这方面考虑过帽子，但她是对的。戴上一顶羽毛头饰，就立即重塑了身体上与个人特征联系最紧密的部分——头部。达尔文也注意

现代时装中的羽毛——来自利娅·C.
库蒂尔女帽店的一顶帽子。

到头部是"最主要的装饰点"，对鸟类和人类来说都是如此。毕竟，头部是你见到一个人时首先看的部位——还有什么部位能比头部更适合装饰得美丽动人呢? 化妆品产业深知这一点，这也就是为什么你会见到数百种不同的眼线笔、胭脂和口红，但是却没有胫骨画线笔、肋骨阴影膏或者肘部光泽膏。但是化妆只能近距离传达讯息，与此不同，一顶羽毛帽子隔着很远就能看见，在脸部甚至还没进入焦聚范围之前就做出声明，并留下第一印象。

但是塑形仅仅只是故事的一半。女帽商遵循着艺术家们的悠久传

　　　　　　　　　　　　羽毛：自然演化中的奇迹

统，他们不仅着迷于羽毛的结构，同时还有它们丰富得不可思议的色彩。利娅的帽子色彩多样，从钴蓝色到勃艮第酒红色，再到绸缎般的光泽黑色，这些都是利用了羽毛展现出来的天然色调和偶尔出现的少见的彩虹色。她的一些羽毛经过了染色，但是就算是各类"农场羽毛"，也能提供多种多样与生俱来的色调。在野外，鸟类展现出的色彩较之彩虹有过之而无不及。除此之外，鸟类的眼睛较之人类，能够看见更宽的光谱，所以我们认为颜色鲜艳的帽子或者羽毛，对于鸟类而言，必定会以我们甚至无法想象的振响向它们呼叫。

采访之后利娅和我仍保持着联系，我们毫不相干的两个世界因为对羽毛的共同痴迷而靠近了。当我把一只王天堂鸟炫耀展示自己瀑布一般的深红色羽毛的照片发给她看时，她回复说："难以置信——直击心灵！"似乎不论一个人与羽毛打交道有多久，或者有多了解它们，羽毛始终保持着让人惊奇、激起惊叹的能力。鸟类羽毛纯粹的美，以及我们对它们发自内心的反应，规避了一系列新的问题。在和利娅交谈之后，我意识到自己对羽毛之美的探索需要深掘到羽毛、捕鸟人和帽子的历史之外，去探索色彩本身的演化。

第十二章　给我们那些绚丽的颜色

它们给我们那些绚丽的色彩

它们给我们夏天的翠绿

让你觉得整个世界都是艳阳天，噢耶

我有一部尼康相机

我喜欢拍照

所以妈妈别把我的柯达克罗姆[1]丢掉

——保罗·西蒙（Paul Simon），

"柯达克罗姆"（Kodachrome，1973年）

"我们不能向你展示工序，"他直截了当地说，"我们连怎么给羽毛染色的都不能谈。"电话里的声音听起来粗鲁而且警觉，就像某个习惯于挡开好奇者的人一样。我向他保证我的兴趣仅仅是学术上的，我也只是想顺便拜访一下，聊一聊羽毛产业。他听起来有些疑虑，但是我稍稍坚持了一下，他最终帮我将电话转接给了店主。

---

1 —— Kodachrome，柯达公司最著名的一个彩色反转片系列。

“我们不能向你展示我们是怎样给羽毛染色的。”她立即告诉我，一瞬间我以为我们的对话就这样结束了。但她没有挂断电话，所以我开始向她解释写书计划，不一会儿她就感到好奇。处在羽毛这个小世界里的人，都有一种共同的执念，通常能超越所有其他事物，即便是在精心保护的商业机密面临风险的时候。我们只交谈了几分钟，她就邀请我去参观她的店铺。

彩虹羽毛公司（Rainbow Feather Company）占据着一栋低矮的煤渣砖房，位于拉斯维加斯大道五个街区之外，但却又似与之相隔千里。公司周围是轻工业区，驻扎着折扣轮胎店、一家汽车修理厂、金属加工厂、“机会村庄”旧货商店和“顶点”保释公司。我路过那里的那天，干燥的沙漠之风飞沙走石，沾满灰尘的垃圾袋也被卷到空荡荡的停车场周围的铁丝网上。这就好像是到舞台后台去看那些使“大狂欢！”表演精心呈现和舞者飞舞起来的现实中毫不起眼的滑轮、绳子和起重机，是对支撑起拉斯维加斯所有浮华的日常生活和基础产业的一瞥。

从这种意义上来说，彩虹羽毛公司恰得其所。尽管看起来距离“大狂欢！”的舞台和鲜亮色彩很遥远，但是在那栋平凡的建筑里完成的工作和编舞、音乐以及歌舞女郎一样重要。拉斯维加斯表演迷人的魅力依赖于服装，服装则依赖于羽毛，而羽毛必须鲜艳多彩。当你需要10,000片染成艳粉色、橘黄色、黄色、绿色或者任何其他颜色的羽毛，乔迪·法瓦佐是北美唯一能帮助你的人。

“我一生都在和羽毛打交道。”她告诉我，并解释说她母亲在家里做计件工，为帽子和手工艺产业制作羽毛小花。当时因为不满于手头羽毛颜色的缺乏，她的母亲说服自己的丈夫在厨房的水槽里帮忙给小批量的羽毛染色。不久之后，他就离开自己的建筑工作，成立了彩虹羽毛公司这样一个全职企业。那是在将近 50 年以前，从那时开始，它就一直是家庭经营。

"你不能用机器给羽毛染色，"乔迪说，"这必须靠手工完成。"我们正在公司前部的小零售处检视一批她已经完成的作品。这里被布置得像服装店，然而架子上摆的不是牛仔裤和毛衣，而是长长几排颜色鲜艳的火鸡、鹅、鸭和鸡的羽毛，以及各种你能想象得到的颜色的鸵鸟羽毛围巾。同时也有完整的鸟皮、几包松散的羽毛，更不用说还有几箱子竖立着孔雀和雉鸡尾羽。就定制业务而言，彩虹羽毛公司从各类客户，比如"大狂欢！""太阳马戏团"和"维多利亚的秘密"那儿接受订单，不过还是零售店让我觉得更有趣。它肯定是世界上唯一一个歌舞杂耍表演舞者和飞蝇钓玩家、弓箭猎手时常摩肩接踵的地方。"我们把羽毛卖给每一个人。"乔迪肯定地说。在我们交谈时，一个男人走进店里，为他四旬斋前的狂欢节服装挑选头饰。

乔迪是一个身材苗条且迷人的女人，还有完美的体态，只要她想要，她完全可以从事舞台表演工作。但是舞台布景背后的生活十分适合她。"这是一项伟大的事业，"她曾告诉我，"我每天来这儿，都会为之惊奇。"

我的到访打断了她的一批生产工作。当她拿起一些公鸡颈羽开始向我解释细节的时候，我还能看见她手上蓝绿色染料的痕迹。"这只鸟脖子上两侧的羽毛，从它们被拔下来的时候起就必须分开来放。如果两侧的羽毛混在一起，就没法把它们排好，羽毛在染缸里相互摩擦，结果就会出现不均匀的染色条纹。"她告诉我，没有哪两片羽毛的染色是完全一样的，"这取决于这只鸟的生存环境——它吃过什么，所处的气候，饮用水里的矿物质。所有这些都会影响羽毛。"

给羽毛染色是一种复杂得出奇、步骤很多的工艺。第一个挑战在于漂白羽毛的天然色素，让角蛋白准备好去吸收新的颜色。她解释说："在过去，我父亲用硫酸，穿橡胶靴子，戴橡胶手套，还有全套的工作服。"现在的工艺则更加温和，使用的化学混合物的成分只有乔迪、她的丈夫和另一些家庭成员知道。如果一切顺利的话，漂白过的羽毛应该是白色柔软的，易于被染成乔迪能想到的任何颜色。人们通常会送来颜色样本供她配色，就像在五金店预订油漆一样。

"我们可以染任何颜色，但有件事有时候让人很沮丧。"她说着并领我去看野火鸡和雉鸡的尾羽。带有横纹的羽片虽然已经被染成了各种不同的颜色，但仍闪烁着自身固有的铜绿色辉光。"我们可以给它们染色，但却无法去掉彩虹色泽，"她解释道，"那就是羽毛的一部分。"乔迪仅通过简单的观察，就总结出了羽毛色泽的物理学，和任何教科书一样简明扼要。

就如天堂鸟展示的那样，性选择和雌性选择在炫耀表演的发展中扮演了重要的角色，但是伪装色、社交联络信号、亲代—子代识别，以及其他一系列功能，都给羽毛颜色的演化增加了选择压力[1]。最后，羽毛以两大主要策略来应对色素色和结构色。尽管最终形成的色调有时候看起来很相似，但这两种方式在处理光波的基本原理上却有所不同。

色素通过选择性吸收来发挥作用。当光照射到一片带有色素的羽毛上时，部分光谱被吸收，剩余的部分则以色彩的形式反射到我们的眼中。如果所有的光都被反射回来，我们看见的就是白色；如果全部被吸收，我们则看见黑色。这两者之间的渐变呈现出十分丰富的色彩，从歌带鹀的土褐色，到戴菊的黄色，再到北美黑啄木鸟鲜艳明亮的红色顶冠。我们对色素色很熟悉——麻雀羽毛上的黑色素[②]和使人类头发颜色变黑、肤色变褐的是同一种分子。我们用色素给房子和车子涂漆，还用它们给衣物染色。乔迪·法瓦佐给羽毛染色时，是将天然的色素去除，用她自己选定的颜色来替代。全世界各地的理发店里每天都在发生同样的事情。

一些色素对于鸟类而言很容易获得，可以直接在发育中的羽毛细胞中制造出来，但是另一些色素，特别是黄色和红色，则必须从食物中获得。例如火烈鸟，只有当它们的食谱中包含适宜比例富含 $\beta-$ 胡萝卜素的藻类和甲壳纲动物时，它们的羽毛才能保持粉红色。（$\beta-$ 胡萝卜素家族是龙虾壳显红色、胡萝卜显橙色的根源。）如果饲料中没有补充含有色素的食物，人工圈养的鸟类随着每一次换羽，羽色就会变浅，最终变成白色。新的饮食习惯也会改变野生鸟类的羽毛颜色。当美国东北部的雪松太平鸟以一种外来入侵的非本土忍冬植物的浆果为食时，它们尾羽末梢的颜色会在下次换羽时从黄色明显转变为橙色，和果实中含有的一种陌生色素相呼应。

色素色可以解释众多羽毛的图案和色调，而结构色能产生一些最惊艳的炫耀羽色。蜂鸟喉部的深红色彩虹光泽，翠鸿熠熠生辉的金属色，以及冠蓝鸦绚丽的蓝色——这些颜色都不是通过光的吸收，而是通过光的散射产生的。对于结构色而言，整个光谱都被羽毛表面构成角蛋白的纳米级结构反射回来。如果反射时发生的是随机散射，我们的眼睛接收到的就是白色，而当光波有序排列时，我们看见的就是丰富的、微微发光的色彩。

为了理解单凭物理结构如何制造出如此鲜艳的色彩，我决定开展一项实验——洗碗。我们家洗碗时，是在一个老式的陶瓷水槽里使用一种可生物降解的洗涤剂。洗涤剂是干净无色素的，自来水也是，所以如果没有某种结构现象，在盆里装满洗碗水应该是一种完全无色的实验。我堵上水槽的出水口，拧开热水龙头，挤入适量的洗涤剂。可想而知，一层厚厚的泡沫迅速冒出气泡，铺满整个水面。两种结构现象立即呈现在眼前。气泡小的位置，泡沫就如雪一般洁白——光照射在其复杂的表面上，被随机地散射到四面八方，在我眼里看来就是白色的。而大一些的气泡则会微微泛着光，其光滑的表面将光线弯折成红、紫、蓝和橙的彩虹色光谱。如果我戳破气泡，或者将泡沫拂到一边，洗涤剂溶液看起来又很清澈了，我可以一眼望见水槽的底部。如果没有气泡固有的结构，所有的颜色就会消失，而当这些结构存在时，我就能看见彩虹色。

一只雪松太平鸟。

在羽毛中，结构与色素往往相互配合。例如，鹦鹉的亮绿色来自于羽毛表面的蓝色结构色和底部的黄色色素色相融合。知道了这些，我急切地舀起洗碗水上面的一层泡沫倒在亮黄色的沙拉盘子上，然后专心致志地盯着看。它看起来并不像一只鹦鹉。白色的泡沫仍然是白色，盘子仍然是黄色，大气泡上也仍然闪烁着各种流动的色彩。显然，羽毛成色的复杂之处远比我在厨房水槽边了解到的多。

事实上，许多人将自己的整个职业生涯都投入到这项研究之中，揭示了大量不同的结构设计以及色素之间的细微差别，比如晶体网格结构、自组织的矩阵、复杂的代谢通路，以及像薄饼一样堆叠或者整齐地排列在空气小囊周围的分子。每一种组合都会使光线产生不同的细微扭曲，结果则是颜色和效果上无与伦比的多样性[3]。而使事情变得更加复杂的是，鸟类能看见人眼无法看见的所有紫外光；它们能看见某个专家所谓的"色彩的第三个维度"。

虽然羽毛颜色的物理学原理很复杂，它们的演化史近来却变得非常清晰。我遇见理查德·普鲁姆时，他向我展示了一位艺术家绘制的赫氏近鸟龙的复原图。赫氏近鸟龙是徐星在义县页岩的深处发现的长有羽毛的恐龙。近鸟龙早在始祖鸟之前就登上头版头条，而现在它有了另外一个出名的原因。普鲁姆和他的同事们在电子显微镜下观察标本，发现了因特定的分子排列组合而显示出颜色的迹象。"毫不夸张地说，我们现在有了绘制恐龙图鉴的工具！"他兴奋地说道，仿佛自己也不敢相信一样。如果近鸟龙有什么指示意义的话，恐龙图鉴将会是一本色彩丰富的图书。普鲁姆绘制出的这种动物具有带鲜明的黑白条纹的羽毛和一个火红色的顶冠，就像一只长着牙齿的四翅啄木鸟。这一发现暗示着，

色素分子化石揭示，迄今为止发现的最古老的有羽恐龙赫氏近鸟龙具有显眼的带斑纹的翅膀和一个火红色的顶冠。

多彩的羽衣在羽毛本身存在时就出现了，这更加支持了美貌和炫耀在羽毛演化的早期扮演了一定的角色这一论点。

　　如果恐龙的羽毛是鲜亮的，那么鸟类从一开始就是与色彩一同演化的。这漫长的历史有助于解释羽毛的色素、结构以及由此形成的色彩为何会如此多样，并且与鸟类的求偶仪式联系如此紧密。鸟类并不是唯一一类会被色彩吸引的动物。早在猎人利用羽毛来为箭矢导向之前，艺术家们就收集羽毛来表达富有创造性的设想。在现代的丙烯颜料、染料、油画颜料和粉蜡笔发明之前，还有什么媒介能像羽毛一样为艺术家提供如此绚丽的色彩？鱼可能色泽艳丽，但它们一旦离开水，颜色就会迅速褪去。蝴蝶的翅膀太柔弱，甲虫的外壳太易碎，宝石则太过于稀有。对于采集狩猎者，甚至是早期的文明人而言，只有鸟类羽毛能为他们提供普遍存在的、多样且持久耐用的色彩。各地的人类文化都会利用羽毛制作艺术品和手工艺品来装饰自己的身体，并作为地位的象征。

没人能确定最早的羽毛装饰品出自何时，而且考古学家们仍在不断发现更加古老的由鸟类衍生出来的其他手工艺品。世界上已知最早的乐器长笛，是在四万年前的德国有人用一根中空的兀鹫翼骨制成的。人们在靠近法国著名的拉斯科洞窟的发掘地点开采出了鸟骨针、坠饰和串珠，还有画家们用来盛装赭石颜料的鸟骨瓶。这些地方的羽毛都早已经腐烂，不过我们很难想象，古代的音乐家、画家、工匠能使用鸟骨制作他们的从业工具，却没有为鸟类多彩的羽衣找到一种创造性的使用方法。

在很多文化里，羽毛工艺品的重要性一直延续到现代。直到 20 世纪 70 年代，南太平洋圣克鲁兹岛（Santa Cruz）上的年轻男子仍然必须备下一份完全由羽毛制成的聘礼才能结婚，而且还不是任何羽毛都行。羽毛货币，又叫"特瓦奥"（tevau）[④]，是由深红摄蜜鸟头、颈和背部的羽毛制成的长且复杂的线圈组成的。深红摄蜜鸟是所罗门群岛（Solomon Islands）上一种以蜂蜜为食的本土鸟类。传统上羽毛线圈也能用来购买其他的大件物品，比如独木舟、猪、房子，每个羽毛线圈展开后长达 30 英尺（约 10 米），需要从 350 到 1000 只鸟身上获取羽毛，还要耗费 700 多个小时来制作。只有少数家庭知道制作羽毛线圈的工艺，从捕捉摄蜜鸟以及拔取羽毛，到一片一片地将成千上万片细小的羽毛手工粘到线圈上（线圈本身由鸽子的羽毛片和树皮、纤维绳编织而成）。美好的婚姻愿景可能需要拿出十个或者更多个羽毛线圈。这一巨额资金以漫长的分期付款进行，将整个社群维系在一个羽毛债务和契约构成的网络中。在整个太平洋地区，羽毛以及贝壳，都被用来当作货币（而特瓦奥可能是工艺最繁复的例子），这些地方贸易发达，但是环礁里通常没有任何类型的金属矿物、宝石或者其他颜色持久不变的原料。

圣克鲁兹岛的居民将美丽的羽毛线圈储藏在小屋里有烟熏着的阁楼上，防止生虫，与之不同的是，其他大多数羽毛手工艺品都被用于炫耀展示。在夏威夷，首领们和皇室会命人制作精致的羽毛披肩和宗教仪式上的头盔，羽毛的颜色和稀有程度有助于他们建立地位。在这些群岛上，没有哪一种颜色能比黄色更稀有，也没有哪一种皇室物件能比卡美哈美哈王一世（King Kamehameha I）的金色大氅更有名。这件奢华的大衣，在编制中使用了将近 80,000 只如今已经灭绝的夏威夷管舌雀的羽毛。传统羽毛工艺品仍出现在许多文化的艺术和装饰之中[5]，从亚马孙盆地的瓦拉尼（Waorani）和卡拉耶（Karajá）诸国，到埃塞俄比亚的卡罗部落（Karo），再到泰国、老挝和缅甸的阿卡族（Akha）山民。不过在历史上所有的羽毛工匠之中，可能没有任何人的制作工艺能达到前哥伦布时期美洲的帝国的高度。

1519 年，当埃尔南·科尔特斯抵达阿兹特克的首都特诺奇提特兰（Tenochtitlán）时，他将这个岛上的城市称为"世界上最美丽的事物"。他和他的手下们对运河、高架渠、神殿以及空中花园都感到十分惊奇。关于蒙特祖马（Montezuma）的宫殿，他告诉自己的查尔斯国王，"简直无法形容它的完美和雄伟壮观……简而言之，在西班牙没有什么能与之媲美"。而在这个城市里面，可能没有什么建筑比那些大型鸟舍更能引起人们的惊叹了。

大鸟舍和宫殿设计风格相似，只比蒙特祖马自己的宫殿稍小一些，

圣克鲁兹岛上的羽毛货币由深红摄蜜鸟的鲜红的羽毛做成。左图：一位猎人捕获的猎物。右图：已经完成的羽毛线圈。

含有几十个庭院、阳台和花园，10个人造池塘（咸水和淡水都有）；房间里有装着网格顶的露天长走廊。有300个侍从照料鸟群，包括兽医和经验丰富的饲养员。饲养员负责投喂足够的鸡肉、虫子、玉米和谷物，让每只鸟都能"以它在野外吃的食物为饲料"。仅鸬鹚、鹭和其他食鱼鸟类每天就需要250多磅（约113公斤）活鱼。科尔特斯描述这些大鸟舍豢养着"这些地区已知的所有种类的鸟类"。他手下的一位士兵，贝尔纳尔·迪亚斯·德尔·卡斯蒂略后来更加详细地写道：

　　　　　　　　　　　　　　　　羽毛：自然演化中的奇迹

我不得不放弃——列举那儿的每一种鸟……因为那里几乎所有的鸟都有，从帝雕和其他小型雕类……一直到各种羽色的小鸟，还有一些鸟类，他们从它们身上获得丰富的羽毛用于制作绿色羽毛工艺品……还有各种不同颜色的鹦鹉，种类太多太多，以至于我都忘了它们的名字。更不用说还有那些漂亮的鸭子，和一些长得像鸭子但个头稍大些的鸟。他们在合适的时节拔取这些鸟类的羽毛，之后羽毛又会重新长出。⑥

　　虽然人们精心养殖和照料这样一大群的鸟类用来拔取羽毛，但是也只能提供阿兹特克工匠们所需羽毛中的一小部分。贵族和富有的家庭会建造自己的小鸟舍，就算是普通民众也会养一些色彩鲜艳的鸣禽作为宠物⑦。君王和他的总督们会向征服的领地征收羽毛赋税，并派遣羽毛商人和猎人出国，从远至现今的巴拿马和哥伦比亚等地区带回羽毛。这一贸易极大地丰富了阿兹特克的颜料库，它带来了海岸区琶嘴鹭的粉红色和低地鹦鹉明亮的色彩，同时还有厚嘴巨嘴鸟、辉旋蜜雀、侏绿鱼狗以及其他在位于帝国中心的高山地区无从寻觅的绚丽物种的羽毛。鸟类学家们甚至指出，阿兹特克人和其他前哥伦布时期的羽毛商贩永久地改变了一些中美洲鸟类的分布范围，例如，他们将大尾拟八哥引进到墨西哥城周围的山谷，将簇蓝鸦引进到墨西哥西部的高地。

　　利用这些丰富的羽毛色彩，阿兹特克人设计出了头饰、祭祀礼帽、盾牌、披风、挂毯和各式各样的装饰品。在民间传说中，阿兹特克君王同一套衣服从来不会穿两次，他会将自己的华服作为奖励赠送给宫廷里得宠的贵族。不论传说真实与否，蒙特祖马肯定有一个大衣橱，大到足够装下他慷慨赠予每一个跟随科尔特斯的西班牙士兵的"两到三车饰有大量羽毛饰品的披风"。身着这些赏赐来的以及后来掠夺来的羽毛艺术品，科尔特斯和他的士兵们成了繁复而精致的怪兽、巨蛇、牲畜和鸟类形象，身上"涂着"闪闪发光的"比任何蜡制品或者刺绣品都要美妙的"羽毛。

可悲的是，科尔特斯和之后的总督们采取了文化压制和文化取代的外交政策，将包括羽毛工艺品在内的传统活动都列为非法[8]，并且毁掉了无数的工艺品。只有不到 10 件阿兹特克羽毛工艺品幸存了下来。其中有一件凤尾绿咬鹃尾羽的头饰，现存于西班牙的一个博物馆中。还

阿兹特克羽毛艺术的类型范围：从挂毯到蒙特祖马的皇家服饰，再到图中所示的普通士兵的制服和盾牌。

　　　　　　　　　　　　羽毛：自然演化中的奇迹

有一个褪了色的郊狼盾牌，由蓝伞鸟、金刚鹦鹉、黄拟鹂和粉红琵鹭的羽毛制成，现存于维也纳。蒙特祖马的大鸟舍在 1521 年西班牙围攻特诺奇提特兰时被焚毁，科尔特斯特地将其设定为攻击目标，从而"从精神上打击"敌人。据传闻，当时大鸟舍的网格屋顶和木材被漫天大火吞噬，在城市的每个角落以及湖岸各处都能看见。

再往南，秘鲁的印加人和他们的祖先遵循着同样的轨迹：建立帝国、从事羽毛贸易、复杂而精细的羽毛工艺品，以及殖民后期的快速衰落。他们也建有鸟舍系统，以赋税的形式从统治地各个角落征收鸟类和羽毛[9]。各种鸟类，从位于亚马孙盆地的附庸国和贸易伙伴国，经翻山越岭被运送至此。印加的鸟类饲养员甚至学会了操控羽毛的天然颜色。他们用箭毒蛙的分泌物搓揉笼养鹦鹉的表皮，就能使鹦鹉在下一次换羽时制造出一套全新的色彩，将鸟类通常有的绿色和红色转变为深金黄色和肉粉色。西班牙人初到时，十分钦佩印加人的羽毛工艺，就像他们当年对待阿兹特克人一样。然而，他们又再次将羽毛工艺与异教和潜在抵抗殖民地法规联系起来，禁止生产并毁掉了大量羽毛纺织品和艺术品。几个世纪以来积累的技艺和传统迅速消失了，不过还是有不少秘鲁羽毛工艺品幸存下来。在阿兹特克，没有被西班牙征服者们毁掉的物件很快都毁于腐烂，与之不同，秘鲁的艺术品得益于精细复杂的丧葬仪式和干旱气候两者的成功结合。考古学家们仍在继续发掘出精美的羽毛束腰大衣、战袍、头盔、头饰、雕像、包和盾牌。许多羽毛被封存在散布于沿海沙漠的黑暗、干燥的墓穴之中长达一千多年，至今仍保持着鲜艳的色彩[10]。

干热的沙漠墓室是保存古老羽毛的完美场所。墓室中没有光照，羽毛的颜色得以保存，空气中水分的缺乏还可以防止细菌和真菌分解羽毛。事实上最后发现，气候能完美预言幸存下来的古代美洲羽毛工艺品来自何处：相当多的羽毛工艺品来自印加沙漠，极少数来自温润的阿兹特克高地，而玛雅热带雨林则什么也没有留下。博物馆的馆长们都认为，有裂缝的屋顶很可能是羽毛保存过程中最大的敌人。我从玛丽安·卡米尼兹那儿了解了这一点，她是华盛顿特区美洲印第安人博物馆维护部门的负责人。

当时我们坐在博物馆图书室里，周围都是用防水油布遮盖着的书、架子、手推车和工作台。万幸的是，裂缝还没有出现在收藏品仓库里，这是一间如洞穴般空旷的两层楼高的房间，从地板到天花板都堆满了装满手工艺品的白色档案柜。也没有任何雨滴漏进实验室，之前我们曾在那儿观察一位技师小心翼翼地修复一件来自南加利福尼亚的墨黑色舞裙。她用一块干海绵轻轻地擦拭每一片羽毛，然后极为小心地将羽片上松散的羽枝重新连接上去。这件舞裙是世界上独一无二的，它可以追溯到19世纪，上面的每一片羽毛都来自现今已经极度濒危的加州神鹫。

"我们是一个富有生命力的文化博物馆。"玛丽安解释说，并表明她和同事们定期向整个美洲的部落咨询，和他们相互往来。虽然大多数藏品都是历史上的文物，但是博物馆也会向那些艺术传统（包括羽毛工艺品）仍在繁荣发展的部落征集新的手工艺品。这种现实的联系，能让人们更深入地了解艺术品，以及为何使用某种羽毛会产生重要的意义。不同于绘画和染色，羽毛不仅仅为艺术品带来颜色，它们还将与自身相关的所有特性、象征意义以及神话传说带入其中：渡鸦是狡猾的骗子，猫头鹰是智者，蜂鸟则是太阳的化身。在某些情况下，民

　　　　　　　　　　　　　羽毛：自然演化中的奇迹

间传说会对羽毛的颜色本身进行解释。红色和黄色来源于在圣血和圣火之中沐浴，蓝色来自天空和河流，或者在亚马孙西部的卡希纳瓦人（Cashinahua）看来，蓝色是从一种神秘怪兽被鸟类战士刺破的胆囊中流出的。

如果没有文化向导，有时候我们就不可能了解到羽毛工艺品中这些细微之处。玛丽安回忆了为博物馆的一次展览准备一套尤皮克爱斯基摩人（Yupik Eskimo）的舞扇的经历。这些扇子十分陈旧，而且男人们用的扇子上大多数的雪鸮羽毛都丢失了。用新的羽毛来修补，这违背了玛丽安作为一个历史学家想要保存手工艺文物"原有模样"的冲动，但是一位尤皮克长者告诉她，如果不修复，羽扇就完全没有意义了。轻微的磨损可以忽略，但是雪鸮羽毛对舞蹈本身来说是必备的。"他是这样跟我解释的，"她说，"如果你的汽车上有一道划痕，你还可以继续驾驶。但是如果没有化油器，它就跑不动了。"

汽车化油器的类比很好地提醒了我们：不管一件羽毛工艺品有多精美，总是有一套实用的文化哲学逻辑来说明它是如何制作出来的、为什么要制作它，以及如何使用它。鸟类在其羽毛的演化中同样展示出了一定的实用主义。我们在讨论鸟类羽毛色彩时，总是会不可避免地关注于那些绚丽的鸟类，然而只要你浏览一遍手边最近的鸟类图鉴，你就会意识到事实上大多数种类的鸟类颜色都比较单调。全世界"棕色小雀雀"的数目远远超过了凤尾绿咬鹃，而且就算是特别漂亮的鸟，雌鸟和幼鸟也往往是棕褐色的色调。鲜艳的色彩是为了炫耀而演化出来，而当不需要炫耀时，鸟类最好是与周围的环境混为一体。暗色的以及驳杂的羽毛花纹，是最成功的配色方案，能够很好地提供保护色。

不过无论一只鸟是鲜艳还是黯淡，其羽毛的用途都不仅限于飞行、保暖和炫耀这些天然的范畴。羽毛结构的多样性，导致了羽毛功能的多样性，这同时适用于自然界和人类发明的王国。如今我们已经将探索的脚步迈向了各个新的领域——在水下和水面上，在专利申请中，在羊皮纸上，在雨林鸟儿动听的鸣唱中，以及在斑马腐烂的胃里，羽毛的功能各不一样。

功能

咯咯，咯咯，鹅妈妈，

你可有任何羽毛落下？

如果有的话，美丽的家伙，

一半就可以填满我的枕头。

它们还有羽毛管，让我们拿走一根或十根，

每一根，都做成气枪和羽毛笔。

——鹅妈妈经典韵文

第十三章　关于崖海鸦和马德[1]

一个颇有经验的钓鱼人走在河边的时候，就会记下那一天有什么蝇虫飞落在水面上……只要他能做出好的假蝇，还有一些运气，再加上河里有不少鳟鱼，天色发暗，风向也正合适，他就会抓到许多鳟鱼，这又会使他越发喜爱制作假蝇的艺术。

——艾萨克·沃尔顿（Izaak Walton），

《钓客清话》（*The Compleat Angler*，1676 年）

在我离开晚餐宴会时，一位朋友冲我叫喊道："你回家的路上可别撞到什么！"所有人都笑了。其实回家的路况不错，我离家也只有几里路，但他并不是完全在开玩笑。毕竟，我驾驶的是"死亡卡车"。

表面上，它看起来很像是一辆完全正常的丰田皮卡车——灰色，带有一道白色条纹，还有相称的车顶棚。我以非常便宜的价格买来了这辆二手车，但很快就开始意识到为什么它的前主人会那么迫切地想要卖掉它。发动机工作正常，车身状态也不错，但是这辆皮卡车有个奇怪且让

1 —— Muddlers，一种飞蝇钓假蝇的名字。

人不安的习惯，就是撞死无意中闯到它的行进路上的任何动物。我经常到工作单位后，发现皮卡车的格栅里有被撞得粉碎的山雀或者暗眼灯草鹀，还有一次发现一只戴菊挤入了挡风玻璃前的雨刮器下面。之后我撞死了一只兔子。接着是两只兔子、一只猫、两只乌鸦、一只旅鸫，还有数目未知的田鼠，以及其他一些小型哺乳动物。前不久，我在一个国家公园的中心地带撞死了一只白尾鹿。

作为一名生物学家，我已经习惯为了科学研究偶尔采集一些动物标本，但在购买那辆丰田之前，我在整个驾驶生涯里只撞死过一只棕胁唧鹀。虽然我不知道究竟是颜色、形状还是其他更凶险的原因使得这辆皮卡车如此具有毁灭性，但是我已经开始惧怕驾驶它。更加让人毛骨悚然的是，这辆死亡卡车就像是出自斯蒂芬·金小说中的某种东西一样，每一次撞击后，它都安然无恙，前照灯没有破裂，铬合金车身上也没有任何划痕。

所以当我的车前灯照见躺在前方路上的一小团黑色物体时，我就知道需要踩刹车了。它看起来像是一件被人丢弃的 T 恤衫或者一包破布，但是当皮卡车急速刹车，前轮在距离它仅几十厘米远处停下时，这堆破布突然抬头向上盯着我，冲我眨眨眼睛。

"Incongruous"一词直接来自于拉丁语中"不合适的"或者"不协调的"一词。发现一只严格意义上的远洋鸟类安静地停歇在一条泥土路的中间，这看起来恰好符合这个词的定义。崖海鸦属于海雀科（Alcidae），是一类壮实丰满的海鸟，在水下利用翅膀划水"飞行"追逐猎物。它们一生都生活在海上，只在每年的繁殖时期短暂地停留在海岸礁石或者岩石小岛上。我的皮卡车似乎已经没有什么新的陆生动物类群可以杀害，于是转而攻击海洋生物了。

这只崖海鸦看起来非常镇静，静静地站在车前灯的亮光中，就好像出现在错误的生境里的是我，而不是它。但它明显是迷失了方向，错将平坦的公路当成了平静的水面。同样的方向错乱偶尔也会困扰一大群海雀，它们会东倒西歪地停落在潮湿的停车场或者飞机场跑道上。一旦着陆，它们就只能笨拙地扑扇着翅膀跳动，几乎没有希望再飞起来——它们圆胖笨重的身体需要借助水的浮力以及一段长长的助跑才能起飞。我把车驶到路边停下，心底暗自希望这只崖海鸦的降落过程不是太艰难。它们是强壮健硕的鸟类，所以我并不担心骨头有折断，但如果羽毛有一丁点的损伤，那就是生与死的差别。

我靠近崖海鸦时，它发出了嘶嘶声，蹒跚地躲开我，但这次不是捕捉羊肉䲀，这儿也没有洞穴让它撤退藏身。我跑过去，从背后抓住它，小心地将它的翅膀按住贴向身体。一开始它奋力挣扎，然后转过头啄我，用粗壮的喙狠狠地夹住我大拇指上的肉。这立即就起到了镇静作用，我曾在其他鸟类甚至一些小型哺乳动物身上观察到这种现象：只要它们用尖牙咬住了你，它们就觉得自己的任务已经完成，可以松懈下来安然自得地被人拎起来了。当我将它翻过来检查腹部的羽毛时，它把我咬得紧紧的。腹部羽毛看起来没有问题：没有磨损，没有羽轴破裂，没有绒羽从表层羽毛中伸出来；只有一片光滑的白色，在车灯下反射出明亮的光。它可以马上回到水中去。

这时，我意识到自己的计划有一些缺陷。我抓着这只崖海鸦，它咬着我，而海滩还有一英里（约 1.6 公里）远。我没有办法将它放下来，也没有地方可以把它搁下来。我根本不可能开车——我甚至没有空闲的手去关掉车灯。所以我只好在漆黑一片之中走在乡间车道上，一只海鸟咬着我的手，我对它说着安抚的话。这之后不久，我曾用同样的技巧来哄我那襁褓中的儿子入睡，而在那个夜里，崖海鸦给了我另一个赞赏羽毛的机会。

如果发现它的羽毛有丝毫损伤，我就会将它带回家，然后送到当地的野生动物康复中心。它可以一直待在那儿，以成年饵鱼和猫粮为食，直到下一次换羽。将一只羽毛凌乱的海鸟送回海中，结果将会和把它放在死亡卡车前面一样糟糕。海水会以相当于空气 25 倍的速度，通过裸露的皮肤将体温带走。在我们的小岛周围寒冷的水流中，一个没有御寒装备的人在 10 分钟后就会出现体温降低的迹象，如果待在水中 1 小时，就很难存活下来。鸟类以其微小的体重，只能坚持更短的时间，除非它们被严密地裹在羽毛大衣里面。不论是这只无助的崖海鸦，还是在南极浮冰的缝隙之间跳跃的帝企鹅，或是在城市公园池塘中向人们乞食的绿头鸭，任何水生鸟类都必须是密不透水的。这是一个奇怪的悖论：水鸟从来不被水打湿。

一代又一代的鸟类学家将这一现象归结于尾脂腺油，一种蜡状分泌物。鸟类会在日常每一次梳理羽毛时，将其大量涂抹在自己的羽毛上。观察任何一只梳理羽毛的鸟类，你会发现它不停地扭头去啄后面正好处于尾部上面的位置。不过这种行为与挠痒痒无关。这只鸟只是在从它的尾脂腺里获取油脂。尾脂腺是一种特化的器官，它富含油脂的分泌物能帮助羽毛维持其柔韧性。乍看之下，这与防水的关系似乎很明显：众所周知，油脂是疏水的，而且已知最大的尾脂腺就出现在锯鹨、鸭和鸊鷉等水鸟身上。后来有研究表明，一种名叫粉䎃（Powderdown）的特化羽毛也起到了一定的作用。同样，这个逻辑似乎也很直观：粉䍃会破散成细小的角质粉状颗粒，具有如同滑石粉一样的干燥性能，并且许多粉䍃发达的鸟类似乎具有较小的尾脂腺，或者没有尾脂腺。

　　但是，基于直觉的逻辑可能并不正确，所以我决定测试一下。在浣熊小屋的走廊上，我从一只被汽车撞死的大雁身上取下一片飞羽，然后往上泼水。水结成水珠，然后迅速以完美的银色液滴形式流下，没有在羽毛上留下任何湿润的痕迹。在放大镜下，我发现水沿着羽干流下，然后形成宝石一般的水滴，驻留在钩连缠结的羽片网格上。羽毛的底面完全是干燥的。但是，这究竟是因为残留的一些粉䍃或者尾脂腺油，还是因为羽毛本身的结构，我并没有弄得更清楚。我需要让试验再提升一个级别，并且听取简·迈纳（Jan Miner）的一些建议。

　　27 年来，美国女演员迈纳在一个有名的系列电视广告中担任主演，塑造了一个名叫玛奇（Madge）的妙语连珠的美甲师形象。每一分段的广告里，她都会让某个毫不知情的女士把手指尖浸在一碗棕榄洗洁精中，然后在揭露真相之前闲聊它的软化特性："你把手指浸泡在里面。"玛奇的洗洁精软化了顾客的皮肤和指甲，就和它清洗餐盘的方式一样，将动物脂肪和天然油脂分解成微小的颗粒，使水能够穿透表面到达底下一层。想到这一点，我带着大雁羽毛回到房屋里，将它放入厨房水槽的热水里用力擦洗。

　　我把它从泡沫水里拿出来的那一刻，它看起来是完完全全地被毁掉了，湿透了的羽枝紧紧贴附在羽干上，或者缠结成黑色的一团。但是羽毛晾干之后，它就立即恢复成了正常的形状，甚至当我笨手笨脚地尝试着梳理它时，也成功地将大多数的羽枝重新捋成了光滑的羽片。我又往上泼水，然后再一次看见水凝成珍珠状的水滴。这传达的信息很明确：即使没有尾脂腺油，大雁的羽毛也是防水的。

现在大多数的羽毛研究人员都认同羽毛结构才是防水的关键[①]。他们在实验中使羽毛经历了强效洗涤剂或者乙醇的清洗，并且设计出巧妙的密封加压装置，挤压水和空气使之穿过羽毛。尽管经过了这些处理，飞羽和正羽仍一次又一次地展现出抗水性。只有绒羽看起来是吸水的，但是即使如此，它们也表现出一定水平的抗水性。绿头鸭雏鸟孵化出来仅几天之后，就能够在日常的游泳之中使初生的绒羽内部保持干燥，此时它们的尾脂腺甚至还没有开始分泌油脂[②]。

轻盈、高效、易修复而且极其有效的羽毛防水微结构开始引起大量的关注，而且不只是鸟类学家的关注。物理学家、工程师和发明家也对防水性能感兴趣，一流的羽毛结构研究现在经常出现在诸如《胶体与介质科学杂志》(*Journal of Colloid and Interface Science*) 和《应用聚合物科学杂志》(*Journal of Applied Polymer Science*) 等刊物上——都远离了鸟类学惯常的阵地。其中一些主题表明，鸟类学带来的好处发生了变化：这不仅仅是满足求知欲。正如 Gore-Tex 防水布料和其他聚四氟乙烯衍生的纤维织物的制造者已经证实的，防水材料是一个价值数十亿美元的产业。但是生产聚四氟乙烯需要用到全氟辛酸这类污染性的化学物质，而羽毛是天然防水的，所以它们可能掌握着环境友好型替代方案的关键。

羽毛的防水成因仍旧是一个谜。我联系到一位中国科学家，他的团队研究过 29 种鸟类羽毛的微观粗糙度。他们计算了"触点"——羽片网格结构上所有会与水产生接触的微小边缘和角落的数目。大多数

羽毛：自然演化中的奇迹

鸟类每平方毫米的羽毛表面上有几十个触点，但在很多水鸟中，这个数字显著地增大了——南非企鹅的羽毛每平方毫米有多到令人难以置信的900个明显的触点。这位科学家告诉我，羽毛触点的密度决定了它的抗水性能——这些独特的部位能对抗水的天然表面张力。另一方面，一位以色列物理学家坚定不移地向我解释，真正产生斥水性的是封锁在触点之间的空气小囊，而不是触点本身。他拍摄了停留在一片家鸽羽毛上的一颗微小水滴的电子显微照片，水滴下面羽枝之间的空气小囊清晰可见。他提出，提高羽枝（以及羽小枝和羽小钩）的密度，也会相应地增加空气小囊的数目和抗水程度。

当水接触羽毛表面时，实际发生的事件背后的技术性细节还在讨论之中，但是有一件事是肯定的。由于羽毛的轻盈、柔韧和单薄，它们提供了自然界功能最多且最高效的防水膜，这样一种工程界的丰功伟绩，科学家们（以及 Gore-Tex 公司的员工）肯定会很乐意去完成。

与此同时，生物学家正在用羽毛结构方面的新见解来解决长久以来关于水鸟的问题。比如普通鸬鹚和欧洲绿鸬鹚，就给羽毛防水的故事带来了意想不到的曲折。鸬鹚是一类具有长脖子、善于潜水的鸟类，在日本和中国以被人类训练成捕鱼猎手而闻名，它们广泛分布在全世界，且具有一个共同的显著特点：它们每一次跃入水中，外层的羽毛都会湿透。从潜水的观点出发，这给了它们一个明显的优势——羽毛中残留的空气减少，浮力变小，更便于它们待在水下追逐自己食谱上的鱼和甲壳纲动物。（另一类敏捷的潜水鸟类潜鸟，出于同样的原因，拥有异乎寻常的非中空的致密骨骼。）早期的观察者们认为鸬鹚必定缺乏尾脂腺，取而代之地，它们依赖浓密的底层羽毛存活，同时还依赖于它们的一个习惯——在潜水的间歇期，展开翅膀停栖很长时间，明显是在晾晒羽毛。但是近来的研究表明，鸬鹚具有典型的梳理羽毛的行为，也有具有正常大小和功能的尾脂腺。正确答案再一次回到了羽毛结构上。

　　鸬鹚的正羽上只有羽片周围的一圈羽毛是松散、可浸润的，越是靠近羽干，羽枝就越密集，触点的数目几乎与企鹅羽毛相当。防水层是由相互紧密覆盖的羽毛形成的，羽片中央密集的羽枝之间没有缝隙。就这点而言，普通鸬鹚和欧洲绿鸬鹚还是相当聪明的。鸟类学家们现在都认为它们完美地适应了潜水生活，而不再认为它们是依靠蓬乱、湿漉漉的羽毛和小得可怜的尾脂腺勉强生存下来。湿透的外层羽毛能帮助它们减小浮力^③，并且像一张不透水的毯子一样将它们的皮肤和绒羽密

从截面图中可见，这张扫描电子显微镜图展示了停留在一片家鸽羽毛羽枝上的一滴水。

　　　　　　　　　　　　　　　　　　羽毛：自然演化中的奇迹

封在内。

对于潜水的鸬鹚或是一只暂时搁浅、即将回到冰冷海水中去的崖海鸦来说，防水的需求非常明显，而实际上每一种鸟在日常生活中都暴露在各种天气中，也需要一些方法使自己不被浸湿。我曾见过一只棕煌蜂鸟在不符合时节的寒冷大雨中蜷缩在窝里，覆盖着它的雏鸟们。我穿着风雪大衣和一件羊毛衫，还觉得又湿又冷，这么小的一只鸟以及它的雏鸟们似乎不可能存活下来。然而，雨水只是顺着它背上和翅膀上的羽毛流淌而下，下面到处都是干燥的。那年春天晚些时候，所有的幼鸟都长成了羽翼丰满的成鸟。

对于鸟类而言，不论生活在什么环境里，最外层的羽毛都是阻隔外界气候因子的重要屏障。一度还有人提出防水性能是羽毛演化背后的推动力。而现在这看起来不太可能，因为没人认为普鲁姆理论所预测的最早的羽管和绒羽是防水的。但是，有羽片的羽毛具有复杂精细的触点和空气小囊结构，看起来似乎肯定是在防水功能上进行过细微调整的，不仅适应于飞行和求偶炫耀，而且使鸟类在任何天气里都能保持温暖和干燥。

不透水法则唯一比较显著的例外发生在地球上一些最干旱的区域，在那里，沙鸡有着一套完全不同的对于水的忧虑。英国博物学家埃德蒙·米德－沃尔多（Edmund Meade-Waldo）于 1896 年第一次描述了沙鸡的繁殖行为，但当时没人相信他。各种不同种类的沙鸡分布于从喀拉哈里沙漠（Kalahari）向北远至西班牙、向东远至蒙古的干旱地区。它们都在地面上利用简陋的地面凹痕甚至是骆驼脚印筑巢，巢址远离最近的水源往往达到 30 英里（约 50 公里）。它们取食干燥的植物种子，必须时常饮水才能维持生命，所以成鸟每天几次往返飞行于水源地和巢之间。米德－沃尔多在报告中指出，在繁殖季节，雄性沙鸡返回巢之前，会在水塘里逗留，它们涉入水中，有条不紊地浸湿胸部的羽毛。雄鸟一回来，干渴的雏鸟们就会冲出来，急切地直接吮吸父亲胸前羽毛上的水。

尽管米德－沃尔多撰写了几篇关于沙鸡的论文，甚至亲自饲养了几只并在圈养条件下观察它们的这一行为，但是科学界将他的故事视作奇谈怪论。沙鸡的这种行为不仅听起来荒谬可笑，而且公然打击了已被广泛接受的科学智慧。所有人都知道羽毛是排斥水的，它们不会吸收水分。就算羽毛浸湿了，它们怎么可能在燥热的沙漠空气中高速飞行30英里之后仍是湿润的呢？人们用了60年的时间，借助反复的野外观察和电子显微镜，才最终证明米德－沃尔多是正确的。

答案同样在于羽毛结构。沙鸡特有的古怪行为[④]使得雄鸟胸部羽毛的羽小枝没有形成紧密的网格结构，而是形成松散的、弹簧似的小螺旋（雌鸟身上程度相对小一些）。在放大镜下，它们看起来像塑料锅刷，每一个小螺旋都可以吸收数量相当惊人的液体。一点一点的，沙鸡羽毛能储存相当于洗碗海绵平均2到4倍的水分。即使经历穿越沙漠的长途飞行，一只羽翼完整的雄性沙鸡仍能够给它的每一个孩子提供几大口清凉、新鲜的水。

———

当我和崖海鸦到达海滩上时，我原本也可能会迎面遇到一股沙漠热流，但这是太平洋西北的冬天，湿冷刺骨的微风从水面上拂来。将崖海鸦抛入风浪之中正是它所需要的，但是我内心的一部分仍然觉得应该把这可怜的家伙带回家中，放在壁炉边上取暖。这是个漆黑的夜晚，阴云密布，没有月亮，我试探着慢慢跨过浮木，最后终于抵达了一片开阔的砾石和沙子地。当我跪下来放走崖海鸦时，我们在同一瞬间松开了彼此，就好像这是我们已经预演过许多次的一场舞蹈。在一片黑暗中，我揉了揉自己的拇指，听那只鸟摸索着走向寒冷的大海去寻找安全和舒适的栖身之所，然后消失了。

　　尽管触点和表面张力的结构物理学仍处在争论之中，但羽毛和水的"形而上学"却是众所周知的。思辨性的想法与羽毛和流水一同包含在一个文化传统中，这个传统可以追溯到历史上第一个琢磨着在溪流中钓鳟鱼的人。飞蝇钓作为一种让人痴迷⑤的运动，至少可以回溯到公元 2 世纪——希腊历史学家阿利安（Claudius Aelianus）有一段有名的文字描述了马其顿一条河流上当地人的钓鱼习惯："他们把红色的（深红色的）羊毛绑在钩子上⑥，然后在羊毛上系两片长在公鸡额部肉垂下面的羽毛，颜色就如同蜡一般。鱼竿有 6 英尺（约 1.8 米）长，鱼线也是同样的长度。然后他们抛出了这个圈套，鱼儿被诱饵的色彩吸引并为之疯狂，径直朝它游过去，想着从眼前的美丽景象中吃到满满一口美食；但是，它张开嘴，就被鱼钩钩住，品尝一顿苦涩的盛宴，成为了俘虏。"⑦
　　到 17 世纪，当英国作家、有闲人士艾萨克·沃尔顿编成他的大部头专著和颂诗《钓客清话》时，飞蝇钓这一娱乐活动就已颇具规模。在书中，他建议每一个自尊自重的钓鱼人都应该时刻将"雄鸭头部的羽毛"和"其他彩色的羽毛，包括小鸟的羽毛，还有带斑点的家禽羽毛"带在身边。史前文化中是否有制作飞蝇的技艺不得而知，但是可以肯定在西方文明的曙光出现前，人们已经开始使用羽毛诱骗鱼。我是特别爱吃鱼的挪威人的后代，并且对羽毛极其痴迷，因此我必须亲手试试飞蝇钓。

我给约翰·沙利文打电话时，他说："你知道吗，我需要伊丽莎说了同意，才能教你飞蝇钓。"然后他笑了，我能听见他长吸了一口烟："这个能悄悄地让人着魔……"

作为一个经验老到的钓鱼向导，约翰·沙利文在他的事业生涯里，可能冒了不少"没得到配偶许可"的险，他一直在协助和煽动人们沉迷于鱼和飞蝇。他带领的钓鱼团追寻过的鱼类从割喉鳟到小嘴鲈鱼应有尽有，不过他特别擅长追寻硬头鳟（一种洄游至河中产卵的海鳟鱼，出了名地神出鬼没、难以寻迹，钓鱼者们都叫它"钓一千次可能有一次钓到的鱼"）。常有人声称自己花费漫长的时日，一个季度，甚至是几年的时间去试图钓上来一条硬头鳟并把它拖上岸。但是对于真正的狂热爱好者而言，感受硬头鳟用力拖拽和拉扯鱼钩，看着它从西部清浅的河流表面极速滑过，是十分值得等待的经历。

沙利文和他的家人住在俄勒冈州东部一个河谷的边缘，那里树木繁茂，距离我岳父母家不远。这是个人口稀疏的乡村，在驱车能抵达的范围内，任何人都能称得上是邻居。沙利文在我妻子还是个小女孩时就认识她了。虽然他成为一名职业向导已经 20 多年，来自世界各地的人都来与他一同在河上漂流，但是要接受一位家就在同一条路上不远处的客户，听起来他有些谨慎。

　　　　　　　　　　　　　　羽毛：自然演化中的奇迹

我向他保证伊丽莎不会介意。毕竟，为了这本书，她已经让我去了拉斯维加斯采访歌舞女郎，相比之下，飞蝇钓课程又算得了什么呢？沙利文最后同意了，不过还是在确认了我不打高尔夫球之后才同意的。每个人都应该有一个让自己欲罢不能的兴趣爱好，他解释说，如果我不打高尔夫球，那么我的生活里兴许还有飞蝇钓的位置。（我决定不告诉他，我的羽毛研究可能轻而易举地就会将我带到高尔夫球场中去。因为在橡胶和人工合成材料出现之前，世界上最好的高尔夫球就有一个鹅的羽毛制成的核心，人们用手工将其填塞进牛皮球之中。趁湿润的时候裹成一团，羽毛干燥之后就会变成密实、坚硬的"小子弹"。这种所谓的"羽制高尔夫球"能飞出 200 多码［180 多米］，这个距离是早先木制高尔夫球的两倍，在大多数高尔夫球场上也仍然是相当可观的一击。）

我在春季一个异常寒冷的下午来到了沙利文的住所，暴风雨在河谷中卷起了宽阔的黑浪。沙利文的船放在院子里的拖车上，紧紧地裹着防水布，以抵御恶劣的天气。鳟鱼捕猎季开始了，他解释说，但是滂沱大雨正在每一条河流上肆虐。我们没有顺流而下去学习抛掷鱼线，而是退回到屋内，专注于飞蝇钓中最基础且与羽毛有关的部分：绑制假蝇饵的工艺。

"你完全不知道你卷进什么里面来了。"他笑着开始把工具摊开在餐桌上：两台有着狭窄的锯齿状钳夹和旋转机械手臂的钢制绑钩台、几盒鱼钩、几圈鱼线、三把斯利克博士剪刀（弯曲的、直的和带锯齿的）、一根挑针、一件打结器、绳绒线、串珠、金属箔以及各种用于诱鱼的彩色物件。然后还有羽毛。这些羽毛只是他存货中的一部分，足够用来制作他想向我展示的几个训练用的假蝇了，不过桌上也堆着几十片松散的羽毛、飞羽和几包色彩鲜艳的绒羽。有公鸡完整的具斑纹的颈羽，还有至少来自六种鸟类，从鹅、火鸡到雉鸡和小野鸭的羽毛。每一类型的羽毛都有自己的假蝇外号：灰熊、獾、秃鹫、降落伞、黑云母、海角或者马鞍。一片被染成让人瞠目的幻彩荧光漆黄色的母鸡羽毛被称为"汉福德鸡"，是以华盛顿州哥伦比亚河沿岸有名的核武器基地而命名的。高质量的羽毛会被冠以一位有名的饲养员的名字，比如"霍夫曼灰熊""赫伯特颈羽""梅茨马鞍"或者"康兰奇茎秆"。这个特色羽毛产业是有巨大利润可图的，每张质地最好的公鸡皮都能卖上好几百美元。人工繁育使它们具有了特定的性状——羽干柔韧，羽枝在缠绕起来时会均匀展开。结果这些公鸡看起来就像展示犬一样胖，长而华丽的羽衣吸引了远远不止飞蝇钓群体的注意。之前在耶鲁的皮博迪博物馆（Peabody Museum），普鲁姆向我展示了固定在架子上的一只填充的剥制标本"赫伯特·迈纳奶油獾"，这种为了飞蝇钓而繁育出来的雄鸡骄傲地与全世界最漂亮的野生鸟类们陈列在一起。

　　沙利文带着我浏览了桌子上的每一件物品，他解释了每一件工具的用途，并向我展示了如何将羽毛打结和缠绕在鱼钩四周来模拟某种昆虫的翅膀、腿或者躯干。沙利文是一个瘦长结实且健康的中年男人，胡须花白，常年的户外生活让他的脸永远地变成了棕褐色。他开始对飞蝇钓感兴趣的原因"和大多数人一样——当我看见别人用这些假蝇钓鱼！"尽管沙利文坚持说他不是专家，但是在这整个下午，他关于羽毛与钓鱼的历史、方法和各种细枝末节的丰富知识[8]，都表明他说的是不对的。他谈吐中融合了职业兴趣和狂热爱好者的激情，但恰好止步于他向我警告过的那种偏执疯狂的爱之前。沙利文对大自然有着哲学家一

　　　　　　　　　　　　　　　羽毛：自然演化中的奇迹

般的好奇心，我们的对话也时不时地转入地质学、土壤化学、气象学和植物学方面的问题中去——这些话题划过我们的脑海，就像是缓慢地漂流在干旱的西部峡谷的河流之上，有几千个鱼饵被抛掷在鱼群中。

"接下来你要绑制的是一只'银色希尔顿'。"他告诉我，然后快速地向我演示了各个步骤，将鱼线、黑色的雪尼尔纱、银色的金属箔、公鸡的颈羽和一些火鸡的羽毛缠绕在绷在绑制台上的一个闪光的黑色鱼钩上。而我尝试起来就没有这么流畅了。飞蝇钓使沙利文具有了极大的耐心，他容忍我笨拙地绕线、解线，然后再次绕线，直到这只假蝇最后得到他的质量认证："我会愿意拿这个去钓鱼的。"

展现在我们面前的是一只有着羽毛飞边和闪光条带、拖着两片羽毛翅膀和一条羽毛尾巴的毛茸茸的黑家伙。"利用一只干燥的假蝇，你就可以模仿昆虫掉落在水面上的样子。"他解释说，然后向我指出，雄鸡颈羽的羽枝尖端竖起来，散开形成众多接触点，使表面积达到最大，假蝇便能轻盈地停留在水面上。这又是触点和表面张力在起作用，只不过多了一种抽动：将这些羽毛细枝抛进合适的水流中，就能让它们像一只落水挣扎的虫子的腿一样抽搐、摆动。

屋外的雨渐渐停了，阳光斜斜地照射到露台上。一个巨大的蜂鸟喂食器悬挂在房梁上，没过多久棕煌蜂鸟和星蜂鸟就开始陆陆续续到来，趁着暴雨停息的间歇来享用喂食器里的甜水。我瞥到几眼它们背上绿色的彩虹光泽和喉部一小片靓丽的红色，禁不住好奇，当溪流中的一只鳟鱼透过河床向上凝视这些有些不可思议的毛绒物体时，在它的眼中，这些羽毛又会是什么样子。

在课程结束之前，沙利文让我参观了他的"飞蝇"收藏。"实际上这只是其中的一部分。"他边说边拿出一只又一只盒子，每一只盒子内部都分出了许多个小隔间。盒子里装着一排令人眼花缭乱的、颜色亮丽的带钩子的小玩意，就好像是蜂鸟们钻了进来，自己在塑料盘里排列得整整齐齐的。当沙利文飞快地说出一个又一个名字，并向我展示每一个款式的微妙之处时，他之前警告我当心的那种执迷开始出现了。盒子里有马德、水泽仙女、丝带、臭鼬、爆竹、橡胶腿、蜉蝣亚成虫、希尔顿、搅拌器、外国佬和分节水蛭 [1]，这还仅仅是少数几种。它们的尺寸各异，有比指甲还小的一小撮，还有和水煮蛋一样大的巨大艳粉色毛球。每款样式都有许多种不同的颜色和纹理——颈羽有棕色或者黑色的，羽毛有小野鸭或者绿头鸭的，躯干有雪尼尔纱制成的或者用某种兔毛环绕鱼线然后用细针起毛制成的。羽毛在几乎所有的假蝇中都起着显著的作用——从柔软的翅膀和尾部，到躯干上的绒毛或者钩子上悬垂下来的长丝带。人们对细节的关注异乎寻常——"铜色约翰" [2] 上包含着银色小球，意在模拟昆虫在水下携带的气泡。"老实说，有一些我根本就不用来钓鱼，"他承认说，"只是因为它们看起来很酷，所以我就绑制了。"

仔细考察了沙利文的手工制品后，我真切感受到了假蝇绑制中的工艺和技能。但是沙利文却对自己的技巧轻描淡写。"这不算什么。如果你真的想看羽毛，你应该去查看一下以前大西洋鲑鱼假蝇的款式！"然后他指引我去看了几本描述 19 世纪末英国有名的假蝇制作者的书，书

1 —— 原文分别为 muddlers、nymphs、streamers、skunks、poppers、rubber legs、duns、Hiltons、agitators、wogs 和 articulated leeches，均为假蝇的名字。

2 —— 原文为 Copper John，一种假蝇名。

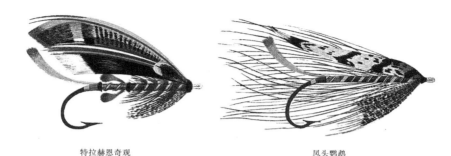

特拉赫恩奇观   凤头鹦鹉

这两个 19 世纪的大西洋鲑鱼飞蝇展示了来自 4 个大洲的 10 多种鸟的羽毛，其中包括疣鼻天鹅、金刚鹦鹉、鸵鸟、珠鸡和红尾凤头鹦鹉。

中有大量的插图。当时是垂钓最为鼎盛的时期之一，钓猎大西洋鲑鱼在维多利亚时代的绅士们中大为流行。他们在使用的鱼饵上大肆铺张，努力地想要超越彼此。就在大英帝国的广泛扩张使全世界的羽毛都能为装饰帽子所用时，假蝇制作者们同样获得了颜色和纹理无限丰富的羽毛。他们的创作物不太像是模拟昆虫，而更像在模拟某种具有异域情调的大型鸟舍，在大鸟舍里，鹦鹉、孔雀、原鸡、翠鸟、巨嘴鸟、鸵鸟和唐纳雀的羽毛都生长在一起，组成狂乱的、带有钩子的一簇簇羽枝。就某些款式而言，来自不同种鸟类的羽枝被精心地撕开，然后再组合到一起，形成一种混合色调的新羽片。就像沙利文最喜爱的一些假蝇一样，这些假蝇里有很多从没用来钓过鱼，而留存下来的藏品如今在拍卖会上的要价都相当惊人[9]。即便是现当代的仿制品，每个假蝇也能足足卖到 2000 美元。

那是对于沙利文而言，绑制羽毛假蝇的部分乐趣并不在于出售，而是在于赠送。他送给我两捧色彩明亮的、专门为钓太平洋鲑鱼而设计的款式——银鲑鱼、切努克鲑鱼、粉红鲑鱼和红鲑鱼每年夏天都会游经我们的小岛，前往它们产卵的河流。沙利文送给我的礼物还包括他的建议：如何抛掷鱼线和如何针对每一个假蝇采取正确的行动。他还给了我一些临别的忠告。他提醒我，就算我所有的工作都万无一失，鱼也可能不会咬钩。"相比真正将假蝇投掷到鱼的面前，拥有一个完美的假蝇远远没那么重要。"

几个月后，我尝试了一下。带着一根二手的飞蝇钓鱼竿和一个借来的绕线轮，我前往小岛南端的海滩，那里距离我放生崖海鸦的地方不远。那是一个温暖且阳光灿烂的早秋午后。海水如同光滑的玻璃一般，一直伸展至整个海峡，潮汐线和翻卷的海浪冲刷着海岸各处。百米开外，一些斑头海番鸭和一只北美鹀鹀时不时地潜入水中又钻出水面，追逐着浅水中的小鱼。那天伊丽莎、诺厄和我一起去了，我能看见他们沿着海滩走着，诺厄拽着伊丽莎的手急切地蹒跚往前。我组装好鱼竿，通过系线环穿好了鱼线，然后骄傲地系上了我自己制作的那只"银色希尔顿"。当我挥竿抛掷鱼线时，它划过空中发出了响亮的嗖嗖声，我看着它停落，一小片绒毛漂浮在清澈、冰冷的水面上。

如果这是在小说中，现在就应该有鲑鱼突袭过来，咬住假蝇，跃出水面，激起一串银色的浪花。当然，这并没有发生。我真正能够钓到一条鱼的概率很低，这可能是因为我不知道该怎么抛掷。虽然我尽我所能地做出尝试，但是我始终没能让这个可恶的假蝇飞出离我 10 英尺（约 3 米）远的地方。尝试了几次以后，我意识到自己的飞蝇绑制技术并不怎么好。"银色希尔顿"几乎完全散开了，羽毛和颈羽也松掉了，只有一小束可怜的金属箔还保留着。毫无疑问，我还需要学习很多关于飞蝇钓的知识。不过沙利文倒是说对了一件事——我能领会到为什么飞蝇钓能让人上瘾。我暂时把鱼竿放到一边，站在那儿，听着海浪的低语和鸟儿们嘶哑的吵闹声。海滩边，伊丽莎和诺厄找到了一处有阳光的地方坐着。我看他们的时候，诺厄正忙着捡起一颗又一颗石头，企图偷偷塞进自己的嘴里。如果飞蝇钓体现了羽毛和水的形而上学，那么真正的启示就在于它实际上把你引导到哪里。如果它能将我再次带回到那个下午、那片海滩，我会在瞬间体会到那种形而上学。

具有绅士风度的飞蝇钓艺术。

第十四章　强大有力的羽毛笔

噢！大自然最高贵的馈赠——我的灰鹅羽毛笔！

它是我思想的奴隶，顺从于我的旨意，

从亲鸟身上扯下，为了做成一支笔，

这件强大有力、属于小人的工具！

　　　　　　　　　　　——拜伦勋爵（Lord Byron），

　　　　　　　　　摘自《英格兰诗人和苏格兰评论家》

　　　（*English Bards and Scotch Reviewers*，1809 年）

　　因为我们家附近的那只狐狸，我个人收藏的羽毛数目最近突然间往上涨。尽管伊丽莎和我已经在院子周围筑上了 6 英尺（约 1.8 米）高的栅栏、隐蔽的细铁丝网围栏以及一根电击线（然后发誓绝不计算我们养鸡投资获得的每一枚蛋的成本），狐狸还是在某天夜里找到机会，突袭了鸡舍。它迅速地吃掉了小胖、小白和乐奇，机灵的老裤裤逃过了这一劫，但是几周后狐狸又回来的时候，裤裤也没能幸免。失去了它们，我俩很伤心，但是这也有光明的一面：狐狸帮我们省去了自己动手的麻烦。

　　美国家禽协会的《家禽品种标准》（*Standard of Perfection*）将怀

安多特鸡和罗德岛红鸡都列为了"双重用途的"家禽，既可以用作肉食，也可以用于产蛋。意思就是说在它们年轻和精力充沛时，食用它们产的鸡蛋，等到它们产蛋量开始下降后，再将它们放入烤盘和炖锅中。可以预想到的是，我们已经变得十分喜欢自己的鸡群，很不愿想到这段故事的第二个篇章。事实上，我们的院子有相当大的可能性成为母鸡们在青年黄金时期结束后安度晚年的好地方。然而就在不久之前，人们还常常饲养和宰杀后院里完全可以被称为"三重用途的"甚至"四重用途的"鸡。

在《蓝宝石奇案》的一个著名的场景中，夏洛克·福尔摩斯和一个店家打赌说，他可以区分在城里养大的鹅和在乡村里养大的鹅的味道。他赌输了，但是却解开了这个谜案：为什么被偷的钻石最后会出现在他的餐橱柜里鹅的嗉囊中？事实上，他们会打这样的赌，就表明在西方饮食中烤鹅肉曾经是多么普遍。虽然如今鹅肉在亚洲仍然很受欢迎，但也随着其主要的副产品之一羽毛笔的境遇而衰落了。家养的鹅虽然通常并非填满了宝石，但却能给农夫带来相当可观的收入。每一个在自家后院养了一群鹅的人，不仅能从它们那里获得畅销的鹅蛋、鹅肉和绒羽，还能得到一把长长的、弯曲弧度优美的外飞羽——一千多年来，它们都是世界上最出色的书写用具。

17 世纪早期，在塞维利亚大主教圣伊西多尔（Saint Isidore）编著二十卷百科全书时，羽毛笔就已经十分常用。他指出，抄写员使用的工具是已经使用了两千多年的标准书写用具——芦秆笔和羽毛笔。"芦秆笔来自树木；羽毛笔来自鸟类。羽毛笔的尖端被分成了两部分……这两个尖端喻示着《圣经》的'旧约'和'新约'，上帝之道就是用耶稣受难之血从这里书写出来。"伊西多尔的比喻可能听起来有一点过火，但却告诉了我们很多。他的描述被认为是第一次明确提及了羽毛笔的使用[①]，并且羽毛笔已经取代了它的前身芦秆笔，来完成当时最为重要的任务——抄录和阐释《圣经》。

英文中的笔"pen"这个词本身来自于拉丁语中的"*penna*"，意为羽毛，削笔刀"penknife"一词同样也可被认为是羽毛刀。羽毛刀发展成为一件极其重要的书写配件，总是被放在伸手可及的位置，以便时常进行削切，维持羽毛笔书写出稳定而平整的线条。通过切割，羽毛笔可以画出各种不同宽度的线条，比芦苇也更持久耐用，不过羽毛笔真正的优势还在于弯曲、中空的羽管，这种天然的墨水槽在书写时向下滴墨更少，填充墨水的次数也少得多。（芦秆笔虽然并不像伊西多尔所称的由树木做成，但是它们确实是一种更加坚硬且不可屈伸的书写工具，是由某种湿地植物的茎秆加工和干燥而制成的。）鹅翅膀上巨大的初级飞羽占据了羽毛笔贸易的一大部分，不过天鹅、火鸡，甚至还有雕的羽毛偶尔也会被用到。体型小一些的鸟类也开始被用于更精细的写作，比如乌鸦羽毛在工程制图中极其受欢迎，以至于它们的名字一直流传了下来：美术设计师仍将任何小容量的蘸水笔称为"乌鸦羽毛笔"。

羽毛笔的产量在 19 世纪初达到了顶峰[②]，那时教育、文学和书信写作正处于上升期，而钢制笔尖还尚未普及。虽然后院饲养鹅群在全欧洲都很普遍，在波兰和俄罗斯的一些地区甚至还有专为羽毛笔贸易养殖的大量鹅群，但是这些供应仍然跟不上需求。据报道说，位于伦敦鞋巷的一家文具店，在 19 世纪 30 年代，每年能售出 600 万根削切打磨好的羽毛笔，每年仅仅是出口到圣彼得堡的就多达 2700 万根。只要想想每只鹅一侧的翅膀只能产出 5 根适用的羽毛（最大的初级飞羽），也

　　　　　　　　　　　　羽毛：自然演化中的奇迹

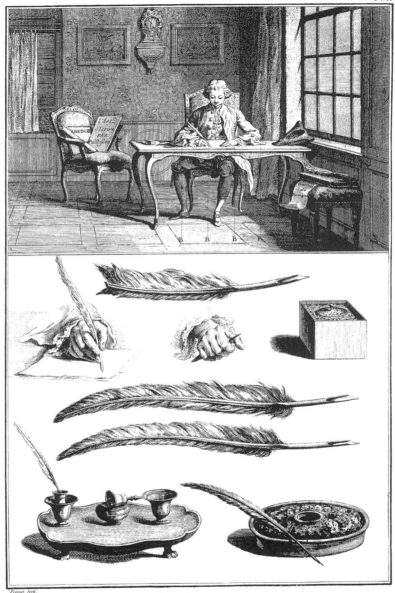

Art d'Ecrire.

狄德罗在 18 世纪的《百科全书》中用大量篇章来谈论羽毛笔书写艺术。

第十四章　强大有力的羽毛笔

就不奇怪为何人们会对鹅肉的味道如此熟悉了。

制作或者修整一根优质羽毛笔的过程，涉及清洁和硬化羽毛笔的尖端，剪掉至少羽片根部的一些羽毛。（用一根巨大的、飘散着羽毛的羽毛笔写字的场景只出现在好莱坞电影中——这样的视觉效果很好，但是实际上这些羽枝会妨碍到书写，所以大多数羽毛笔上这些羽毛都被剪光了。）有些羽毛笔制作者会把羽毛煮一下；还有些人把它们浸在热沙子或者弱酸中——各种各样的技术手段成了宝贵的商业机密。荷兰的羽毛笔塑形师则让一种使用热灰烬或者沙子的技术臻于完美，后来成了有名的"荷兰制笔法"。重点是，经过如此处理的羽毛笔会呈现出珍珠般的色泽或者淡黄色，正如 1838 年伦敦《星期六杂志》（*Saturday Magazine*）的一位记者所描述的，"就像上等的、细小的兽角一样"。也正是这同一篇文章提到，人们常常会尊崇曾经创作过著名作品的羽毛笔。一些羽毛笔被装进玻璃框中用于展览，而还有一次，一支羽毛笔"被一位著名作家过度热情的粉丝们放进金制小盒之中"。对当时的诗人而言，给他们的鹅毛笔写颂歌并不是什么稀奇的主题。

但是到了 19 世纪中叶，大批量生产的钢制笔尖开始涌入市场。早期的钢制笔尖虽然做工粗糙、书写效果较差，但是卖价仅仅只有 36 美分，是工业时代最早的一次性产品之一。羽毛笔的"统治"开始衰落，而且并不是所有人都为此感到遗憾。在查尔斯·狄更斯的周刊杂志《家庭箴言》（*Household Words*）中，1850 年的一篇文章写出了一段并不美好的回忆。文章描述了此前十分常见的一幅场景：一个男学生羞怯地对他的书法老师说，"先生，请修好我的笔。"③

他眉头轻蹙，继而又舒展，眼前这支羽毛笔太破了——它太软了，或者说太硬了——用得只剩下一根小茬儿了。他将其扔到一边，从一捆羽毛中迅速抽出一根——一根薄薄的小得可怜的羽毛，就像是仔鹅偶然掉落的一根——把它削成了一支笔。这种修理和制作的过程占据了他所有的闲暇时间——实际上，也占用了很多原本应该用来教学的时间。他和坏掉的羽毛笔之间有一场永不停歇的战争。它们是被拔光羽毛的鹅身上最卑劣的产物。

正如芦秆笔坚持到了伊西多尔的时代，羽毛笔也伴随着它们的后继者一直被使用了几十年。不过钢制笔尖、钢笔以及到最后无处不在的圆珠笔获胜了，现在，羽毛笔不再被用于书写信件，而只用于仪式。例如，美国最高法院仍沿袭着老传统，每天早上都将 20 根新的鹅毛笔放在律师桌上。没有人再用它们写字，但是来访的律师会受邀带一根回去作为纪念品。而在一些艺术家和书法家心中，金属刮擦纸张的僵硬触感永远也比不上羽毛笔画出的线条那种生命感，一些坚定分子还将古老的制作工艺保留了下来。几个世纪以来仍有少数几家大型工作坊一直在努力尝试着，直到 20 世纪 90 年代末，明尼苏达州的一家本笃会修道院（即圣约翰修道院）委任了书法家唐纳德·杰克逊一项使命。杰克逊以及世界上最优秀的一批经书抄写者和插画家花费了 13 年的时间来完成这项使命：它是自谷登堡发明铅活字印刷术以来世界上第一本羽毛笔书写的全绘本《圣经》。

杰克逊从他位于威尔士乡间的工作间，也就是缮写室里跟我通了电话。"它就像是珠穆朗玛峰,"他坦白说,"对于一个书法家而言,这就是终极的挑战。"杰克逊是终身的艺术家和经书抄写者,早在圣约翰修道院的修道士们主动找上他的几十年前,他就已经登上了自己职业的顶峰。他擅长使用羽毛笔为伊丽莎白女王二世和英国上议院起草官方的正式公告。但他一直都梦想着有一天能亲手抄写和绘制一本《圣经》。"我一直把这个愿望记在心上。"他告诉我,"用一支精心制作的笔,也就是我们的祖先在过去的那些岁月里用过的笔来写下这些话语,会是怎样一种感觉呢?"

并不是所有抄写圣约翰修道院的《圣经》的人都有这种感觉。"起初在我要求抄写员们使用羽毛笔书写时,他们有些沮丧。"他回忆道,"他们觉得自己没法写出完美的笔画。我们生活在富美家[1]的时代——人们希望事物都是毫无瑕疵、不带一个污点的。但是完美还有其他的形式。"他向我讲述了使用羽毛笔书写时那种不一样的节奏感——感官感受更加强烈,个人色彩更浓。"如果我在你手心放一片羽毛,你能感受到它的质感,但是却察觉不出明显的重量。当你使用几乎无重量的材料制成的笔时,这支笔就会成为你身体的一部分。"

最终,这项工程中的每一位抄写员都学会了调配自己的墨水,修理和削切自己的羽毛笔。插图画家也熟练掌握了调颜料以及仅仅用他们呼吸的热度将金箔固定在每一幅插图上的古老技术。最后的结果令人惊艳。每一页都是 2 英尺乘 3 英尺(约 0.6 米乘 0.9 米),每一页黄褐色的牛皮纸上都布满了如水一般流动的文字和生动的图画。抄写员们之前担

---

1 —— Formica,商标名。

"播种人和种子"，圣约翰修道院的
《圣经》中的一幅插图。

心会出现的任何污渍，在杰克逊更为完美的呈现的愿景下消失了。

　　我和杰克逊交谈时，他正努力地忙于制作《圣经》的最后一章。那时正值交付日期，同时也是这本书计划出版的时间。在那之后，这个缮写小队就会解散，每一位大师在回家时都会学到很多关于这门古老工艺的来之不易的知识。杰克逊说他希望他们能将这种知识传递下去。他又说："你看，我现在已经老了。我将继续艰苦跋涉，然而我已经累了。"然后他指出了羽毛笔的另一个优势：不会让手觉得疼痛。这个优势可以让像他这样的书法家坚持"跋涉"到 70 多岁。羽毛笔质地如此轻盈，根本不需要使劲地抓握。"羽毛笔需要你轻抚它，而不是攥住它。如果人们正在用羽毛笔写字，你完全可以走过去，轻松地将笔从他们的手指中抽出来。"

和杰克逊的交谈启发我将羽毛研究付诸实践。我想要制作自己的羽毛笔，将它蘸入墨水中，然后体验那种与文字富有生命活力的联系，体验它的轻盈，体验被杰克逊描述得如此美妙、如此纯粹的感受。更重要的是，如果真的用羽毛笔来写羽毛笔这一章节会不会更加合适呢？我向一位养鹅的邻居讨来了一袋飞羽，又从海滩上铲回来一些沙子，将削笔刀磨锋利了，然后开始工作。在浣熊小屋的柴火炉子上，沙子快速地升温，很快我就开始用"荷兰制笔法"处理羽毛了。我看着它们的羽轴从半透明状态变成了珍珠黄色，正如我们所料想的那样。我研究了以前的图鉴上画的一支削切得很漂亮的羽毛笔，然后尽我最大的努力削出笔尖两侧的凹处，划开凿刻过的笔尖。这就像是在雕刻一根又粗又脆的吸管，而被削出的具有弹性的条状碎屑四处纷飞。这个过程花了我将近一整个下午，不过在最初的几次错误尝试后，我终于有了 3 根看起来像那么回事的羽毛笔。（这听起来似乎仅仅写几行字就需要耗费大量的精力——特别是对于交稿截止期临近的作者而言；但至少我没有尝试去制作芦秆笔，其处理过程包括在发酵的牛粪中浸泡 6 个月。）

我在书桌上铺了一张白纸，将我最好的羽毛笔蘸入墨水中，然后开始写字。笔尖上立即滴下一大团黑色的墨水，落在纸的正中央，然后肆无忌惮地向四周迸溅开，飞溅的黑色小液滴从我手边的笔记本电脑屏幕上飞了过去。（接招吧，现代科技！）我又尝试了好几次，并稍事修理，

　　　　　　　　　　　　　羽毛：自然演化中的奇迹

这才开始艰难地写出一些短而光滑的线条。羽毛笔在书写时发出让人赏心悦目的刮擦声——就像是人在沉思中指甲轻柔地敲击纸面，线条的流动优美，像是出自画家的笔下。但是很快一切就变得很明了，我不可能用羽毛笔写任何章节，至少就这本书而言是没有时间了。短横线我还能对付，但是真正的字母所具有的角度和弧度最终以飞溅的墨迹和杂乱且毫无表现力的笔画收场。我立刻将自己的羽毛笔书写计划修改为如下内容：我将学习如何签名。这个计划仍在进行之中。

用来装饰帽子或者填充睡袋的羽毛，在自然界中都能找到明显相对应的事物，但是却没有证据表明鸟类（或者兽脚类恐龙）曾经用羽毛笔抄写过经文。它们也不会快速写下一串字母，草草记下自己的思想和诗歌，或者哪怕是写下一个字。羽毛笔的故事告诉我们，羽毛的用途并不局限于它们在演化中的那些目的。

在音乐界，一首歌的成功往往不是依赖于其始创者，而是更多地依赖于后来的阐释者。1954 年，巴特·霍华德（Bart Howard）创作的《换句话说》（*In Other Words*）深受好评。当时一位名叫费利西娅·桑德斯（Felicia Sanders）的歌手在曼哈顿的蓝色天使俱乐部首次演唱了这首歌。桑德斯女士将这首歌当作她的保留曲目，甚至在几年之后灌了唱片。不过可以肯定地说，这首歌的第一行歌词更加出名："带我飞向月球"（Fly Me to the Moon）。它被人记住，更多是因为弗兰克·辛纳屈（Frank Sinatra）、佩姬·李（Peggy Lee）、康特·巴锡（Count Basie）、纳特·金·科尔（Nat King Cole）、托尼·贝内特（Tony Bennett）、黛安

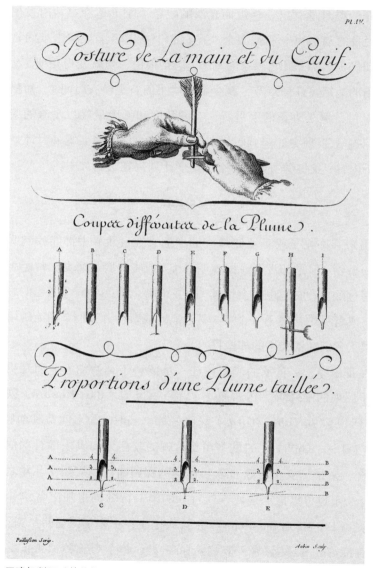

正确切削羽毛笔的指南，摘自狄德罗的《百科全书》。

羽毛：自然演化中的奇迹

娜·克劳（Diana Krall）等至少 2200 位其他艺术家（据最近的统计）演绎的版本。它最初是一首爵士华尔兹舞曲，而现在它的各个版本几乎触及每一种音乐类型：摇摆乐、流行乐、波萨诺瓦舞曲、迪克西兰爵士乐、克莱兹默、弦乐四重奏以及念白。它曾经被说唱歌手拿来做过脚本，在泰勒明电子琴上演奏过，由木偶戏人演唱过，甚至还被钢鼓乐队灌过唱片。霍华德先生此后一辈子都靠版税生活。

同样，衡量羽毛品质的一个方式就在于它们无数种多变的用途和人们对它们的改造方法，由此实现远远不同于其原有功能的目的。比如，以鱼为食的鸊鷉会吃下大量柔软的体羽并把羽毛喂给刚孵化的雏鸟吃。这一习性可以保护雏鸟的消化道，防止被尖利、难消化的鱼刺划伤——鱼骨头被聚集包裹在一个整洁的羽毛球内，可以随时安全地吐出。以一只凤头鸊鷉为例，它的胃在任何时刻都平均储存有 87 片羽毛。大多数羽毛直接来自它自己的胸部和腹部，不过它也会吞下从身边流过的任何合适的鸭毛或者鹅毛。有一些种类的燕子所表现出的行为，一开始明显是为了竞争筑巢的内衬材料，后来却演变成了被许多鸟类学家阐释为玩耍的复杂仪式。一旦发现一片合适的羽毛，一对乃至一群燕子都会疯狂地竞相追赶，在空中反复地抛下和衔起羽毛，做出激动人心的猛扑和俯冲动作。单身的鸟类也会表现出这类追逐羽毛的行为，充满极大的激情在空中飞舞，就连最讲究实际的科学家也会忍不住觉得它们是为了取乐才会这样做。

鸟类会将羽毛作为飞行玩具或者胃药，而绝大多数奇怪的用途，比如羽毛笔，都纯粹是人类的发明。1911 年的《猎人、商人和捕手》（*Hunter, Trader, and Trapper*）杂志上刊登了一篇文章，鼓励读者们参与到赚钱的美国羽毛产业中。它提到了绒羽和女帽饰羽这些常见的市场，同时还列出了"羽毛笔、羽管粉扑、装饰品、羽毛围巾、'皮草'、羽扇、首饰、军用和家居用羽毛、防火护栏、钓鱼用的人造假蝇、刷子、牙签、羽毛掸子、骆驼的毛刷，甚至还有比较罕见的遮阳伞"。其中，羽毛牙签已经从一种回收废旧羽毛笔的粗陋方式，发展成了一个范围之广和盈利之大令人吃惊的行业。用羽毛剔牙的习惯至少可以追溯到罗马时代，但是在 19 世纪，羽管牙签发展成为最早大量生产的口腔卫生工具之一。由一根羽轴可以制出好几根牙签，一端削尖，另一端削切成铲形。消毒之后，每一根牙签都会被单独包装好，有时候还会加点配料。它们会出现在全世界各大城市的餐馆、旅店和药店里，或者在街角出售。直到进入 20 世纪，羽毛牙签都还是木制牙签不容小觑的竞争对手[④]。

虽然羽管牙签和羽管粉扑的市场现在已经逐渐消失[⑤]，工程师和企业家们仍在不断为鸟类羽毛寻找令人惊异的新用途[⑥]。有一些颇具发展前景的实验时常也会出现在一系列科学期刊上，不过，寻找这些发现最好的去处还是去翻美国专利局和欧洲专利局的记录。这两家专利局都维护着许多在线数据库，任何简单的搜索查询，都会找出大量关于未来伟大羽毛产品的有些怪异的创意。近来有一项研究发现，家禽的粪便是制造生物柴油极佳的原料，预估全球市场每年将会达到几十亿美元的产值。羽毛织物的专利产品多样，从 1902 年混合了绒羽和羊毛、棉花的版本，到由火鸡羽枝制成的纱线，再到由黏稠的羽毛浆液再造的类聚酯纤维。获得专利的有鸵鸟羽毛空气净化器、羽毛填充物的矫形器械、可生物降解的羽毛塑料、用于侵蚀防治的羽毛和羽毛基底的电路板。制造抗疟疾杀菌剂的细菌可以在加工处理过的羽毛角蛋白中生长良好。传统的羽毛掸子现在具有了带触碰激活、真空吸尘和香熏功能的类型。羽枝可以被加工成笔记本用纸、隔热材料、家居装饰填料，以及一种具有吸收性的纤维，有极大可能用于生产可生物降解婴儿纸尿布。

在写前面这段话时，我感觉自己有点像一个在晚间电视节目上推销某种神奇产品的推销商——"等等，还不只是有这些！"虽然羽毛天然结构的多样性确实有转化成人工产品的巨大潜力，但是我们需要牢记，这些方案大部分都不会通过实验室、草图绘制桌以及专利局的审核。同时还要牢记的是，羽毛在自然界中也并不完全是一项奇妙的产物，因为事实上对于某些鸟类而言，在一些特定情况下，羽毛是一个巨大的缺点。

第十五章　裸露的头部

秃鹫总是吃了又吃，

想必这就是原因，

为何它极少、极少像我们一样

感觉身体好。

它的眼神呆滞，它的头顶光秃，

它的脖子越来越细。

噢！这就是给我们的教训！

只在正餐的时候进食！！

——希莱尔·贝洛克（Hilaire Belloc），

《顽童与野兽增篇》（*More Beasts for Worse Children*，1897 年）

　　"啄、戳、撕扯。"我挪开望远镜，擦去眼睛周围的汗，然后又继续眯缝着眼睛盯着望远镜中的视野。"戳、跳跃、跳跃、撕扯。吞咽！"黛安娜在我身旁匆忙记下观察结果。我们的第三个成员，另一个叫黛安娜的姑娘，正用望远镜扫视着前方。"2 只皱脸秃鹫，"她大声地说，"3 只白兀鹫……24 只非洲白背兀鹫……14 只黑白兀鹫，还有 7 只——不对，是 8 只——非洲秃鹳。"

我们蜷伏在路虎车旁边的一小片阴影里，整片尘土飞扬的大平原上只有我们三个人，还有散布在各处的有蚂蚁保护的阿拉伯胶树和蓝桉树。在我们前方 55 码（约 50 米）处，大地都在为秃鹫而沸腾。这些鸟紧靠在一起，肩挨着肩，争夺着自己在腐尸周围的位置。我们都能听见它们发出的嘶嘶声和喙部一张一合的咯咯声。

我透过望远镜，看见视野里的那只秃鹫抬起了身子，在混乱的秃鹫群中跳了两下（"跳跃！跳跃！"），冲向邻近的一只秃鹫（"戳！"），从腐尸堆中撕下一点红色的东西（"撕扯！"），然后抬起头，脖子抽动、扭曲着，将食物吞了下去（"吞咽！"）。

"时间到了。"有人叫了一声。我很庆幸还有这个休息时间，坐在一旁开始放松自己。我们已经在这肯尼亚烈日的炙烤下待了好几个小时，随机从秃鹫群中挑选出一些个体，然后观察（并大声说出）它们的每一个行为。我们在研究四种不同的秃鹫（以及庞大的非洲秃鹳）的取食等级制度，想法是将行动的单位（戳、撕扯、跳跃）和收益的单位（吞食的肉）联系起来：戳多少次能换来一口肉？体形小一些的秃鹫在取食时是不是需要消耗更多的能量？当一具完整的羚羊尸体被分解成内脏、皮肤、肌腱和骨头时，这些关系会随着时间产生怎样的变化？正是这些问题使得秃鹫研究者们夜不能寐。

最后，这项研究并没有引起太多的关注。要维持稳定的动物死尸供应很困难，而想要在时而变换位置、时而扇动翅膀的秃鹫群中看出戳和吞咽的微妙区别就更加困难了。但是这个经历让我深刻地了解了演化上的一个小谜题：为什么秃鹫的头部没有羽毛？

肯尼亚的非洲白背兀鹫。

　　我注意到两位黛安娜都和我保持着距离，她们尽可能地远离我，同时又不离开汽车的阴影。我不能怪她们。我的头发、脸和手臂都散发着令人作呕的、坟场般的恶臭，和从兀鹫们那个方向飘过来的味道简直不相上下。我闻起来就像是一只腐烂的斑马，不过这有一个正当理由。

　　在那天的早些时候，我们去了一趟屠宰场（我们大部分的动物尸体都是从那儿得来的）。他们专营狩猎用的动物，通常晚上工作，加工从附近一家大农场里挑选出来杀掉的动物。（这些肉被卖给内罗毕一家名叫"肉食者"的颇受欢迎的餐馆。游客们常以此作为狩猎旅行的最后一站，品尝一下非洲大草原的味道：长颈鹿汉堡、角马烤肉，诸如此类。）屠宰工人们会为我们留出一些肉，他们通常一早就准备好一辆小推车，里面放着整整齐齐地包裹好了的兀鹫小零食。但是那个早上，我们却发现事情不太一样——各种乱糟糟的器官、肠子、蹄和斑马的身体碎片，在侧院里堆叠起来，足有一人高。

　　　　　　　　　　　　　　　　　　　　羽毛：自然演化中的奇迹

"非常欢迎你们[1]。"一位老看守人对我们说。他解释说，屠宰场因为节假日关门了，但我们可以随意取用。

可惜的是，我们没有铲子、草叉、手套或者其他任何可以帮我们把腐肉搬运到小推车里的实用工具。更糟糕的是，这些肉已经放置了一到两天，在这热带地区的炙热中早已迅速开始腐烂。院子里污浊的空气中飞舞着成千上万只肥硕的绿苍蝇，它们匆忙地飞向肉堆，时不时撞上挡在它们路中间的我们。我看着两位黛安娜，她们俩也看着我，三个人都恐惧地睁大双眼。我们当时都是一个留学课程项目的学生。我们也知道在野外研究生物可能是一项艰难的工作，但是这种情况，我们之前在项目宣传手册里可绝对没有看到过。

大家都说，有骑士精神的男人如今过时了，但我发现这种男人在某些特定情况下还是存在的：在一个浪漫的夜晚撑着雨伞为女士打开车门，帮一位年迈的妇女拎购物袋，或是徒手插入一堆腐烂的动物内脏中。我假装满怀勇气地冲她们俩挥挥手，然后歪着身子靠近那堆腐肉，抓住什么东西就猛地拉出来。

斑马的盲肠是位于大肠端部的一个紫色袋状物。这匹斑马的盲肠是肿胀的，紧绷得像一个又厚又湿的气球。它突然间爆裂，腐烂的腹部气体就在我的脸前面炸开，吹起我的头发，喷溅了我一身腐坏的血液、丝线状的黏稠物和未完全消化的灌木叶碎屑。这个气味简直难以用言语表达。

我后来意识到，埋头钻进一堆腐肉里的那一刻，我自己就非常像一

---

1 ——原文为斯瓦希里语，*Karibu sana*。

只秃鹫。但是由于我的长马尾辫、T恤衫、腕表，还有毛茸茸的手臂，我并不能很好地适应这种生活方式。血块糊得我全身都是，让我的头发缠结在一起，那天后来慢慢干结成了一层腐臭的红色。最后我把小推车装满了，我们也得到了数据，但那天晚上，我用了三桶水洗完澡，我的同事们才最终让我进帐篷用餐。

如果血液和内脏会这般紧密地黏附在毛发上，那么会不会黏在羽毛上呢？为了解答这个疑问，我最近做了一个小实验。在我家这边，我没有便捷的通道去接近一家屠宰场或者一群非洲秃鹫，但是我们养的产蛋鸡的死亡，却为我提供了大量的羽毛。按照我的计划，用几只死牛蛙和一个吹风机，我就能悟出些什么。

牛蛙是我刚从池塘里抓上来的，几个月来我一直在那里用气枪追捕它们。一般情况下，我不抓牛蛙，但它们是很强势的入侵物种，以我们本土的两栖动物为食，甚至还吃小型鸟类。它们不得不死，但至少现在我可以利用一下它们的尸体。一次穿越芦苇地的突袭，让我抓获了两只大小合适的样本。我取出它们的内脏，放进一个金属碗里，再加入鸡毛，开始搅拌。

为了这项实验，我特意挑选了一类通常覆盖在鸟类头部的弯曲、柔软的正羽。在我用勺子快速搅拌几次之后，它们变得黏糊糊的，并且裹成一团，一度优雅的羽枝都相互杂乱地黏在一起。我把羽毛从碗里挑出来，然后启动吹风机，模拟非洲稀树草原上的热风。几分钟内，这些羽毛就和血液、内脏一同变干变硬了。我试着梳理羽毛，用针将羽枝拨开，但它们简直已经无可救药——就是一团糟。在肯尼亚，就连我的直发都拒绝让任何洗发剂清洗干净，好几天都散发着臭气；我没法想象该

　　　　　　　　　　　羽毛：自然演化中的奇迹

怎么去清理像羽毛这样结构如此复杂的东西。

鸟类裸露的头部极少出现在商籁、颂诗或者情歌中，但对于食腐动物而言，这确实是一种相当漂亮的适应。裸皮相较于复杂的羽毛结构，能黏附更少的血污。而保持清洁对于一个腐食者而言，就意味着更少受到细菌、寄生虫和疾病的侵犯。如果每一顿饭都是一堆乱糟糟的内脏和腐尸，那么我们很容易想象到，自然选择会青睐裸皮 [①]；头部裸露的鸟类在进食时，患病的风险降低，生存和繁殖的成功率就会升高。这一点信息很明确：羽毛，对于飞行或者隔热功能而言，可能是演化上的奇迹，但是当你要把头和脖子都伸进一只死斑马体内时，羽毛非但无益，反而有害。

对于食腐鸟类来说，羽毛的丧失是一个如此美妙的主意，以至于它在不同的地方、在完全不同的鸟类类群中至少演化出了两次。在教科书中，分类学家们将其称为"趋同演化"，即两类不相关的生物，在对相似的环境诱因做出应答时，发展出了相同的性状。我在肯尼亚研究的那些秃鹫都属于旧大陆的秃鹫，是一个种类多样的类群，与鹰和雕亲缘关系较近。我们准备的腐尸吸引来了白兀鹫、另两种兀鹫以及一只巨大的皱脸秃鹫（所有旧大陆秃鹫中最大的一种）。在那时，我从没想过要带一只皱脸秃鹫回家，不过如果我把它带回去，它布满皱纹的红色头部和乌黑发亮的羽毛正好能完美融入一群红头美洲鹫或者加州神鹫中。但是美洲的秃鹫属于完全不同的一个科，它们和鹳的亲缘关系更近。新大陆和旧大陆的秃鹫并没有亲缘关系：它们的相似之处是通过践行它们可怕的饮食习惯演化来的。

秃鹫裸露的脑袋提醒我们，演化的产物从来都不是一成不变的。

就算是最为精细复杂的性状也始终服从于自然选择的持续改进和遗传漂变[1]带来的变迁。这些性状可能会万古长存，但也只是在它们有实用价值的情况下，或者是出于极其少有的侥幸。始祖鸟或者近鸟龙翅膀上的那一列列羽毛，几乎从任何角度来看都很现代化。几百万年来，羽毛已经在飞行功能、蓬松度和外观方面变得完美，更不用说还有防水和人类能想出来的各类奇奇怪怪的用途。但是还有重要的问题亟待解答：羽毛现在朝什么方向发展？有没有新的或者未知的功能仍在演化之中？

我们已经见识到了，如果羽毛让鸟类处于劣势，那么羽毛可能就会丧失，但是秃鹫远远不是唯一一种为了新用途而摆脱羽毛、改造羽毛或者重塑羽毛的鸟类。野火鸡、鹦、鹤鸵和琵嘴鹭都用裸露的头部来吸引配偶，用颜色鲜艳的裸皮和炫耀的肉垂为它们的繁殖羽锦上添花。猫头鹰的飞羽具有独特的梳状羽枝和翼后缘，可以改变空气扰流，消除每一次振翅的声音。美洲夜鹰和三声夜鹰面部的长须扮演着昆虫捕捉网的角色，同时还像猫的胡须一样具有感觉的功能。在始祖鸟翱翔于泥盆纪的沼泽上空的时代，羽毛就已经是羽毛了，而且它们的演化从没有懈怠过。一项对现存鸟类的调查发现了形形色色、各种各样的羽毛变异，从细微的调整到炫目耀眼的修饰，有时候能以惊人的方式帮助鸟类适应环境。

---

1 —— genetic drift，指当一个族群中生物个体的数量较少时，下一代的个体容易因为有的个体没有产生后代，或是有的等位基因没有传给后代，而和上一代有不同的等位基因频率。一个等位基因可能（在经过一个以上世代后）因此在这个族群中消失，或固定成唯一的等位基因。

羽毛：自然演化中的奇迹

金伯莉·博斯特威克（Kimberly Bostwick）博士在康奈尔大学脊椎动物博物馆一间狭窄的实验室里工作，致力于研究热带地区小型鸣禽的高速摄像，并将它们的羽毛连接到一个名叫激光多普勒测振仪的精密装置上。博斯特威克是理查德·普鲁姆的门生，2005年时，她在《科学》期刊上发表了自己的研究论文，如同一匹黑马一般成了全世界范围内的新闻人物。对一名研究生而言，这就好比是参加美国职业棒球联盟赛，第一次挥动球棒就打出了本垒打。博斯特威克是一名极其出色的科学家，而且她选择了梅花翅娇鹟这个极其特殊的研究对象：一种会拉小提琴的鸟。

　　"它是我见过的最疯狂的家伙，"博斯特威克回忆着1997年在厄瓜多尔初次在野外观察到梅花翅娇鹟的经历，对我说，"我一直在想，'这是怎么演化出来的？它们生活中这个怪异的世界是如何一步一步发展而来的？'"

　　博斯特威克在厄瓜多尔热带雨林里见到的是一种体形娇小的赤褐色和黑色小鸟。它在一根树枝上来回飞蹿，然后间歇性地停下来，向上微微翘起自己的翅膀。它的翅膀黑色，具有白色条纹，可以做出视觉冲击力很强的炫耀表演，但是吸引博斯特威克注意力的是它的声音：先是尖厉的、金属般的咔嗒声，接着是一段简单的、持续不变的音符，博斯特威克后来将其描述为"叮铃声"。博斯特威克拍摄的视频我看过很多遍，还用自己家里的钢琴和视频里的鸟一齐演奏过。（从记录来看，梅花翅娇鹟是以升F调在进行繁殖炫耀表演。）在我看来，它翅膀的音符听起来就像是水晶般的铃声，或者是快速拨动一种优质的乐器——

一只雄性梅花翅娇鹟极具视觉冲击力的（并且有声的）羽毛表演。

清澈且平稳，带有一丝颤音。

　　就像天堂鸟一样，娇鹟们也遵循着择偶场的炫耀求偶模式，雄性装扮得鲜艳耀眼，在它们的炫耀场地上登台表演精美的舞蹈。雌性则负责挑选，在娇鹟这个案例中，雌性似乎喜欢寻常的歌舞中再加上一些振动。它们至少演化出了 11 种不同的振翅动作，有一些种类还会使用不止一种动作——相互击打翅膀，或是用翅膀拍击身体或尾巴，有时

　　　　　　　　　　　　　　　羽毛：自然演化中的奇迹

还会像抽鞭子一样将翅膀展开伸进空中。娇鹟将羽毛的拍击作响与嘹亮的鸣叫声和目不暇接的飞行舞蹈结合起来，使它的表演成为了自然界最复杂（同时也是最狂热）的仪式之一。但是在娇鹟科的 60 种鸟类中，梅花翅娇鹟将翅膀拍击作响推上了一个新高度，并且还在它的乐队中加入了弦乐部分。

博斯特威克回忆着自己在康奈尔大学的大学生活，对我解释说："我对生物学和动物行为学很着迷，但我并不是一个真正的'鸟人'。"她把自己对娇鹟的兴趣回溯到三个重要的事件。首先是她上大学时或多或少因一时兴起而选择的一门课程"脊椎动物的功能形态学"。"其实我都不知道它究竟是什么意思，"如今她笑着承认说，"只知道它和动物以及多样性有关。"事实上，这门课程的重点在于比较解剖学，然后是不同类群动物特定身体性状的演化。"我们学习了为何鲨鱼的鳃弓和哺乳动物的听小骨是一样的，为何鱼鳍和翅膀是相关联的。我完全爱上了这门课。"这门课还点燃了她对结构演化旷日持久的热爱，为她后来所有的羽毛研究奠定了基础。

博斯特威克的第二个突破性事件在于，她毕业之后立即接受了康奈尔大学脊椎动物博物馆的一份工作。在那里，她突然发现自己完全沉浸在了鸟类研究之中。博物馆与康奈尔著名的鸟类学实验室（一个引领世界鸟类研究和保育的中心）有着密切合作。"我原本还以为自己对自然有所了解，然而那时我才意识到，就在我自己的后院里，就有各种各样我一点都不了解的神奇生物！"

观鸟的"痒痒虫"咬了她一口，而且还是狠狠地咬了一口。她后来搬到了美国西南部，三年里基本上将全部时间都投入到了观鸟中。当她终于抽出时间来考虑自己研究生期间的项目时，她最先联系的那些教授中正好就有理查德·普鲁姆。在 20 世纪 80 年代和 90 年代初，普鲁姆就在为研究娇鹟积累早期的鸟类研究经验。所以他早已为未来有兴趣做比较解剖学研究的学生准备好了答复："有一类叫娇鹟的鸟，能用翅膀发出声音。没有人知道它们是怎么做到的！"至此，博斯特威克彻底转向了研究娇鹟的生活。

她从实验室工作开始做起，仔细地检查了她能找到的每一个标本。"我基本上花了一整年的时间来看翅膀。"博斯特威克还没在野外见过梅花翅娇鹟时，它就已经从众多鸟类中脱颖而出了。它的次级飞羽的羽轴看起来出奇地肿胀，有一根羽轴靠近尖端的部位还成 45 度角弯曲着。就连它的肌肉组织也与其他鸟类的翅膀不同。"要是我能弄明白到底是怎么一回事，这一定是一篇好文章。"博斯特威克说。她回忆了普鲁姆的评论："我不知道那些鸟在做些什么，但是研究这个一定会非常有趣！"

博斯特威克和普鲁姆绝对不是最早注意到梅花翅娇鹟羽毛的生物学家。这种鸟的名字就涉及了它奇怪的梅花形羽轴，而达尔文本人也在 1871 年就用它们来阐释性选择的观点。达尔文指出，只有雄性才会产生这种变异，尽管他从未在野外见过一只娇鹟，但他猜测这种奇特的羽毛一定是用于吸引异性的："就修饰过的羽毛而言，它们可以发出扑扑声、哨声或者咆哮声。我们知道，在求偶过程中，有一些鸟类会一起拍动、晃动或者震颤自己的羽毛；如果雌性被引导着去选择最好的表演者……慢慢地，羽毛几乎就会被改造成为任何可能的样子。"达尔文凭直觉推测了羽毛变化的目的和过程，但是"羽毛发声者"究竟是如何操

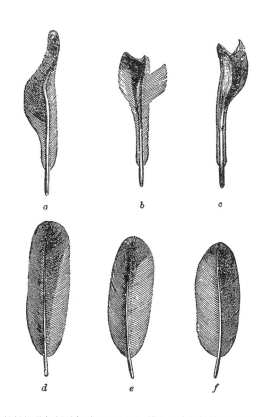

查尔斯·达尔文将雄性梅花翅娇鹟翅膀羽毛（第一排）的奇怪性状正确地归因为性选择。

作的自那时起就一直是一个谜。

博斯特威克的首次厄瓜多尔之旅结束后，她仍然被这个问题困扰着。"我回到实验室，看着那些标本，心里觉得自己看到的那些是不可能发生的事情。"她一遍又一遍地检查鸟类的翅膀，将它们的翅膀像厄瓜多尔的鸟儿那般举起来，但是这些羽毛看起来似乎不可能会制造出曲调。拍击声和振动声可以，但是"叮铃声"仍然来历不明。"这些翅膀没有办法制造出那些翅膀发出的声音。我们是在对抗物理定律。"

传统上，科学家们认为鸟类有两套基本方法来使羽毛发声：拍击羽毛，或是用高速俯冲飞行来制造出某种振动声。这两种被认为是拍击声和猛扑声。拍击声还包括在其他娇鹟中发现的各种敲击的音符，以及常见的鸽子起飞时翅膀的拍动声。猛扑声出现在一系列喧闹的飞行炫耀表演中，都依靠于俯冲时的巨大速度来引发一些类似于哨音或者呼啸的声音。这种效应包括安氏蜂鸟俯冲时的嗡嗡尖鸣声，以及扇尾沙锥和美洲夜鹰怪异的呼呼声。很显然，梅花翅娇鹟发出的是某种新的声音。然而就像之前所有的生物学家一样，博斯特威克开始觉得自己可能永远也没法弄清这个问题。

然后，一种前所未有的创新方法——高速数字摄像出现了。对于非正式的电影制片人和小成本的纪录片制片人而言，小型数字摄像设备的出现为他们打开了通往新世界的机会之门。只需花费传统电影制作成本的一小部分，就能制作出专业的作品。对于科学家而言，它同样打开了一个新世界，带来无数潜在的数据和史无前例的观察结果。博斯特威克带着一台便携式摄像机回到了热带雨林。这台摄像机能以高达每秒 1000 帧的速度捕捉梅花翅娇鹟如闪电般快速的动作，比普通摄像快30 多倍。

"高速摄像是真正的突破。"博斯特威克对我说。突然间，她能真正地看清梅花翅娇鹟的行动，观察到翅膀的每一次拍打，并逐帧逐帧地将每一个动作和声音匹配起来。她拍摄的视频揭示了梅花翅娇鹟用倒转的翅膀一齐发出响亮的声音（这是一种传统的发音机制），然后开始一种奇异古怪的、可控的颤抖动作。快速的振动使两侧翅膀不断地合在一起，拍击膨大的梅花形次级飞羽，迫使扭曲的羽毛来回摩擦邻近的羽轴尖端形成的一列弧形边缘。突然间，整个故事都讲得通了。每侧的翅膀实际上就像一把极小的小提琴。形状扭曲的羽毛尖端就好比琴弦拨片或者琴弓，羽毛边缘就像是琴弦，膨大的中空羽轴则是共鸣室，放大和维持声调。

"这个机制完完全全是独一无二的。"博斯特威克解释说。其他已知的鸟类中，没有哪一种鸟可以发出这种持续的结构音律，通过摩擦身体上不同的部位来进行科学家们所说的"摩擦发音"[②]。"最相近的类比大概是蟋蟀。"她又说。我立即想到了伊索寓言中经典的故事《蚂蚁和蝗虫》。在这个故事中，无忧无虑的蝗虫拉着自己的小提琴，而勤劳的蚂蚁则忙碌着为即将到来的冬天囤积食物。和蟋蟀一样，蝗虫也是利用拨片和音锉系统摩擦发音[③]，它们在自己的翅膀上摩擦后腿，从而制造出大家所熟知的夏日午后"唧唧唧唧"的背景音乐。但是在生物界中，伊索寓言中的道德观会瓦解，因为有好些种类的蚂蚁也会摩擦发音。它们也可以带着自己的小提琴，参加蝗虫的派对，然后一同在冬天挨饿。事实上，有许多昆虫，从甲虫到马陆[1]，都演化出了类似的"拨片和音锉"系统。"如果梅花翅娇鹟是一只虫子，"博斯特威克笑着说，"它就不会那么有趣了！"

博斯特威克的工作使我们注意到了一种极端的羽毛适应性变化，这不仅对科学界来说是崭新的，对于漫长的羽毛演化史而言，也是崭新的。它仅仅出现在最近演化出来的几种鸟类身上。不过，还有另一个意

---

1 —— 原文如此。马陆为节肢动物门倍足纲动物统称，不属于昆虫纲。

外在等着我们：所有种类的羽毛羽轴都有产生共振的能力，尽管它们缺乏梅花翅娇鹟特殊的梅花形共鸣室。不仅如此，博斯特威克连接到激光多普勒测振仪上的每一片羽毛似乎都能以几乎相同的音高共振。"并不是梅花翅娇鹟的羽毛演化出了能产生共振的特性，它们只是突出体现了一种先前就存在的性状，并且充分利用了这种性状。"

了解了这些，我又问博斯特威克其他的鸟类有没有利用羽毛的共振能力。就算缺乏娇鹟的拨片和音梳，它们就不能通过拍击或者猛扑触发合适的频率，然后在羽轴内产生共振，发出声音吗？

"我觉得现在还没人知道答案，"她回答我说，"但我的猜想是它们可能。"她自己的研究目前正朝这个方向发展。在最近发给我的一封邮件里，她说她已经找到强有力的证据表明，雄性艾草榛鸡低鸣时，翅膀和胸部羽毛的哗哗作响就体现出了羽毛共振现象。如果羽毛发音和产生共振的潜能与羽毛本身的历史一样久远，那么徐星就有可能找到一只摩擦发音、拍翅发音或者猛扑发音的兽脚类恐龙的痕迹。"我们肯定需要去查看化石。"博斯特威克同意说。

我问博斯特威克的最后一个问题是我在为这本书做调研时一直都在思索，而且不断困扰着我的问题：羽毛现在朝什么方向发展？我们已经知道了羽毛结构和发育的复杂性，以及颜色和性状的无穷多样性，那么还会有什么其他的可能性呢？羽毛还会演化出什么新的用途呢？

"答案是……它们已经在这样做了！"博斯特威克立即回答道，"羽毛已经被用在一些我们还无法领会的方面。关于羽毛，我们忽略了太多太多，因为它们向前发展得太快了，或者是因为我们目前还无法理解其物理学或者化学机理。"正如新的摄像功能揭秘了梅花翅娇鹟的传奇故事，博斯特威克认为新的科学技术将会带来对羽毛的隔热、防水性能及其颜色和空气动力学的新认识。"羽毛在各个方面都已经令人称奇了！"博斯特威克一度赞叹说，"我们只需要有能力去发现。"

　　和很多与我交谈过的从事羽毛工作的人一样，金伯莉·博斯特威克爱她的工作。她谈到科学工作时，丝毫不掩饰自己的兴奋激动，就好像每一个新想法都是她刚拆开的一个精美包裹。我们第一次交谈是在一个早上，前一天晚上我和伊丽莎彻夜未眠，轮流照顾着正在长乳牙、大哭大闹的诺厄。我们的 Skype 连线信号不稳定，连接也有延迟。但当我们谈话即将结束的时候，博斯特威克的热情已经使我浑身充满了能量，恨不得立马出去买一台激光多普勒测振仪或者高速摄像机，然后将它对准第一只飞过窗口的自然奇迹，看它拍打、猛扑或者鼓动双翅。在我们这种以结果为导向的文化中，我们很容易执迷于看到结局、解决问题以及寻找精确的答案。然而真正让人着迷的东西随着每一条新信息的出现持续不断地建构起来——制造新的关联、揭示新的模式、打开新的认知。探索自然奥秘从根本上说是开放式的、没有标准答案的，是一项受好奇心驱动的事业。它提醒我们，科学并不总是关乎答案，更关乎问题。

结语　恩赐的惊异

它看见了这所有的复杂——

世界，和世上的乌合之众，

教堂、军队、医术、法律，

顾客和生意——

它都没有兴趣，

然后它说，它说了什么？——呱！

你这只开心的鸟儿！我也看见了

人类太多的浮华，

并早已厌乏，

我愿高兴地放弃我的四肢

换取你的这对翅膀，

换取你的头颅。

——威廉·柯珀（William Cowper），

《寒鸦》（*The Jackdaw*，1782 年）

寒风凛冽，激起一排排整齐的白浪，一直穿过海峡延伸到对岸的加拿大。我们正往山顶徒步时，明亮的阳光倾泻下来，照耀在常绿树林上，激励着我们朝向它的温暖前进。春天到得早了些，忍冬已经长出叶子，最早的一批醋栗花已经绽放，花儿们在微风中晃晃悠悠，就像一个个粉色的小灯笼。诺厄朝我胸前挤过来，贴在上面继续睡——他已经是一名经验丰富的徒步旅行者，很高兴把每一次林中漫步当作打盹的最佳时机。我们当时是去拜访伊丽莎的大家庭。他们住在一个比我们的岛还要小、还要偏远的小岛上。那天，伊丽莎的阿姨带领我们徒步旅行。大家都是第一次尝试这条穿过小岛最北端森林的新路线。就在我们即将停下来去吃午餐时，阿姨发现了小路边的树枝上挂着一片不寻常的羽毛。她小心翼翼地把它取下来递给伊丽莎，伊丽莎带着疑问的表情将它递给了我："你知道它是什么鸟的吗？"

　　这片羽毛很大，比我手掌摊开还要长，根部宽大而多羽，至尖端羽片渐渐变小变窄。它的配色把我难住了：雪白色的羽枝，从中部开始渐变成奶油色和浅黄色，然后带有一丝明显的红色。它明显是来自一只大鸟的胸部或者胁部。但究竟是什么鸟的呢？鹅？猛禽？某种巨大的猫头鹰？我实在想不出什么鸟正好有这种羽毛配色。"我不知道这是什么鸟的，"最后我把羽毛收好放到一边，回答说，"但我知道怎么查明真相。"

　　乘了一次小船、两趟飞机，又转了一趟地铁，然后我穿过华盛顿特区的国家广场，朝史密森学会自然历史博物馆的大穹顶和科林斯式正门走去。卡拉·达夫博士约我"在大象那儿见面"。那是一个不言自明的会面地点，也就是巍然耸立于博物馆大厅中的巨象高高扬起的鼻子下面。

卡拉穿着随意，为人率直，也不装腔作势，从外在迹象上看不出他是世界上最顶尖的羽毛专家之一。全世界仍在世的人中，可能没有谁比卡拉见过、触摸过和检查过种类更多的羽毛。"来吧，我带你上去。"她的声音优雅，带着拖长了元音的弗吉尼亚口音。

我们走到大象的背后，穿过一扇防盗门和如迷宫一般的众多走廊和楼梯，最后到达了羽毛鉴定实验室。在这个实验室里，卡拉负责管理3名全职员工、几台昂贵的显微镜、1台测序仪和650,000多只鸟类标本[①]。当我们走过一排一排的陈列柜时，她对我说："我们收藏的鸟类标本已经超过全世界3/4的种类，而且还在不断增多。"

这些标本可以追溯到19世纪早期的采集活动，其中包括部分来自约翰·詹姆斯·奥杜邦、西奥多·罗斯福等杰出人物的捐赠。然而，专业的羽毛鉴定直到1960年的秋天，在一架洛克希德伊莱克特拉号涡轮螺旋桨客机神秘坠毁之后才起步。

美国东方航空公司375航班在起飞后不久就偏离航道，坠入波士顿港，造成62人身亡。在当时，这是美国历史上最为致命的飞机事故之一，也震惊了依然倾心于商业航空旅行理念的全美国人。当调查员发现被毁的引擎中堵塞的鸟类残骸时——行业内称之为"鸟击"或者"鸟撞"[1]，刚成立的联邦航空管理局（FAA）突然对由鸟类撞击造成的安全隐患产生了兴趣。如果他们能够以某种方法鉴定出肇事鸟种，他们就能开始设计和管理机场与飞行模式来减少隐患。

在这不久之后，一包裹凌乱的鸟击残骸被寄到了史密森学会，然

---

1 —— 原文为"snarge"或者"bird ick"。

羽毛：自然演化中的奇迹

后很快被送交鸟类分部的动物标本剥制师罗克西·莱伯恩（Roxie Laybourne）。罗克西仅凭自己的智慧和 1916 年刊出的一篇关于羽毛结构的晦涩的文章，就提出了由羽毛显微结构准确鉴定识别羽毛的方法。来自波士顿的鸟击残骸为罗克西提供了大量的材料，她立即给出了一个定论：肇事者是紫翅椋鸟。案件调查完毕，FAA 深为所动，羽毛鉴定实验室也自此诞生。

　　"我从没见过像罗克西这样的人，"我们在卡拉的办公室里坐下开始交谈不久，她就告诉我，"我刚到这里的时候，就紧跟着罗克西，学习我能学到的所有东西。当时我的工作在收藏品这块儿——我甚至都不应当去做与羽毛相关的事情！"

　　那是 20 年前的事情了，卡拉一直义无反顾。她以水鸟羽毛的显微结构为主题撰写了自己的博士论文，然后全职加入了罗克西的鉴定实验室。"后来，罗克西没法支撑着来实验室，我们就在她家的走廊里研究羽毛鉴定案例。"卡拉回忆起她的导师在 92 岁那年去世之前的日子时说道。从那时起，实验室里待处理的鉴定案例数目就在不断增长，从卡拉刚开始工作时的每年 300 例，到如今的每年 5000 例。她和同事们仍在使用罗克西开创的方法，当需要分辨更细微的差别，或者是当鸟击残骸中缺乏任何可用的羽毛碎片时，他们也会使用新的 DNA 指纹图谱技术[1]。他们的客户包括各种机构，从 FAA 到美国海陆空三军、美国鱼类及野生动物管理局、美国国家公园管理局、美国海关局、国家运输安全委员会，以及美国联邦调查局（FBI）。"这就像是侦探工作，"卡拉

---

1 —— 一种使用通过比较 DNA 片段来区别不同个体的方法。

说，"我热爱这份职业。"

就像侦探一样，卡拉永远也没法确定案件的走向。"我们最近有一起发生在 1500 英尺（约 450 米）高空的鹿撞击事件，正好就在圣诞节之后，"她脸上不带一丝笑容地告诉我，"撞击残骸中的 DNA 都鉴定过了——绝对是一头鹿。"直到调查员们回去检查飞机，他们才找到了一只倒霉的秃鹫留下的一小片羽毛碎片。正是它的最后一餐引起了这场混乱。"类似地，我们也找到过青蛙和蛇——猛禽的爪子或者胃中可能携带的任何东西。"鸟类（等动物）撞击飞机的事件是他们接手的最常见案子②，不过实验室也要处理各种各样的羽毛难题。当生物学家们在大沼泽地抓到一条外来入侵的非洲蟒蛇时，卡拉能告诉他们，这条蛇最近都吃了哪些珍稀鸟类。人类学家、博物馆、美洲土著部落也都曾请求他们帮助鉴定古代手工艺品上的羽毛。FBI 曾请他们对遭遇枪杀的受害者脑子里残留的羽毛和用来消音的枕头里的羽毛进行匹配。随着累积的野生动物非法交易案件越来越多，美国鱼类及野生动物管理局最终放弃了向卡拉寄送羽毛，而是将政府代表送到史密森学会接受长达数月的培训，然后回去创办了自己的羽毛法医学实验室。

我问卡拉能否用我从家里带过来的那片奇怪的羽毛，从头到尾地向我演示一遍鉴定流程。"我很乐意。"她立即同意了，但当她看见那片羽毛时，她突然间大笑了起来。"噢，"她一边说一边朝我摇晃着食指，"你有麻烦了！"

天哪，我心想，这是怎么一回事[1]？当然这也正是我前来寻求答案的

---

1 ——"What is this thing？"还有"这是什么东西"的意思。

一个问题。卡拉熟练地在手指之间检阅了一番羽毛，然后我们就正式开始鉴定了。首先，这是一片完整的羽毛，一片半绒羽，而且明显来自于一只大鸟。"它还有一片副羽，"她补充说，"并不是所有的羽毛都会有副羽。"她指给我看羽根的位置，从那儿我们可以获取有用的 DNA，然后我们用羽毛基部的两根绒羽羽枝制作了一块显微镜玻片。卡拉解释说："所有有用的显微结构都位于羽毛的羽小枝中。"透过显微镜看去，我明白了她的意思。被放大了的羽小枝熠熠生辉，就像波浪状的玻璃线，长细胞集合的结点处具有特别的膨胀突起。有一些结点很宽，有一些很窄，有一些是三角形的，有一些则有刺状突起。我们把我那片羽毛和各种用于参照的显微镜玻片进行对比，迅速缩小了范围。这种鸟不是鸭子或者天鹅，也不是供猎捕的鸟，也不是猫头鹰。所有的证据都指向某一类大型猛禽。

"现在我们去藏品室看看，来确认一下。"她一边说，一边带我回到一排又一排的标本陈列柜前面。她凭借记忆打开几扇门，抽出几个抽屉，以一连串动作将一只僵硬的白头海雕和一只红尾鸶快速放到我的怀里。她又找了另外几种，我们将它们一字排开放在中央大桌上，在那儿，特制的一组灯泡可以模拟直射的太阳光。红尾鸶的羽毛显然太小，白头海雕的羽毛则颜色太暗。接着我们找到了一只鸟，不管是浅色的绒羽基部，还是沾染红色羽毛尖端，都能完美地匹配。"我喜欢这个，我喜欢这个。"卡拉边说边拿着我那片羽毛靠近了它的孪生兄弟。看起来，我把一片来自一只亚成金雕左侧肋部的半绒羽卷在行李箱里四处走动，明显违反了好几条联邦法律。在我拍了一张照片，记了一些笔记后，我们把标本放回陈列柜，然后就朝卡拉的办公室走去。她没有把我的那片羽毛还给我。

随着谈话渐近尾声，我问卡拉是不是一个观鸟爱好者。"是的，我是！"她惊呼道，"我这周末就会出去，看看现在周围有哪些鸟。"事实上她是当地一名十分活跃的观鸟爱好者，最近刚帮忙为弗吉尼亚州确认了一个鸟类新记录（大白鹭）。

在为这本书做调研时，这个问题我问过许多人——从古生物学家和博物馆馆长，到工程师、书法家和制帽商。几乎每个人都认为我只是出于好奇。当然，鸟类学家们会回答"是"，我确实也发现有一位好莱坞时尚设计师在他家的露台上撒玉米给鸽子吃，但对大多数人而言，观

卡拉·达夫检查了我带到史密森学会羽毛鉴定实验室的那片羽毛。

鸟听起来完全就是古怪反常的。尽管大家对羽毛比较入迷，甚至是痴狂，但是我们常常忘了去欣赏在自然环境中为我们身边的鸟类增添光彩的羽毛。不论我们的惊叹之情是源于帽子上的羽毛、羽绒服的温暖，还是翅膀在飞行中所展现的神奇物理现象，我们的惊异都受惠于鸟类。

作为羽毛狂热者（亲爱的读者，你既然已经跟随我到了这儿，也就够得上这一称谓了），我们并不需要都是矢志不渝的观鸟爱好者，不需要有列好交叉引用项的个人鸟种记录，也不需要有比我们的汽车还贵的双筒望远镜。但是至少我们必须成为鸟类的发言人，否则我们将会目睹我们关心和追慕的对象逐渐衰落和消亡。早在19世纪50年代，阿尔弗雷德·拉塞尔·华莱士就注意到天堂鸟"比在20年前难获取得多"，并且把这个趋势归咎于过度捕猎。如果他知道，如今全世界超过1/8的鸟类被认为濒临灭绝，而他心爱的马来群岛已经失去了70%以上他所熟知的原始热带雨林，他又会作何评价呢？

鸟类分布广泛，而且容易被观察到。随着激情昂扬的观察者形成日渐壮大的网络，鸟类充当了许多大尺度环境变化趋势的晴雨表。监测迁徙的鸟类，就有可能追踪到它们在地球另一个半球上冬季或夏季栖息地的丧失。例如，在繁殖季节，鸟类分布的转移和变化能让我们立即洞悉全球变暖的影响。随着人类活动足迹的扩展，越来越多的鸟类正变得稀少，甚至常见物种的数目似乎也开始下降。鸟类种群面临的这种压力也混杂了我们对羽毛的痴迷造成的后果。在19世纪的羽毛产业将雪鹭和其他一些物种推到灭绝的边缘时，人口数量也达到了15亿。如果对野鸟羽毛的需求量再度达到最高峰，现在的鸟类如何能承受比那时多了将近5倍的人口？当然，现在在相应的领域有更好的法律保护，家养禽类羽毛也满足了绝大部分市场需求，但是还有一项经久不衰的非法贸易，就存在于这些表象之下。

　　每年全世界有成百上千万的野鸟被猎杀或者捕捉，以满足当地乃至其他国家在野味、宠物、羽毛、恋物崇拜以及鸟类古玩这些方面的欲求。仅在巴西，非法野生动物贸易每年就能达到约 10 亿美元的交易额，其中鸟类和羽毛产品占据了相当大的一部分。劳雷尔·内姆（Laurel Neme）在其著作《动物调查员》（Animal Investigators）中，详细描写了对佛罗里达州一位专营巴西印第安人羽毛工艺品的进口商的漫长追捕。此人被逮捕时，单只他一个人就拥有几千件工艺品和大量来自珍稀以及濒危鸟类的羽毛，其中包括"角雕、金刚鹦鹉、紫蓝金刚鹦鹉、小金刚鹦鹉、琉璃金刚鹦鹉、绿鹦、圭亚那红伞鸟、辉伞鸟、黑尾鹳、大白鹭、橙翅鹦哥、斑点鹦哥、裸颈果伞鸟、笑隼、凹嘴巨嘴鸟、簇舌巨嘴鸟、拟椋鸟、凤冠雉……"——一长串的名单。但是我们不需要追捕到一个盗卖贩子，就能瞥见野鸟羽毛贸易的范围。随便哪天，只要在易趣网或者克雷格列表网站上简单地搜索一下，就能网罗到大量可疑的出售品。写到这一段，我停下来去搜索了一下，然后在网上迅速发现有好几十种罕见野鸟的羽毛在公开销售，从风鸟、咬鹃、拟啄木鸟到蕉鹃，甚至还有一只大天堂鸟。收藏家和传统的飞蝇钓狂热爱好者有时会花好几千美元购买难以寻觅的羽毛标本。然而就算是最普通的羽毛销售品也会不断地给野生鸟类种群带来不必要的负担。毕竟，乔迪·法瓦佐能按照顾客的意愿将鸡毛染成彩虹般多彩的颜色；而如果一条鱼连"赫伯特·迈纳奶油獴"雄鸡颈羽做成的假蝇都不咬，那不抓它也罢。

　　史密森学会羽毛鉴定实验室为这次关于绒毛、飞行和美艳的探索旅程提供了一个理想的终点。卡拉和她的同事们每天都生活在羽毛中，呼吸着羽毛。他们的工作一半是生物学，一半是法医鉴定学，在人类世界和鸟类世界的交界处占据了一个独特的位置。在这个交界处，人类和鸟类产生了真正意义上的相撞。当他们的努力取得成功时，当鸟击残骸和羽枝给出一个肯定的物种识别信息时，他们向我们展示了有时候两个冲突相撞的世界所造成的不良影响也是可以得到缓和的。野生动物的撞机案会被破解，盗卖贩子会被抓住，而机场也可以重新设计，以便让更少的鸟类受到伤害，也让更少的人面临危险。我们需要将这个经验带到人类和自然系统发生冲突的任何对撞点。我们现在如何解决那些问题（从栖息地丧失到外来物种入侵，再到气候变化），将恰好决定我们会为子孙后代留下多少生物多样性。哪些莺和蜂虎会幸存下来，哪些猫头鹰、鸹、蚋莺、海雀、雨燕和雕会持久存留在属于它们的野外栖息地里，而还有哪些却只能在博物馆里看到？

会面结束时，卡拉陪我回到了大厅的大象处，我们握手道别。博物馆里十分热闹，到处是家庭、游客，成群的小孩子叽叽喳喳地涌进哺乳动物展厅、人类起源展厅和一个个摆满了恐龙、爬行动物、昆虫、宝石和矿物的展室。我在一个自然类摄影获奖作品展览前停下了脚步，这些美丽的大幅彩色印刷照片记录了来自全世界各地的野生动物。照片中的鸟类都具有十分明显的特征，而其中一张格外引人注目。

贴着这张照片的那面墙使得每一个转过墙角的人都能和它迎头碰上——这张 1.4 米高的照片生动地抓拍到了一只径直朝着相机飞过来的北极海鹦。它倾斜着占据了整个画面，翅膀和滑稽的、鲜橙黄色的脚斜着伸展开，就好像它也正在飞行中转弯。神奇的是，这张照片上每一个细节，从每一片尾羽的黑色羽干和炭灰色羽片，到从北极海鹦衔在嘴里的三条银色鲦鱼身上坠落的每一滴水珠，都十分清晰。

有好几分钟，我看着人们转过墙角，和这只巨大的北极海鹦迎面遇上——一对母女、一对年轻的日本夫妇、一群大学生模样的女生。他们的反应都和我之前一样：突然间吸一口气，然后倚身靠近，眯缝着眼睛，更加仔细地观察。从惊讶，到疑惑，再到惊异。让魔力开始吧。

　　　　　　　　　　　　　　　　羽毛：自然演化中的奇迹

附录 A　羽毛图鉴

接下来的这几页图解参考资料，将介绍全书中涉及的羽毛类型。但是这些例子并不详尽，因为羽毛的形态多样，功能也多样。图示介绍了在现代鸟类可见的所有主要羽毛种类，但它们只代表整个谱系中的典型。例如，在绒羽、正羽和半绒羽之间，可能有各种各样的蓬松度。而一些繁殖羽高度特化了，根本无法分类。甚至就连"须"都不是完全一致的（见后面图示中的"半须"）。尽管如此，这个图鉴还是尽可能罗列了可能遇见的所有基本羽毛类型，并解释了许多用来描述羽毛的常见术语。羽毛生长图、换羽图和羽毛演化的发展模型图也再次列出，以便参考。所有图示均由尼古拉斯·贾德森（Nicholas Judson）绘制。

飞翔羽

飞翔羽（Flight Feather）

　　飞翔羽，具有特别的管状羽干，可以巧妙地与其两侧的羽毛无缝接合为一个整体，构成翼或者尾。当这些羽毛展开时，每一片都是极佳的流线型。飞翔羽由标准的正羽演化而来，也具有羽片防水、羽小枝相互钩连缠结的特点。飞翔羽可以有鲜亮的色彩，可以变长，也能在繁殖炫耀中有其他的修饰改变。对于不能飞的鸟类而言，飞翔羽通常会失去全部的流线型特征，主要用于炫耀、防水或者其他功能。飞翔羽也被称为飞羽（remiges，单数 remex）和尾羽（retrices，单数 rectrix），前者着生于翅膀上，后者位于尾部。飞羽根据其着生在翅膀上的位置，还能进一步分为初级飞羽和次级飞羽。

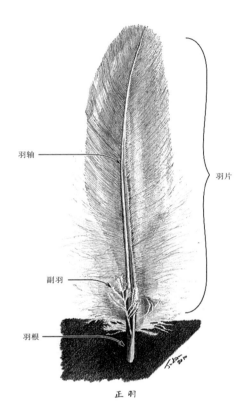

羽轴

副羽

羽根

羽片

正羽

正羽（Contour Feather）

　　正羽构成了鸟类体表大部分的羽毛。羽片对称地分布在羽干两侧，羽小枝之间钩结成为一个光滑且防水的整体。在羽干的根部，通常还附生有副羽，增加额外的隔热效果。正羽的大小和外观多种多样，从蜂鸟头顶带有绚烂色泽的细小羽毛到鸭子腹部长长的羽毛，再到雕背部和胁下宽大的羽毛。正羽的色彩、繁殖产生的适应性特征和其他各类变异极其丰富，孔雀开屏展示的羽毛、猫头鹰的耳羽以及沙鸡腹部海绵状的羽毛都是各种形态的正羽。

半绒羽

半绒羽（Semiplume）

　　半绒羽的结构和功能介于正羽和绒羽之间，具有明显的羽干，但是羽枝之间没有相互钩连形成封闭的羽片。它们填充了体表的羽衣，增加隔热，有时外露的羽尖还能为鸟类体表增添色彩。半绒羽也能变化成为炫耀羽。大白鹭优雅的繁殖羽，曾被用于制作女士们心仪的帽子，那其实就是变长了的半绒羽。

　　　　　　　　　　　　　　　　　　　　　　羽毛：自然演化中的奇迹

绒 羽

绒羽（Down Feather）

典型的绒羽是不具有羽干的。它的羽枝从羽根边缘处分叉成为松软有弹力的一丛，产生极佳的隔热效果。事实上，"绒羽"一词通常指代任何具有隔热性能的羽毛，因此也有很多种类似绒羽的羽毛具有短小或者不完整的羽干。许多绒羽都具有细长的羽小枝，增加了蓬松度，也增强了隔离和锁住空气的能力。

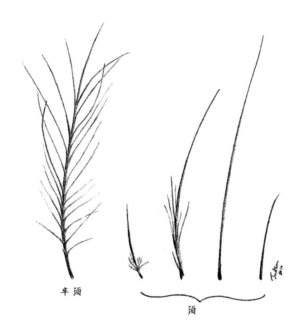

半须

须

须（Bristles）

须本质上是一种坚硬、无羽枝或有少许羽枝的羽干。它们通常着生于脸部、脚部以及其他裸皮处，在某些情况下起到感觉或者保护功能。（此处所描绘的须来自一只仓鸮的脸部和脚部。）对于一些在空中捕食昆虫的鸟来说，长须通常有助于将昆虫引导到它们嘴中。须的形态多样，一些具有足够多羽枝、开始变得像标准羽片的须，被称为半须（semibristle）。

羽毛：自然演化中的奇迹

纤羽

纤羽（Filoplume）

不像其他大多数羽毛，纤羽的滤泡中没有肌肉，因此不能自主调整或者移动。它们发挥触觉功能，感知周围其他羽毛的运动和状态，并将信息传递给鸟类。通常每一片飞翔羽的基部都有一簇纤羽。它们就像一艘航船上的风标，提供有关风速和羽毛位置的即时信息，帮助飞行中的鸟类做出精准的调整。在一些罕见的情况下，纤羽会延长，使得羽毛簇生的尖部从周围的体表羽毛中露出来，在繁殖炫耀中发挥一定的作用。

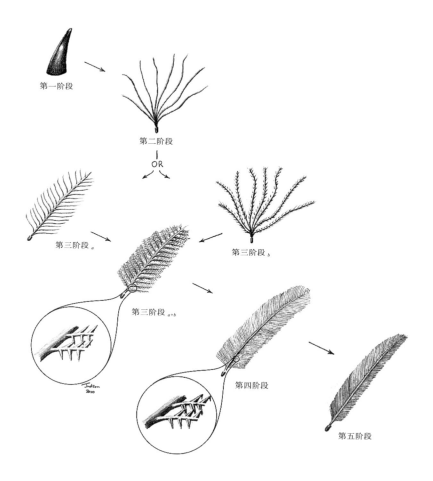

第一阶段

第二阶段

OR

第三阶段 a

第三阶段 b

第三阶段 a+b

第四阶段

第五阶段

羽毛演化的发展理论

发展理论提出了通向现代羽毛的一系列渐进演化步骤：无分支的羽管（第一阶段），简单的细丝（第二阶段），细丝着生在羽干上（第三阶段），相互钩连的羽小枝和羽毛状的羽片（第四阶段），不对称的飞羽（第五阶段）。

羽毛：自然演化中的奇迹

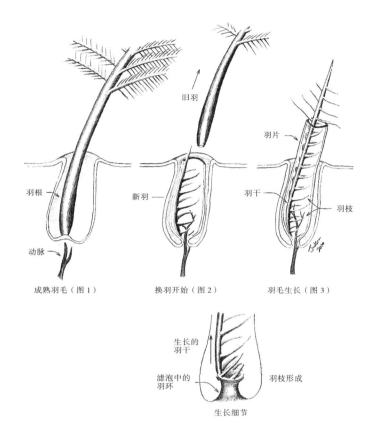

成熟羽毛（图1）　　　换羽开始（图2）　　　羽毛生长（图3）

生长细节

羽毛的发生和换羽 ①

　　图1中，一片成熟羽毛的羽根紧固地坐落于滤泡之中，与下方活真皮组织中的血流分离开。当换羽开始时（图2），滤泡腔中的细胞活动开始制造新羽毛的羽枝和羽干，并由延伸至杯状腔中的活组织提供原料。旧羽毛被挤出，新羽毛长出来替代它的位置。羽枝从滤泡和临时的保护鞘中生长出来，舒展开形成羽片（图3）。羽片生长完成后，滤泡腔产生了一根角质的硬管，形成羽毛的基部。而后，羽毛停止生长，活组织撤回，于是又回到图1所示的场景：成熟的羽毛与下方的活组织被无生命的角质隔绝开。生长细节图展示了羽枝在与坚硬的羽干融合并向前推进之前，是如何围绕滤泡腔内缘形成一个螺旋的。

附录 B　关于本书与鸟类保护

　　本书收益的一部分将被捐赠用于对野外鸟类（及其羽毛）的保护和保育，以帮助偿还我们的惊奇之心所受的恩惠。如果要直接支持和帮助鸟类保护工作，您可以考虑向下列四个值得尊敬的组织捐赠。

（美国）国家奥杜邦学会 National Audubon Society
225 Varick Street. 7th Floor
New York, NY 10014
Phone:（212）979-3000
www.audubon.org

国际鸟盟 Birdlife International
Wellbrook Court
Girton Road
Cambridge CB3 ONA,UK
Phone: +44（0）1223 277 318
www.birdlife.org

康奈尔鸟类学实验室 The Cornell Lab of Ornithology
159 Sapsucker Woods Rood
Ithaca, NY 14850
Phone:（800）843-2473
www.birds.cornell.edu

羽毛：自然演化中的奇迹

美国鸟类保育协会 American Bird Conservancy

4249 Loudoun Avenue

The Plains, VA 20198–2237

Phone:（888）247–3624

www.abcbirds.org

注释

　　羽毛是一个庞大的话题。写这本书时，我所做的调查涵盖了各类学科，如鸟类学、航天工程学、古生物学、神话学、书法和休闲运动史。我阅读了教科书、探险家的回忆录、时尚杂志和旧报纸，更不用说还有各种学术期刊，从《极地生物学报》(*Polar Biology*)到《澳大利亚人类学杂志》(*Australian Journal of Anthropology*)，再到《胶体界面科学期刊》(*Journal of Colloid and Interface Science*)。在本书的这个部分，我给每个章节添加了一些有趣的注释，并推荐了一些重要参考书目。这些书和文章能让感兴趣的读者更深入地了解羽毛的迷人之处。完整的信息来源，请参见"参考文献"，其中包含了作者全名和出版信息。

前言

① 弗兰克·吉尔的教科书《鸟类学》(*Ornithology*, 2007)极好地介绍了羽毛——演化、生物学以及对鸟类的重要性。该书的文字描写清晰、写作水平上乘，受到广泛推荐。

绪论

① Davis 1996, 271–272.

第一章

① 近几年来（至少）有两本关于始祖鸟的书，均在第一章提供了重要的背景知识（参见 Shipman 1998，Chambers 2002）。托马斯·赫胥黎最早关于始祖鸟的描述也值得一读（1868）。

第二章

① 鹪鹩、戴菊和北美其他绝大多数鸟类都受《候鸟保护法案》（*Migratory Bird Act*）及其他法律的保护。未经美国鱼类及野生动物管理局和其他相关政府机构的允许，收集或者拥有这些鸟类身上的任何部分都是被禁止的。

② 关于羽毛演化的决定性论文由理查德·普鲁姆和艾伦·布拉什撰写（参见 Prum 1999，Prum and Brush 2002）。

③ 想要了解表述清晰的 BAND 观点，可以读艾伦·费多契亚的《鸟类的起源与演化》（1999）。

④ 作为极具才华的青年古生物学家之一，周忠和博士后来成为中国科学院古脊椎动物与古人类研究所的领头人物，并参与发现了大量早期鸟类化石和披覆羽毛的恐龙化石。

第三章

① 地质学家用"组"（formation）这个词来指代一系列连续且在其地质年表中无断层的岩石。义县组（Yixian Formation）具有各种各样的沉积岩，其间散布多层玄武岩。这表明，长周期的堆积作用被火山运动干扰。在某些地方，火山运动到达的深度超过 1 公里。

② 描写义县化石的书很少，但是可以参考马克·诺瑞尔的《发掘恐龙》。关于披覆羽毛的恐龙的学术论文仍在快速地发表，毫无疑问，就在本书出版之前也会有新发现诞生。参见"参考文献"中所列徐星的论文，同时还可以密切关注本地报纸的科普专栏。

③ 当骨骼变成化石时，它们会典型地直接矿物质化，一个分子一个分子地替换掉原有的物质。对于如羽毛这类软组织而言，保存下来的通常是其无氧分解的副产物。

④ 狗也为我们提供了关于演化的重要一课。如果一只家养的狼能在短短几千年里达到如此的多样化，那么当时间范围扩大推迟到1亿6千万年前恐龙统治地球的时候，或者更久远，一直到第一片羽毛诞生的时间，想想这期间演化的可能性吧。

第四章

① 至少在 1848 年著名的博物学家和插图画家约翰·古尔德出版《澳大利亚的鸟》(*Birds of Australia*) 一书以后，锯鹱 (*prion*) 这一词就被用来指代鹱科 (Procellariidae) 鸟类中体形娇小、以磷虾为食的一类。在 20 世纪 80 年代，史坦利·布鲁希纳 (Stanley Prusiner, 生化学家，后来的诺贝尔奖获得者) 选择了朊病毒 (prion, 源于 proteinaceous［蛋白质的］和 infectious［能传染的］) 一词来描述导致疯牛病及相关疾疫的畸变蛋白。但是我们绝不能因为后面这带有贬义色彩的用法就对这类美丽的海鸟带有偏见！

② 彼得告诉我，目前他正处于"一个 7 年计划的中间阶段，他将为一本新的海鸟手册绘制 5000 多幅插图"。这本书的出版将是一个重要事件。

③ 想要了解更多关于猎捕羊肉鹱的背景知识，参见 A. Andersen 1996。

④ 这个规律的一个明显特例发生在拉丁美洲的斗鸡中。那里的传统是：大嚼对手的公鸡羽毛，能给自己的鸡带来好运和胜利。

⑤ 换羽模式中一个有趣的例外是，在鸟的整个生命期里粉䎃会持续生长。粉䎃分布于全身各处，它们端部的羽毛不断破碎成为粉状角质颗粒，附着于体羽上，可能具有防水或者其他功能。更多细节见第十三章中的讨论。

⑥ 阿尔弗雷德·卢卡斯和彼得·斯特滕海姆所写的关于鸟类羽毛发育和结构

的书是绝对的经典（Alfred Lucas and Peter Stettenheim 1972）。正是这本书促使理查德·普鲁姆产生了顿悟。书的文字部分专业性相当强，但是也有很多极好的图片和图解。

⑦ 通常会有多达 12 种不同的羽虱寄生于鸟类身上。羽虱由亲鸟在巢中传给子代，或者来自群栖鸟类中其他成鸟，因此与某一种鸟相关的羽虱极少与来自其他种类鸟身上的羽虱相互接触。比如，细嘴锯鹱不会与啄木鸟或者乌鸦接触，因而它们身上的羽虱也不会混合和杂交。所以羽虱的演化是与其寄主鸟类的演化相一致的，它们的多样性几乎也反映了鸟类的多样性。（这条规律的例外包括隼、贼鸥以及其他猛禽和食腐鸟，它们在撕咬猎物时可能会遇到各种羽虱。意料之中地，它们身上寄生物的基因组成也就更加多元化。）

⑧ 羽毛寄生虫正在成为鸟类学中的一个热门话题。尽管仍有疑问，但一些研究提出，鸟类可能会利用某些蚂蚁、蜗牛的抗菌性和果实中的化学物质来帮助它们保护羽毛。日光浴和尘浴可能也有助于羽毛的保养，此外一些尾脂腺分泌物似乎还能抑制细菌生长。寄生虫有可能协助促成了换羽行为本身的演进，以及羽毛颜色的形成，因为高黑色素的暗色羽毛要更加抗磨损。

第五章

① 近期的实验证实了这个理论。当实验室中的黑顶山雀面对一系列的捕食者，如雪貂、隼和猫头鹰等时，它会发出各种明显不同的警戒叫声来形容每一只捕食者的体型和可能造成的危险。以鸟类为食的小型捕食者，如北美鸺鹠，会引起拉长了的警戒叫声，而毛脚鵟（以哺乳动物为食）则会迎来短促、不屑一顾的叫声。其他的山雀，以及红胸䴓，都会根据不同的警戒叫声做出相应的应答。它们的行为以警戒叫声中暗含的威胁等级为依据，相当有趣地反映了冬季混群鸟类种内和种间的交流（参见 Templeton, Greene and Davis 2005, Templeton and Greene 2007）。

② 雪和冰，源自大自然最基本的元素，能提供一些保护（想想用雪块砌成的

圆顶小屋）。披肩榛鸡以及北方地区的鸡形目鸟类，常常会在黄昏时分仓皇地飞入雪地里，将自己完全埋进舒适的小雪洞中。

③ 贝尔恩德·海因里希（Bernd Heinrich）的《冬天的世界》（*Winter World*, 2003b）里讨论了羽毛以及其他动物为了在冬季生存而产生的多种适应性特征。彼得·马钱德（Peter Marchand）的《寒冷中的生命》（*Life in the Cold*, 1996）一书也很不错。

④ 史密森学会研究员卡拉·达夫博士描述了绒羽羽小枝惊人复杂的适应性。例如，在浅水区游动的鸭子每一根羽小枝之间具有大的三角形结点，能锁住更多的空气，尽可能地发挥每一片羽毛的隔热潜能。潜鸭也能生活在同样寒冷的水中，但是它们的羽毛却不能锁住这么多的空气——这会使它们因浮力过大而无法潜水以及在水下觅食。潜鸭羽小枝上的结点则明显小很多，绒羽的效能也要差一些。据推测它们可能是通过增加体内脂肪或者新陈代谢上的其他改变来弥补这一点，但这个问题仍需要进一步研究。

⑤ 直到不久之前，戴菊夜栖在何处仍是一个谜。贝恩德终于成功拍到了4只戴菊在浓密的美洲五针松树枝上挤作一团。这证实了它们确实是在野外露天——或者是在薄薄的一层雪覆盖下——度过寒冷的夜晚。

⑥ 戴菊将自己的体温维持在华氏111度（44℃），即使是在冷至华氏零下29度（零下34℃）的夜晚，它们也没有任何变得麻木迟钝的迹象。

⑦ 有关派赛菲特羽绒床上用品公司的历史，以及更多有关全球贸易的深刻剖析，参见《睡一个好觉》（*A Good Night's Sleep*, Roush and Beck 2006）。

⑧ 世界上超过99%的羽绒制品属于肉类贸易的副产品。从活鸟身上拔下的绒羽仍然有极小的一部分市场，但是大多数加工人员和零售商都避开这种做法，因为这样既不经济，对鸟类也很残忍。

⑨ 在这里拿来称量的衣物是20世纪50年代由阿拉斯加州波因特霍普的一群尤皮克爱斯基摩人缝纫的。全套装备包括一件男式内衬风雪大衣（5磅重，约2.3公斤）、一件外穿风雪大衣（4磅重，约1.8公斤）、裤子（5磅

重）和过膝长筒靴（4 磅重）。全都是用北美驯鹿皮制成，再加上狼獾毛皮衬里的兜帽和髯海豹皮毛做的靴底。（大部分测量数据由阿拉斯加大学极地博物馆的安杰拉·林 [Angela Loin] 慷慨提供。）

⑩ 但是各种羽毛的混合体可以利用正羽的天然防水能力，这比单独的绒羽能更好地应对潮湿。

第六章

① 尽管所有的哺乳动物都有汗腺（产奶的乳腺也是由此演化而来），但许多种类仍不具备足够多的汗腺来进行高效的体温调节。灵长类、骆驼和马是众所周知地擅长出汗，而犬类、猫科动物、啮齿类动物、兔类和其他众多类群则更多地依赖于喘息和其他适应性特征。

② 最明显的一些反例，包括鸵鸟、各种鸠鸽类、鹌鹑、沙鸡和生活在炎热、干旱环境里的其他鸟类。这些鸟类通常使用"热疗法"作为调节体温的策略。它们让自己的体温上升至接近致命的水平，这样就能将过多的热量辐射出去，而不用冒险在喘息中丢失水分。

③ 鸟类学家们将这些羽迹称为羽区（因此裸区就是指裸露的皮肤区）。大多数鸟类具有 8 个主要羽区和一些排列成独特模式的小区域。在 DNA 分析出现之前，鸟类学家们通过研究这些模式来揭示鸟类相互之间在演化过程中的亲缘关系，而"羽序"如今仍然是鸟类分类学中一个重要的工具。

④ 企鹅在游泳时产生身体的大部分热量。它们用短粗的翅膀在水下优雅地"飞行"。这种形式的运动只能在水温低到可以将胸肌中产生的热驱散开的地方进行。海雀在北极的海洋里以这种形式运动，企鹅则在南极，而在热带海域的鸟类中未曾见到这种习性。海洋哺乳动物，如鲸和海豚，可以自如地游过热带海洋，但是鸟类羽毛的隔热性能使得在温暖的水域中扇翅从生理上来说是不可能的。

⑤ 鸟类的呼吸与散热系统在吉尔的著作中有很好的描述（Gill 2007）。

⑥ 一些种类（特别是鹭、鹈鹕、猫头鹰、雉类和夜鹰）通过快速振动喉上部的骨骼和皮膜来增加热量散失，这个过程被称为"喉膜震颤"。

⑦ 水分丢失是蒸发过程中一个不可避免的副作用，但是鸟类似乎能避免自己脱水。多数情况下它们能保证飞行时间较短，在长途迁徙时，则上升到较高、较凉爽的海拔飞行。

⑧ 参见里德和考勒斯关于蝙蝠体温调节的经典论文（Reeder and Cowlers 1951）以及赫登斯特伦、约翰松和斯佩丁对鸟类和蝙蝠体温调节策略上的对比（Hedenström, Johansson, and Spedding 2009）。

第七章

① 后来又加入了2只罗德岛红鸡，为鸡舍增添了一抹红色。我们的鸡群数目也达到了5只，一切都平定安然，直到一只饥饿的白头海雕将鸡群数减至4只。

② 有关奔走—树栖之争的著作可以摆满一个书柜，不过最好还是从经典的观点开始：参见奥斯特罗姆以及费杜契亚的作品（Ostrom 1979, Feduccia 2002）。

③ 敏捷根本不足以形容蝙蝠。近期关于蝙蝠飞行的研究揭示了新的推力和升力机理，这些机制赋予蝙蝠不可思议的机动性，特别是在低速飞行的时候。一只正在追捕昆虫的蝙蝠能在半个翼展的距离内进行180度急转弯。

④ 一个与之相关并且同样十分重要的问题是，绝大多数树栖起源的例子都涉及滑翔，而不是鸟类使用的以振翅为动力的飞行。现存的滑翔飞行动物中没有一个表现出向振翅演化的倾向。曾经和我交谈过的一位鸟类学家曾经说："滑翔是一个完美的适应，但是对于飞行来说却是死胡同。"

⑤ 在野外，石鸡生活在干燥、多岩石的草地和灌丛，这让它们容易受到各种不同捕食者的攻击。在觅食的间隙或者在受到威胁时，它们通常会在岩洞或者石缝中躲避天敌。WAIR甚至可以让最年幼的雏鸟爬上陡峭的崖壁和石头，到达安全的地方，这是个明显有利于生存的优势。

　　　　　　　　　　　　　　　　　　羽毛：自然演化中的奇迹

⑥ 有关翅膀辅助的斜坡奔跑理论，更多的细节见戴尔以及兰德尔等人的作品（Dial 2003 and Dial, Randall，and Dial 2006）。

第八章

① 一个极好的网站有关于阿波罗 15 号任务的详尽记载和采访（见 E. Jones，1996）。这个网站上还有一个羽毛和锤子实验视频的链接。

② 有关肯·富兰克林在这方面的工作，见哈波尔的作品（Harpole 2005），也可搜索美国国家地理拍摄的电影《终端速度》（*Terminal Velocity*）。

第九章

① 罗伯特·艾伦（Robert Allen）的《防弹的羽毛》（*Bulletproof Feathers,* 2010）虽然和羽毛本身关系不大，但用精美的图解介绍了现代的仿生学尝试。

② 鸟类的飞行和射箭之间可能有直观的联系，但是严格意义上的羽箭制作却丝毫不简单。艾希（Ishi），最后一个加利福尼亚雅希人（Yahi），于 1911 年带着自己精湛的射箭知识走出荒野，出现在人们面前。雅希人有着依赖射箭技巧来捕获食物和进行防卫的文化。艾希的医生、朋友兼弓箭狩猎学徒萨克斯顿·波普观察到："艾希会在自己的羽箭上用到各种鸟类的羽毛——雕、鹰、猫头鹰、鸢、雁、鹭、鹌鹑、鸠鸽、扑翅䴕、火鸡、冠蓝鸦……正如最好的弓箭手一样，他在每一根羽箭上都装上 3 片来自同一个翅膀的羽毛。"艾希给羽箭装羽毛的工序包括复杂的切削、修剪和刻凹痕，之后是粘上几条咀嚼过的鹿肌腱。羽毛的大小和形状与特定的功能相匹配，从狩猎用的箭上狭窄的 3 英寸（约 7.6 厘米）羽片到战争用的箭杆上装的"鹰的完整翅羽——将近 1 英尺（约 30 厘米）长"。如此精细的制作工艺使得装配箭羽成了最早的特殊贸易之一，而古代的军队需要成百甚至上千位娴熟的羽箭制造者。在顶峰时期，例如成吉思汗踏遍每一场战役的轻骑兵，则装备有 900 多万根手工羽箭。

③ 在众多关于这个话题的书里，詹姆斯·托宾（James Tobin）的《征服天

空》(*To Conquer the Air*)尤为出色。

④ 尽管鸟类（或飞机）的升空依赖于这些飞行原则，机翼的形状、角度、气压和其他因子的相应作用还在争议之中。流动的气体会创造出复杂的气压、气流和涡流模式，并且，虽然工程师们可以精准地计算出一片机翼的表现，但是真正的过程在某种程度上还是未解之谜。要了解当前对这个问题做出的解释，参见 D.安德森和埃伯哈特的著作（D. Anderson and Eberhardt 2001）。

⑤ 想要了解更多关于人类飞行的历史，我十分推崇奥克塔夫·陈纳（Octave Chanute）的经典之作《飞行器发展史》(*Progress in Flying Machines*, 1894)，以及利林塔尔、托宾的作品（Lilienthal 2001 and Tobin 2003）。

⑥ D.安德森和埃伯哈特的著作对飞行机制给出了极佳的解释（D. Anderson and Eberhardt 2001）。

⑦ 鲨鱼皮在水中就是通过这种方式发挥作用，呼应了达·芬奇的观察结果，即空气和水适用于同样的原则。这一效应促使泳衣公司设计出了全身布满鳞片的泳衣，为游泳运动员减少了高达 5% 的阻力。在不到两年时间里，穿着"鲨鱼皮"的游泳运动员打破了 250 多项世界纪录，直到最后这个材料被完全禁止用于比赛。

⑧ 或许也不能。有一次好奇心战胜了理智，我去尝试了一下蹦极，从一座高桥上跳下，除了一根弹力绳系在脚踝上，什么防护也没有。事实证明，从桥上跳下来，一点也不像在飞行，而是像在坠落。

⑨ McFarland 1953。

第十章

① 阿尔弗雷德·拉塞尔·华莱士的《马来群岛自然科学考察记》是一本极佳的天堂鸟介绍书，也是一本现代印度尼西亚的博物志。弗里斯和比勒（Frith and Beehler）的《天堂鸟》(*The Birds of Paradise*, 1998)是一本

　　　　　　　　　　　　　羽毛：自然演化中的奇迹

极好的参考书，书中的插图由威廉·库珀（William T. Cooper）绘制。

② Wallace 1869。

③ 达尔文1871年的著作提供了性选择理论的基础，不过现代对这个理论的诠释可以参见约翰斯贾德或希尔和麦格劳的著作（Johnsgard 1994 or Hill and McGraw 2006b）。

④ 性内选择和性间选择是很有用的概括，每一种都暗藏玄机，而且它们之间的界限并不是固定的。在许多性内选择系统中，雌性也可以根据视觉效应或者雄性在战斗中的表现来做出选择。类似地，现在我们已经知道，许多装扮华美的雄鸟也会为了保卫繁殖机会或领地而进行生死决斗。

⑤ 如今很多专家倾向于将炫耀表演和配偶选择看作羽毛早期发育和分化过程中最强大的影响因子。回溯到第一只具有鸟喙的鸟 —— 孔子鸟（Confuciusornis，另一种来自义县组的鸟）的年代，两性异型已经颇具规模。这些乌鸦般大小的鸟被整群整群地发掘出来。其中雄鸟具有极长的尾部羽毛，和许多现代鸟类（寡妇鸟、寿带或天堂鸟）的尾羽别无二致。

⑥ 讽刺的是，华莱士的天堂鸟是达尔文性选择理论的最好例子，华莱士本人却从未认同过这个理论。他相信通过雄性竞争发挥作用的自然选择就是羽毛和其他特征多样化的原因，并认为达尔文太过于强调雌性选择的重要性。后来的研究支持达尔文的解释。

第十一章

① 关于羽毛贸易的不同角度，好的参考书有斯坦、斯瓦德令和普赖斯的著作（Stein 2008, Swadling 1996, and Price 1999）。

② 统计表明，1900年，美国每300个工人就至少有1人受雇于女帽业。按现代的标准来看，那就相当于50多万人，比全美汽车工人联合会、码头工会、农场工人工会、美国空服员协会和美国编剧工会的活跃会员加起来还要多。

③ 羽毛头饰在各类史前文化中独立发展，但是通过波斯文化（波斯士兵会在帽子上插一片羽毛来纪念战死沙场的兄弟）才正式进入西方传统。在世界各地的军队制服中，羽毛仍是一个显著的特征，从苏格兰的高地警卫团（鸡的红颈羽）到意大利的狙击兵（松鸡羽毛），再到瑞士卫队（鸵鸟羽毛）。

④ Hayden 1913。

⑤ 摘自 1944 年 8 月 9 日写给乔治·阿什曼（George Aschman）的一封信。

⑥ 史密斯在不同场合都有提及。

⑦ 鸵鸟羽毛的羽轴将其宽阔的羽片等分为完美的两部分，这一特点让古埃及人将它们奉为真理、法律和美德的强有力象征。鸵鸟羽毛在象形文字中经常出现，被用于装饰埃及神话中的冥王欧西里斯的王冠，而且是正义女神玛亚特的护身符。

⑧ 弗兰克·查普曼的自传（1933）是一本很好的读物，其中详细介绍了鸟类保护运动的发展。

第十二章

① 关于鸟类色彩，《国家地理》有一本新出的图书十分不错（Hill 2010），介绍了羽毛颜色的演化、自然史和物理学原理，可读性很强（有极好的彩色照片）。这本书背后的科学理论，则参见希尔和麦格劳的著作（Hill and McGraw 2006a, 2006b）。

② 除色彩以外，黑色素还能让羽毛更加坚韧，更加耐磨损和腐蚀。这就解释了为什么潮湿环境中的许多鸟类要比其他环境中的近亲们颜色更暗（为了抵御细菌），为什么在茂密植被中穿行的鸟类颜色深（例如秧鸡、田鸡），以及为什么面临严重磨损的飞羽往往是黑色的（例如鸥和鹭的翼尖）。近来的一项研究发现，鹦鹉羽毛特有的鲜亮的红色、橙色和黄色色素同样能抵御细菌，这是它们对潮湿的雨林环境的有效适应（参见 Burtt et al. 2010）。

③ 用"活宝石"来形容鸟类可能听起来有些老套，但是就乳白冠娇鹟（Opal-crowned Manakin）而言这是完完全全准确的。它的羽枝内部的晶体结构正好就像一块蛋白石（opal），并且以同样的方式反射光线。总而言之，这只小小的亚马孙鸣禽就是头上顶着一块宝石四处飞舞。

④ 在当地语言中，特瓦奥就是对钱的总称。圣克鲁兹岛和周围其他小岛上的人们对羽毛线圈至少有 11 种不同的叫法，取决于线圈的长度、品质、年代和羽毛本身的质量。有些名字拼写起来就如"*Irdq*"一样，所以我们通常避免用这些词，而是更喜欢用总称。

⑤ 想要更多地了解羽毛工艺品，参见里德和雷娜、肯辛格写作上乘、配图优美的著作（Reid 2005, Reina and Kensinger 1991）。

⑥ B.Díaz del Castillo[1570]，1956。

⑦ 拉丁美洲的许多地区至今仍延续着这个传统。每个周日下午，苏里南首都帕拉马里博的中央广场都会因激烈的鸣禽比赛而改变模样，昏睡沉沉的首都之城一时间充满了来自雨林的啼叫和啾鸣。

⑧ 少数违反这条法令的是天主教方济各会传教士兼历史学家贝尔纳迪诺·德·萨阿贡（Bernardino de Sahagún，1499—1590）。他鼓励幸存下来的羽毛艺术家们用自己的天赋以天主教为主题进行创作。几位主教的法冠、三联画 triptychs 以及其他教会物件都被保存了下来，它们像极了文艺复兴时期的最佳画作，只不过它们是由蜂鸟羽毛制作而成的。

⑨ 羽毛甚至还是印加战争的起因以及战利品。印加征战库约的部分原因是库约人拒绝买卖"在那块土地上发现的鸟类"。随着印加的胜利，1000个装着库约鸟类的笼子被作为贡品送给了印加皇帝。

⑩ 秘鲁的印加人继承了历史悠久的羽毛工艺品传统。幸存下来的工艺品可以追溯到许多早期文化，包括纳兹卡文化（公元 100—600 年）、瓦里文化（公元 600—1000 年）和奇穆文化（公元 900—1500 年）。

第十三章

① 几篇绝佳的科学文献提供了防水的相关信息（参见 Borma Shenko et al. 2007, Ortega–Jiminez and Alvarez–Borrego 2010, 以及 Yang, Xu, and Zhang 2006）。

② 鸟类学家曾经猜想是亲鸟将自己的尾脂腺油涂抹到雏鸟身上，为它们的第一次游泳做准备，因为人工孵化的雏鸟总是会被水打湿，然后淹死。现在看来，人工孵化的雏鸟只是因为缺乏良好的环境卫生：孵化时残留在体表的羊膜残留物使得它们的绒羽更容易透水。只要清理干净，人工养殖的雏鸟不用尾脂腺油也完全能在水中待上好几个小时，并保持身体干燥。绿头鸭妈妈具体什么时候以及如何清理它的雏鸟（或者是雏鸟自己清理）依旧是个谜。

③ 所有的潜水鸟类都面临同样的浮力困境。防水性能使它们的皮肤和绒羽之间维持着一层保命的温暖干燥空气，但也正是这层空气使得它们很难潜入水底。研究表明，潜水鸟类的绒羽结构比那些在浅水区活动的鸟类保存的空气更少，同时隔热性能也就较弱。这也就是为什么最好的羽绒床垫里的绒羽都是来自鹅，而不是鸬鹚或者秋沙鸭。据推测，潜水鸟类依靠增加体内脂肪或者改变新陈代谢方式来弥补这一点，不过这还需要进一步的研究。

④ 这一适应性特征提出了众多演化上的问题。正如达尔文指出的，羽毛的不同一般是源自性选择，而已知许多种类的沙鸡雄鸟在交配仪式中都会做出"胸部炫耀表演"的姿势。沙鸡雌鸟会不会选择胸部羽毛更像海绵的雄鸟，就像雌性天堂鸟偏爱鲜艳的颜色、长长的尾羽和精致的舞蹈一样？螺旋状羽枝的羽毛是否只存在于繁殖羽中？就隔热性能或者在暴雨中的危险性而言，这会给雄鸟带来什么样的代价？这些问题都还有待检验——40多年里，沙鸡虽有颇具魅力的特异品质（和美感），却几乎没有引起任何研究者的注意。

⑤ 现在有许多关于飞蝇钓和绑制假蝇的好书，而且很多书都有精美的羽毛假蝇的图画。作为入门，可以参考沃尔顿、科尔森等人的作品（Walton 1896, Kelson 1895 以及 Schmookler and Sils 1999）。

⑥　由希腊语翻译而来，引自拉德克利夫的著作（Radcliffe 1921）。

⑦　我请求约翰把注意力集中在羽毛上，但是绑制假蝇的材料却不仅仅是羽毛。他飞快地说出了一连串过去几年里他为了达到某一特定效果而用过的材料，从纱线和羊毛到鹿皮、彩色珠子，甚至是北极熊的毛发。"目前最好的东西，"他一边说着，一边转了转眼珠子，"是白靴兔后脚肉垫底部的毛皮！"我回家以后在网上查了查——他并不是开玩笑！

⑧　然而这嗜好也存在阴暗面。19 世纪的假蝇绑制者用过的许多羽毛都来自如今在野外已经很罕见甚至濒临灭绝的鸟类。而一些收藏者和制作者们不计后果，现在仍坚持使用这些材料来重现那些假蝇的原貌。这一需求为他们所需的羽毛创造出了一块有利可图的市场，却给本已经遭受栖息地丧失、过度捕猎和其他压力的鸟类种群增加了更多压力。

第十四章

①　在关于书写历史的著作中，卡瓦略（Carvalho）的《墨水的 4000 年》（*Forty Centuries of Ink*, 1904）是其中最好的一本之一。芬利（Finlay）的著作（1990）同样也很不错。

②　想要阅读对羽毛笔贸易更好的描写，参见"书写工具的历史"（History of Writing Materials，1838）。

③　虽然《家庭箴言》上这篇文章未曾署名，但是这幅场景中的"小调皮蛋"（urchin）就是对狄更斯名作《雾都孤儿》中的主角小奥利弗·特维斯特的强烈再现。他在救济院里也有一句同样的请求："劳驾，先生，我还想要更多。"而这仅是在《家庭箴言》的 12 年前首次出版。

④　羽管牙签的奇妙历史值得另起一章来写。让人欢欣鼓舞的是，亨利·彼得罗斯基（Henry Petroski）已经用《牙签》（*The Toothpick* 2007，第四章）这本书极好地完成了这项任务。

⑤　"羽骨"由爱德华·K.沃伦（Edward K. Warren）于 1883 年取得专利，将

羽毛掸子产业丢弃的火鸡羽毛管转变成了一种成本低廉的替代品，代替了用于束腹衣、裙撑、胸部填充物和当时其他时装元素（包括粉扑）上的鲸须。沃伦先生大赚了一笔。

⑥　有关羽毛各种工业用途的信息散见于众多科学文献和专利局数据库。

第十五章

①　如果你抚摸秃鹫满是疙瘩的脑袋，你可能会发现一些须或者短小的刚毛，尖端还有一些绒毛。我试着这样抚摸过博物馆的秃鹫标本，结果发现它的脑袋并不是完全光秃的。一些羽毛丧失了，但是还有一些残留的，要么是完整的，要么是变成了更加简单的形式。羽毛丧失的程度，与演化过程中卫生优势和热量流失的风险之间的权衡相关。裸露的头部能保持干净，但是缺乏羽毛带来的隔热和保护功能。只是对于那些脏兮兮的食客而言（它们常常将头埋进大型动物的体腔内进食），平衡才会朝秃头倾斜。在肯尼亚的兽尸堆里，兀鹫和皱脸秃鹫具有裸露的头部，而体形小的白兀鹫的头部则几乎全部覆盖着羽毛，裸露区仅限于脸上小一块黄色的部位。白兀鹫无法直接与体形更大的表亲们竞争，于是它专注于等表亲们走后再清理战场，用小小的喙搜集大鸟们无法企及的关节和窄缝里的肉和肌腱。它的脖子和颈部极少被完全弄脏，因此羽毛也就留存下来了。

②　摩擦发音在所有的脊椎动物中都极其罕见。简化的形式可见于一些蛇类，如锯鳞蝰，它在展示威吓时，能使鳞片一同摩擦，发出咝咝声。鱼类，据悉也能摩擦鳃骨或者脊椎骨，但是这一发音方法还是更多地见于昆虫之中。昆虫坚硬的外骨骼、膜质的翅膀和急速运动的肌肉组织，最适于摩擦发音。

③　单只拨片和音锉并不能制造出蟋蟀独特的唧唧声，只是在恰当的频率下促使翅膜产生共振，并将音律扩大。这个系统激发斯特威克将她的研究往前推进了一步，她现在发现了娇鹟翅膀上的飞羽羽轴和"叮铃声"共振，而在这种频率下产生共振是所有羽毛固有的潜力。梅花翅娇鹟的适应性特征是独一无二的，它利用了羽毛结构内部的声波特性。

312　　　　　　　　　　　　　　　　　　　　　羽毛：自然演化中的奇迹

结语

① 史密森学会的美国自然历史博物馆是世界上第三大的鸟类收藏馆，包括鸟皮、巢、卵、骨骼和组织样本，被学会的常驻科学家以及访问学者用于范围广泛的鸟类学研究中。

② 自从飞行员记录下每一次撞击事件的海拔高度后，实验室里大量的鸟击数据开始改变了人们对于飞行和迁徙行为的看法。他们有发生在 37,000 英尺（约 11,000 米）高空的兀鹫撞击案件，有发生在 27,000 英尺（约 8200 米）处的鸭子撞击案件，还有发生在高达 12,000 英尺（约 3600 米）处的一些水鸟撞击案件。以前，人们都觉得这些是罕有的事件，但是现在，似乎就连鸣禽都常常会在迁徙时飞至海拔极高的高空。

附录 A

① 这幅图描绘了一片典型有羽片的羽毛的发生过程。绒羽、须、纤羽和其他无羽片的羽毛类型，发生过程与此非常类似，但是在羽枝的排列以及有无羽干上有所差异。

参考文献

Aiken, Charlotte Rankin. 1918. *The millinery department*. New York: Ronald Press.

Allen, Grant. 1879. Pleased with a feather. *Popular Science Monthly* 15: 366–376.

Allen, Robert, ed. 2010. *Bulletproof feathers: How science uses nature's secrets to design cutting-edge technology*. Chicago: University of Chicago Press.

Anderson, Atholl. 1996. Origins of *Procellariidae* hunting in the Southwest Pacific. *International Journal of Osteoarchaeology* 6: 403–410.

Anderson, David F., and Scott Eberhardt. 2001. *Understanding flight*. New York: McGraw-Hill.

Attenborough, David. 2009. Alfred Russel Wallace and the birds of paradise. Centenary Lecture, Bristol University, September 24, 2009.

Audubon, John James. 2008. *120 Audubon bird prints*. Mineola, NY: Dover Publications.

Baier, Stephen. 1977. Trans-Saharan trade and the Sahel: Damergu, 1870–1930. *Journal of African History* 18: 37–60.

Bakken, George S., Marilyn R. Banta, Clay M. Higginbotham, and Aaron J. Lynott. 2006. It's just ducky to be clean: The water repellency and water penetration resistance of swimming mallard *Anas platyrhynchos* ducklings. *Journal of Avian Biology* 37: 561–571.

Barbosa, A., S. Merino, J. J. Curevo, F. De Lope, and A. P. Moller. 2003. Feather damage of long tails in Barn Swallows *Hirundo rustica*. *Ardea* 91: 85–90.

Barney, Stephen A., W. J. Lewis, J. A. Beach, and Oliver Berghof, trans. 2006. *The etymologies of Isidore of Seville*. Cambridge: Cambridge University Press.

Barrett, Paul M. 2000. Evolutionary consequences of dating the Yixian Formation. *Trends in Ecology and Evolution* 15: 99–103.

Bartholomew, George A., Robert C. Lasiewski, and Eugene C. Crawford Jr. 1968. Patterns of panting and gular flutter in cormorants, pelicans, owls, and

羽毛：自然演化中的奇迹

doves. *Condor* 70: 31–34.

Begbie, Harold. 1910. New thoughts on evolution: Views of Professor Alfred Russel Wallace. *Daily Chronicle* (London), November 3–4, 4.

Belloc, Hilaire. 1897. *More beasts for worse children*. London: Duckworth.

Bewick, Thomas. 2004. *Bewick's animal woodcuts*. Mineola, NY: Dover Publications.

Boerger, Brenda H. 2009. Trees of Santa Cruz Island and their metaphors. From "Proceedings of the Seventeenth Annual Symposium About Language and Society, Austin." *Texas Linguistic Forum* 53: 100–109.

Bonser, Richard H. C. 1995. Melanin and the abrasion resistance of feathers. *Condor* 97: 590–591.

Bonser, Richard H. C., and C. Dawson. 1999. The structural mechanical properties of down feathers and biomimicking natural insula-tion materials. *Journal of Materials Science Letters* 18: 1769–1770.

Borgia, Gerald. 1985. Bower quality, number of decorations, and mating success of male Satin Bowerbirds (*Ptilonorhynchus violaceus*): An experimental analysis. *Animal Behavior* 33: 266–271.

Bormashenko, Edward, Yelena Bormashenko, Tamir Stein, Gene Whyman, and Ester Bormashenko. 2007. Why do pigeon feathers repel water? Hydrophobicity of pennae, Cassie-Baxter wetting hypothesis and Cassie-Wenzel capillarity-induced wetting transition. *Journal of Colloid and Interface Science* 311: 212–216.

Bonshek, Elizabeth. 2009. A personal narrative of particular things: *Tevau* (feather money) from Santa Cruz, Solomon Islands. *Australian Journal of Anthropology* 20: 74–92.

Bostwick, Kimberly S. 2000. Mechanical sounds and evolutionary rela-tionships of the Club-winged Manakin (*Machaeropterus deliciosus*). *Auk* 117: 465–478.

Bostwick, Kimberly S., Damian O. Elias, Andrew Mason, and Fernando Montealegre-Z. 2010. Resonating feathers produce courtship song. *Proceedings of the Royal Society B* 277: 835–841.

Bostwick, Kimberly S., and Richard O. Prum. 2003. High-speed video analysis of wing-snapping in two manakin clades (*Pipridae: Aves*). *Journal of Experimental Biology* 206: 3693–3706.

———. 2005. Courting bird sings with stridulating wing feathers. *Science* 309: 736.

Brigham, William T. 1918. *Additional notes on Hawaiian featherwork: Second supplement*. Memoirs of the Bernice Pauahi Bishop Museum, vol. 7, no. 1. Honolulu: Bishop Museum Press.

Bryant, David M. 1983. Heat stress in tropical birds: Behavioural ther-moregulation during flight. *Ibis* 125: 313–323.

Burtt, Edward H., and Jann M. Ichida. 2004. Gloger's rule, feather-degrading bacteria, and color variation among Song Sparrows. *Condor* 106: 681–686.

Burtt, Edward H., Max R. Schroeder, Lauren A. Smith, Jenna E. Sroka, and Kevin J. McGraw. 2010. Colourful parrot feathers resist bacterial degradation. *Biology Letters* doi: 10.1098/rsbl.2010.0716.

Byron, Lord. 1809. *English bards and Scotch reviewers*. London: James Cawthorn.

Cade, Tom J., and Gordon L. Maclean. 1967. Transport of water by adult sandgrouse to their young. *Condor* 69: 323–343.

Calder, William A. 1968. Respiratory and heart rates of birds at rest. *Condor* 70: 358–365.

Canals, M., C. Átala, R. Olivares, F. Guajardo, D. Figueroa, P. Sabat, and M. Rosenmann. 2005. Functional and structural optimization of the respiratory system of the bat *Tadarida brasiliensis* (Chiroptera, Molossidae): Does the airway geometry matter? *Journal of Ex-perimental Biolog*y 208: 3987–3995.

Carvalho, David N. 1904. *Forty centuries of ink*. New York: Banks Law.

Catry, Paulo, Ana Campos, Pedro Segurado, Monica Silva, and Ian Strange. 2003. Population census and nesting habitat selection of Thin-billed Prion *Pachyptila belcheri* on New Island, Falkland Islands. *Polar Biology* 26: 202–207.

Chambers, Paul. 2002. *Bones of contention: The fossil that shook science*. London: John Murray.

Chanute, Octave. 1894. *Progress in flying machines*. New York: American Engineer and Railroad Journal.

Chapman, Frank Michler. 1886. Birds and bonnets. *Forest and Stream* 26, no. 6: 84.

————. 1908. *Camps and cruises of an ornithologist*. New York: D. Appleton.

————. 1933. *Autobiography of a bird-lover*. New York: D. Appleton–Century.

Chiappe, Luis M. 2007. *Glorified dinosaurs: The origin and early evolution of birds*. Hoboken, NJ: John Wiley and Sons.

Chiappe, Luis M., Jesús Marugán-Lobón, Shu'an Ji, and Zhonghe Zhou. 2008. Life history of a basal bird: Morphometrics of the Early Cretaceous Confuciusornis. *Biology Letters* 4: 719–723.

Christiansen, Per, and Niels Bonde. 2004. Body plumage in *Archaeopteryx*: A review, and new evidence from the Berlin specimen. *Comptes Rendus Palevol* 3: 99–118.

Clark, Christopher James, and Teresa J. Feo. 2008. The Anna's Hummingbird chirps with its tail: A new mechanism for sonation in birds. *Proceedings of the Royal Society B* 275: 955–962.

Clottes, Jean, ed. 2003. *Chauvet Cave: The art of earliest times*. Salt Lake City:

University of Utah Press.

The commercial value of small things. 1891. *Chambers's Journal of Popular Literature, Science, and Arts* 68: 710–713.

Conard, Nicholas J., Maria Malina, and Susanne C. Müzel. 2009. New flutes document the earliest musical tradition in southwestern Germany. *Nature* 460: 737–740.

Coulson, David, and Alec Campbell. 2001. *African rock art.* New York: Harry N. Abrams.

Cowper, William. 1808. *Poems.* London: J. Johnson.

Darwin, Charles. 1859. *On the origin of species by means of natural selection; or, The preservation of favoured races in the struggle for life.* London: John Murray.

———. 1871. *The descent of man, and selection in relation to sex.* London: John Murray.

———. 1993. *The correspondence of Charles Darwin.* Vol. 8, *1860.* Cambridge: Cambridge University Press.

Davis, Wade. 1996. *One river.* New York: Simon and Schuster.

del Hoyo, Josep, Andrew Elliot, and Jordi Sargatal, eds. 1992. *Handbook of the birds of the world.* Vol. 1, *Ostrich to ducks.* Barcelona: Lynx Edicions.

Dial, Kenneth P. 2003. Wing-assisted incline running and the evolution of flight. *Science* 299: 402–404.

Dial, Kenneth P., Brandon G. Jackson, and Paolo Serge. 2008. A fundamental avian wing-stroke provides a new perspective on the evolution of flight. *Nature* 451: 985–989.

Dial, Kenneth P., R. J. Randall, and Terry R. Dial. 2006. What use is half a wing in the ecology and evolution of birds? *BioScience* 56: 437–445.

Diamond, A. W., and F. L. Filion, eds. 1987. *The value of birds.* ICBP Technical Publication, no. 6. Cambridge: International Council for Bird Preservation.

Díaz del Castillo, B. [1570] 1956. *The discovery and conquest of Mexico, 1517–1521.* Trans. A. Maudslay. New York: Farrar, Straus, and Cudahy.

Dickson, James G., ed. 1992. *The Wild Turkey: Biology and management.* Mechanicsburg, PA: Stackpole Books.

Dove, Carla, Marcy Heacker, and Bill Adair. 2004. In memorium: Roxie Collie Laybourne, 1910–2003. *Auk* 121: 1282–1285.

Drent, Rudolf Herman. 1972. Adaptive aspects of the physiology of incubation. In *Proceedings of the XVth International Ornithological Congress*, ed. K. H. Voous, 255–280. Leiden: E. J. Brill.

Dyck, J. 1985. The evolution of feathers. *Zoologica Scripta* 14: 137–154.

Eaton, Elon Howard. 1915. *Birds of New York.* Albany: New York State Museum.

Ehrlich, Paul R., David S. Dobkin, and Darryl Wheye. 1988. *The birder's* handbook: *A field guide to the natural history of North American birds.* New York: Simon and Schuster.

Favier, Julien, Antoine Dauptain, Davide Basso, and Allessandro Bottaro. 2009. Passive separation control using a self-adaptive hairy coating. *Journal of Fluid Mechanics* 627: 451–483.

Feduccia, Alan. 1999. *The origin and evolution of birds.* 2nd ed. New Haven: Yale University Press.

————. 2002. Birds are dinosaurs: Simple answer to a complex question. *Auk* 119: 1187–1201.

Feduccia, Alan, Theagarten Lingham-Soliar, and J. Richard Hinchliffe. 2005. Do feathered dinosaurs exist? Testing the hypothesis on neontological and paleontological evidence. *Journal of Morphology* 266: 125–166.

Feduccia, Alan, and Julie Nowicki. 2002. The hand of birds revealed by ostrich embryos. *Naturwissenschaften* 89: 391–393.

Finlay, Michael. 1990. *Western writing implements in the age of the quill pen.* Weterhal, England: Plains Books.

Ford, Horace Alfred. 1859. *Archery: Its theory and practice.* 2nd ed. London: J. Buchanan.

Frith, Clifford B., and Bruce M. Beehler. 1998. *The birds of paradise.* Oxford: Oxford University Press.

Frith, Clifford B., and William T. Cooper. 1996. Courtship display and mating of Victoria's Riflebird (*Ptiloris ictoriae*) with notes on the courtship displays of congeneric species. *Emu* 96: 102–113.

Gaston, Kevin J., and Tim Blackburn. 1997. How many birds are there? *Biodiversity and Conservation* 6: 615–625.

Gauthier, Jacques, and Lawrence F. Gall, eds. 2001. *New perspectives on the origin and early evolution of birds: Proceedings of the International Symposium in Honor of John H. Ostrom.* New Haven: Peabody Museum of Natural History, Yale University.

Gee, Henry. 1999. *In search of deep time.* New York: Free Press.

George, Brian R., Anne Bockarie, Holly McBride, Davi Hoppy, and Alison Scutti. 2003. Utilization of turkey feather fibers in nonwoven erosion control fabrics. *International Nonwovens Journal* 12: 45–52.

Gill, Frank B. 2007. *Ornithology.* 3rd ed. New York: W. H. Freeman.

Gill, Frank B., and D. Donsker, eds. 2010. IOC world bird names (version 2.5). http://www.worldbirdnames.org/. Accessed August 6, 2010.

Gleeson, Mike. 1985. Analysis of respiratory pattern during panting in fowl, *Gallus domesticus. Journal of Experimental Biology* 116: 487–491.

Godwin, Malcolm. 1990. *Angels, an endangered species.* New York: Simon and Schuster.

Gremillet, David, Christophe Chauvin, Rory P. Wilson, Yvon Le Maho, and Sarah Wanless. 2005. Unusual feather structure allows partial plumage wettability in diving great cormorants *Phalacrocorax carbo*. *Journal of Avian Biology* 36: 57–63.

Guichard, Bohoua Louis. 2008. Effect of feather meal feeding on the body weight and feather development of broilers. *European Journal of Scientific Research* 24: 404–409.

Gunderson, Alex R. 2008. Feather-degrading bacteria: A new frontier in avian and host-parasite research? *Auk* 125: 972–979.

Haemig, Paul D. 1978. Aztec emperor Auitzotl and the Great-Tailed Grackle. *Biotropica* 10: 11–17.

———. 1979. The secret of the Painted Jay. *Biotropica* 11: 81–87.

Hansell, Michael H. 2000. *Bird nests and construction behaviour*. Cambridge: Cambridge University Press.

Harpole, Tom. 2005. Falling with the falcon. *Air and Space Magazine*. http://www.airspacemag.com/flight-today/falcon.html. Accessed August 3, 2010.

Harrison, Hal H. 1979. *A field guide to western bird nests*. New York: Houghton Mifflin.

Hart, Ivor B. 1963. *The mechanical investigations of Leonardo da Vinci*. Berkeley and Los Angeles: University of California Press.

Harter, Jim. 1979. *Animals: 1419 copyright-free illustrations of mammals, birds, fish, insects, etc.* New York: Dover Publications.

Hayden, Carl. 1913. Speech: The ostrich industry. In *Congressional Record: Proceedings and Debates of the 62nd Congress, 3rd Session* 49, no. 5: 57–61.

Hecht, M. K., J. H. Ostrom, G. Viohl, and P. Wellnhofer, eds. 1985. *The beginnings of birds: Proceedings of the International "Archaeopteryx" Conference, Eichstatt, 1984*. Willibaldsburg, Germany: Freunde des Jura-Museums Eichstatt.

Hedenström, A., L. C. Johansson, and G. R. Spedding. 2009. Bird or bat: Comparing airframe design and flight performance. *Bioinspiration and Biomimetics* 4: 1–13.

Hedenström, A., L. C. Johansson, M. Wolf, R. von Busse, Y. Winter, and G. R. Spedding. 2007. Bat flight generates complex aerodynamic tracks. *Science* 316: 894–897.

Heilmann, Gerhard. 1927. *The origin of birds*. New York: D. Appleton. Heinrich, Bernd. 2003a. Overnighting of Golden-crowned Kinglets during winter. *Wilson Bulletin* 115: 113–114.

———. 2003b. *Winter world: The ingenuity of animal survival*. New York: Ecco.

Hill, G. E. 2010. *National Geographic bird coloration*. Washington, DC:

National Geographic.

Hill, G. E., and K. J. McGraw, eds. 2006a. *Bird coloration*. Vol. 1, *Mechanisms and measurements*. Cambridge: Harvard University Press.

———. 2006b. *Bird coloration*. Vol. 2, *Function and evolution*. Cambridge: Harvard University Press.

Hingee, Mae, and Robert D. Magrath. 2009. Flights of fear: A mechanical wing whistle sounds the alarm in a flocking bird. *Proceedings of the Royal Society B* 276: 4173–4179.

History of writing materials: The history of the quill pen. 1838. *Saturday Magazine*, January 13, 14–16.

Hornaday, William T. 1913. Woman, the juggernaut of the bird world. *New York Times*, February 23, X1.

Houlihan, Patrick F. 1986. *The birds of ancient Egypt*. Warminster, England: Aris and Phillips.

Houston, David C. 2010a. The impact of red feather currency on the population of the Scarlet Honeyeater on Santa Cruz. In *Ethno-ornithology: Birds, indigenous people, culture, and society*, ed. Sonia Tidemann and Andrew Gosler, 55–66. London: Earthscan.

———. 2010b. The Maori and the Huia. In *Ethno-ornithology: Birds, indigenous people, culture, and society*, ed. Sonia Tidemann and Andrew Gosler, 49–54. London: Earthscan.

Howell, Thomas R., and George A. Bartholomew. 1962. Temperature regulation in the Red-tailed Tropic Bird and the Red-footed Booby. *Condor* 64: 6–18.

How steel pens are made. 1857. *United States Magazine* 4, no. 1: 348–356.

Hu, Dongyu, Lianhai Hou, Lijung Zhang, and Xing Xu. 2009. A pre-*Archaeopteryx* troodontid theropod from China with long feathers on the metatarsus. *Nature* 461: 640–643.

Huxley, Thomas H. 1868. On the animals which are most nearly intermediate between birds and reptiles. *Popular Science Review* 7: 237–247.

———. 1870. Further evidence of the affinity between the dinosaurian reptiles and birds. *Quarterly Journal of the Geological Society of London* 26: 12–31.

Illustrations of cheapness: The steel pen. 1850. *Household Words* 1, no. 24 (1850): 553–555.

Ingham, Phillip W., and Marysia Placzek. 2006. Orchestrating ontogenesis: Variations on a theme by Sonic Hedgehog. *Nature Reviews: Genetics* 7: 841–850.

Ives, Paul P. 1938. *The American standard of perfection*. St. Paul, MN: American Poultry Association.

Jack, Anthony. 1953. *Feathered wings: A study of the flight of birds*. London:

羽毛：自然演化中的奇迹

Methuen.

Johnsgard, Paul A. 1994. *Arena birds: Sexual selection and behavior.* Washington, DC: Smithsonian Institution Press.

Jones, Eric M. 1996. Hammer and feather. In *Apollo 15 lunar surface journal.* http://www.hq.nasa.gov/alsj/a15/a15.clsout3.html. Accessed July 13, 2010.

Jones, Terry D., et al. 2000. Nonavian feathers in a late Triassic archosaur. *Science* 288: 2202–2205.

Jovani, Roger, and David Serrano. 2001. Feather mites (Astigmata) avoid moulting wing feathers of passerine birds. *Animal Behaviour* 62: 723–727.

Kelson, George M. 1895. *The salmon fly: How to dress it and how to use it.* London: Wyman and Sons.

Kondamudi, Narasimharao, Jason Strull, Mano Misra, and Susanta K. Mohapatra. 2009. A green process for producing biodiesel from feather meal. *Journal of Agricultural and Food Chemistry* 57: 6163–6166.

Laburn, Helen P., and D. Mitchell. 1975. Evaporative cooling as a thermoregulatory mechanism in the fruit bat, *Rousettus aegyptiacus. Physiological Zoology* 48: 195–202.

LeBaron, Geoffrey. 2009. The 109th Christmas bird count. *American Birds* 63: 2–9. http://www.audubon.org/bird/cbc.

Li, Quanguo, Ke-Qin Gao, Jakob Vinther, Matthew D. Shawkey, Julia A. Clarke, Liliana D'Alba, Qingjin Meng, Derek E. G. Briggs, and Richard O. Prum. 2010. Plumage color patterns of an extinct dinosaur. *Science* 327: 1369–1372.

Lilienthal, Otto. 2001. *Birdflight as the basis of aviation.* 1889. Reprint, American Hummelstown, PA: Aeronautical Archives.

Lingham-Soliar, Theagarten, Alan Feduccia, and Xiaolin Wang. 2007. A new Chinese specimen indicates that "protofeathers" in the Early Cretaceous theropod dinosaur *Sinosauropteryx* are degraded collagen fibres. *Proceedings of the Royal Society B* 274: 1823–1829.

Lombardo, Michael P., Ruth M. Bosman, Christine A. Faro, Stephen G. Houtteman, and Timothy S. Kluisza. 1995. Effect of feathers as nest insulation on incubation behavior and reproductive performance of Tree Swallows (*Tachycineta bicolor*). *Auk* 112: 973–981.

Long, John, and Peter Schouten. 2008. *Feathered dinosaurs: The origin of birds.* Oxford: Oxford University Press.

Longrich, Nick. 2006. Structure and function of hindlimb feathers in *Archaeopteryx lithographica. Paleobiology* 32: 417–431.

Lucas, Alfred M., and Peter R. Stettenheim. 1972. *Avian anatomy—integument.* Washington, DC: U.S. Department of Agriculture.

Lyver, P. O'B., and H. Moller. 1999. Modern technology and customary use of wildlife: The harvest of Sooty Shearwaters by Rakiura Maori as a case study.

参考文献

Environmental Conservation 26: 280–288.

Maderson, Paul F. A., Willem J. Hillenius, Uwe Hiller, and Carla C. Dove. 2009. Toward a comprehensive model of feather regeneration. *Journal of Morphology* 270: 1166–1208.

Marchand, Peter J. 1996. *Life in the cold: An introduction to winter ecology.* Hanover, NH: University Press of New England.

Martineau, Lucie, and Jacques Larochelle. 1988. The cooling power of pigeon legs. *Journal of Experimental Biology* 136: 193–208.

Mather, Monica H., and Raleigh J. Robertson. 1992. Honest advertisement in flight displays of bobolinks (*Dolychonyx oryzivorus*). *Auk* 109: 869–873.

Mayr, Gerald, Burkhard Pohl, and Stefan Peters. 2005. A well-preserved *Archaeopteryx* specimen with theropod features. *Science* 310: 1483–1486.

McFarland, Marvin W., ed. 1953. *The papers of Wilbur and Orville Wright.* New York: McGraw-Hill.

McGovern, Victoria. 2000. Recycling poultry feathers: More bang for the cluck. *Environmental Health Perspectives* 108: A366–A369.

Moller, Anders Pape. 1984. On the use of feathers in birds' nests: Predictions and tests. *Ornis Scandivacia* 15: 38–42.

Morgan, Edwin. 1996. *Collected poems.* Manchester: Carcanet Press. Mynott, Jeremy. 2009. *Birdscapes: Birds in our imagination and experience.* Princeton: Princeton University Press.

Nathan, Leonard. 1998. *The diary of a left-handed birdwatcher.* New York: Harcourt, Brace.

Nelson, Cherilyn N., and Norman W. Henry, eds. 2000. *Performance of protective clothing: Issues and priorities for the 21st century.* Chelsea, MI: American Society for Testing and Materials.

Neme, Laurel. 2009. *Animal investigators: How the world's first wildlife forensics lab is solving crimes and saving endangered species.* New York: Scribner.

Nicholson, Shirley, ed. 1987. *Shamanism.* Wheaton, IL: Quest Books.

Nixon, Rob. 1999. *Dreambirds: The strange history of the ostrich in fashion, food, and fortune.* New York: Picador USA.

Norell, Mark. 2006. *Unearthing the dragon: The great feathered dinosaur discovery.* New York: Pi Press.

Ober, Frederick A. 1905. *Hernando Cortés, conqueror of Mexico.* New York: Harper and Brothers.

Ortega, Francisco, Fernando Escaso, and José L. Sanz. 2010. A bizarre, humped Carcharodontosauria (Theropoda) from the Lower Cretaceous of Spain. *Nature* 467: 203–206.

Ortega-Jiminez, Victor M., and Saul Alvarez-Borrego. 2010. Alcid feathers wet on one side impede air outflow without compromising resistance to water penetration. *Condor* 112: 172–176.

Ostrich "mystery": The solution—Mr. Thornton interviewed. 1911. *Cape Times*, September 27.

Ostrom, John H. 1976. *Archaeopteryx* and the origin of birds. *Biological Journal of the Linnean Society* 8: 91–182.

———. 1979. Bird flight: How did it begin? *American Scientist* 67: 46–56.

Owen, Richard. 1863. On the *Archaeopteryx* of von Meyer with the description of the fossil remains of a long-tailed species, from the lithographic stone of Solnhofen. *Philosophical Transactions of the Royal Society of London* 153: 33–47.

Padian, Kevin. 1983. A functional analysis of flying and walking in pterosaurs. *Paleobiology* 9: 218–239.

———. 1997. A question of emotional baggage. *BioScience* 47: 724.

———. 2001. Cross-testing adaptive hypotheses: Phylogenetic analysis and the origin of bird flight. *American Zoologist* 41: 598–607.

Padian, Kevin, and Kenneth P. Dial. 2005. Could the "four winged" dinosaurs fly? *Nature* 438: E3.

Pagden, Anthony, ed. 2001. *Hernán Cortés: Letters from Mexico*. New Haven: Yale University Press.

Parfitt, Alex R., and Julian F. V. Vincent. 2005. Drag reduction in a swimming Humboldt Penguin, *Spheniscus humboldti*, when the boundary layer is turbulent. *Journal of Bionics Engineering* 2: 57–62.

Pearson, Gilbert T., ed. 1936. *Birds of America*. New York: Doubleday.

Perrichot, V., L. Marion, D. Néraudeau, R. Vullo, and P. Tafforeau. 2008. The early evolution of feathers: Fossil evidence from Cretaceous amber of France. *Proceedings of the Royal Society B* 275: 1197–1202.

Peters, Winfried S., and Dieter Stefan Peters. 2009. Life history, sexual dimorphism, and "ornamental" feathers in the Mesozoic bird *Confuciusornis sanctus*. *Biology Letters* 5: 817–820.

Petroski, Henry. 2007. *The toothpick*. New York: Alfred A. Knopf.

Piersma, Theunis, and Mennobart R. Van Eerden. 1988. Feather-eating in Great Crested Grebes *Podiceps cristatus*: A unique solution to the problems of debris and gastric parasites in fish-eating birds. *Ibis* 131: 477–486.

Pollard, John. 1977. *Birds in Greek life and myth*. London: Thames and Hudson.

Poole A. J., J. S. Church, and M. G. Huson. 2009. Environmentally sustainable fibers from regenerated protein. *Biomacromolecules* 10: 1–8.

Poopathi, Subbiah, and S. Abidha. 2008. Biodegradation of poultry waste for the production of mosquitocidal toxins. *International Biodeterioration and Biodegradation* 62: 479–482.

Pope, Saxton. 1918. Yahi archery. *University of California Publications in American Archaeology and Ethnology* 13, no. 3: 103–152.

———. 1925. *Hunting with the bow and arrow*. New York: G. P. Putnam and Sons.

Price, Jennifer. 1999. *Flight maps: Adventures with nature in modern America*. New York: Basic Books.

Prum, Richard O. 1999. Development and evolutionary origin of feathers. *Journal of Experimental Zoology* 285: 291–306.

———. 2002. Why ornithologists should care about the theropod origin of birds. *Auk* 119: 1–17.

———. 2005. Evolution of the morphological innovations of feathers. *Journal of Experimental Zoology* 304B: 570–579.

———. 2008a. Leonardo da Vinci and the science of bird flight. In *Leonardo da Vinci: Drawings from the Biblioteca Reale in Turin*, ed. Jeannine A. O'Grody, 111–117. Birmingham: Birmingham Museum of Art.

———. 2008b. Who's your daddy? *Science* 322: 1799–1800.

Prum, Richard O., and Alan H. Brush. 2002. The evolutionary origin and diversification of feathers. *Quarterly Review of Biology* 77: 261–295.

———. 2003. The origin and evolution of feathers. *Scientific American*. March: 60–69.

Radcliffe, William. 1921. *Fishing from the earliest times*. London: John Murray.

Reeder, William G., and Raymond B. Cowles. 1951. Aspects of thermoregulation in bats. *Journal of Mammalogy* 32: 389–403.

Regal, Philip J. 1975. The evolutionary origin of feathers. *Quarterly Review of Biology* 50: 35–66.

Reid, James W. 1986. *Textile masterpieces of ancient Peru*. New York: Dover.

———. 2005. *Magic feathers: Textile art from ancient Peru*. London: Textile and Art Publications.

Reina, Ruben E., and Kenneth M. Kensinger, eds. 1991. *The gift of birds: Featherwork of native South American peoples*. Philadelphia: University of Pennsylvania Museum of Archaeology and Anthropology.

Revis, Hannah C., and Deborah A. Waller. 2004. Bactericidal and fungicidal activity of ant chemicals on feather parasites: An evaluation of anting behavior as a method of self-medication in songbirds. *Auk* 121: 1262–1268.

Ribak, Gal, Daniel Weihs, and Zeev Arad. 2005. Water retention in the plumage of diving great cormorants *Phalacrocorax carbo sinen-sis*. *Journal of Avian Biology* 36: 89–95.

Rombauer, Irma, and Marian Rombauer Becker. 1975. *The joy of cooking*. Indianapolis: Bobbs-Merrill.

Roth, Harald H., and Günter Merz, eds. 1997. *Wildlife resources: A global account of economic use.* Berlin: Springer.

Roush, Chris, and Petyr Beck. 2006. *A good night's sleep: The Pacific Coast Feather story.* Seattle: Documentary Media.

Ruspoli, M. 1986. *The cave of Lascaux: The final photographs.* New York: Harry N. Abrams.

Sahagun, Bernadino de. 1963. *Florentine Codex: General history of the things of New Spain.* Bk. 11, *Earthly things.* Trans. C. E. Dibble and A. J. O. Anderson. 1577. Reprint, Santa Fe: University of Utah and School of American Research.

Schimmel, Annemarie. 1993. *The triumphal sun: A study of the works of Jalaloddinn Rumi.* Albany: State University of New York Press.

Schmookler, Paul, and Ingrid V. Sils. 1999. *Forgotten flies.* Millis, MA: Complete Sportsman.

Sellers, Robin M. 1995. Wing-spreading behavior of the cormorant *Phalacrocorax carbo. Ardea* 83: 27–36.

Sereno, P. C., R. N. Martinez, J. A. Wilson, D. J. Varricchio, O. A. Alcober, et al. 2008. Evidence for avian intrathoracic air sacs in a new predatory dinosaur from Argentina. *PLoS ONE* 3, no. 9: e3303. doi:10.1371/journal. pone.0003303.

Shipman, Pat. 1998. *Taking wing: "Archaeopteryx" and the evolution of bird flight.* New York: Simon and Schuster.

Smit, D. van Zyl. 1984. Russel Thornton's ostrich expedition to the Sahara, 1911–1912. *Karoo Agric* 3, no. 3: 19–27.

Smith, Frank C. [Various]. Private correspondence with George Aschman, editor of *Cape Times.* Cataloged at CP Nel Museum, Outdshoorn, South Africa.

Stein, Sarah Abrevaya. 2008. *Plumes: Ostrich feathers, Jews, and a lost world of global commerce.* New Haven: Yale University Press.

Stettenheim, Peter H. 2000. The integumentary morphology of modern birds: An overview. *American Zoologist* 40: 461–477.

Strange, Ian J. 1980. The Thin-billed Prion, *Pachyptila belcheri*, at New Island, Falkland Islands. *Le Gerfaut* 70: 411–445.

Swadling, Pamela. 1996. *Plumes from paradise.* Boroko: Papua New Guinea National Museum.

Tattersall, Glenn J., Denis V. Andrade, and S. Abe Augusto. 2009. Heat exchange from the toucan bill reveals a controllable vascular thermal radiator. *Science* 325: 468–470.

Templeton, Christopher N., and Erick Greene. 2007. Nuthatches eavesdrop on variations in heterospecific chickadee mobbing alarm calls. *Proceedings of the National Academy of Sciences* 104: 5479–5482.

Templeton, Christopher N., Erick Greene, and Kate Davis. 2005. Allometry of alarm calls: Black-Capped Chickadees encode information about predator size. *Science* 308: 1934–1937.

Thaler, Ellen. 1990. *Die Goldhähnchen*. Wittenburg Lutherstadt, Germany: A. Ziemsen Verlag.

Tian, Xiaodong, Jose Iriarte-Diaz, Kevin Galvao Middleton, Israeli Ricardo, Emily Israeli, Abigail Roemer, Allyce Sullivan, Arnold Song, Sharon Swartz, and Kenneth Breuer. 2006. Direct measurements of the kinematics and dynamics of bat flight. *Bioinspiration and Biomimetics* 1: S10–S18.

Tieleman, B. Irene, and Joseph B. Williams. 1999. The role of hyperthermia in the water economy of desert birds. *Physiological and Biochemical Zoology* 72: 87–100.

Tobalske, Bret W. 2007. Biomechanics of bird flight. *Journal of Experimental Biology* 210: 3135–3146.

Tobin, James. 2003. *To conquer the air: The Wright brothers and the great race for flight*. New York: Free Press.

Torre-Bueno, Jose R. 1978. Evaporative cooling and water balance during flight in birds. *Journal of Experimental Biology* 75: 231–236.

Tucker, Vance A. 1968. Respiratory exchange and evaporative water loss in the flying Budgerigar. *Journal of Experimental Biology* 48: 67–87.

Turner, A. H., P. J. Makovicky, and M. A. Norell. 2007. Feather quill knobs in the dinosaur *Velociraptor*. *Science* 317: 1721.

Vuilleumier, François. 2005. Dean of American ornithologists: The multiple legacies of Frank M. Chapman of the American Museum of Natural History. *Auk* 122: 389–402.

Wallace, Alfred Russel. 1869. *The Malay Archipelago*. New York: Harper and Brothers.

Walton, Izaak. 1896. *The compleat angler; or, The contemplative man's recreation*. 1676. Reprint, London: J. M. Dent.

Ward, Jennifer, Dominic J. McCafferty, David C. Houston, and Graeme D. Ruxton. 2008. Why do vultures have bald heads? The role of postural adjustment and bare skin areas in thermoregulation. *Journal of Thermal Biology* 33: 168–173.

Ward, S., U. Möller, J. M. V. Rayner, D. M. Jackson, D. Bilo, W. Nachtigall, and J. R. Speakman. 2001. Metabolic power, mechanical power, and efficiency during wind tunnel flight by European starlings *Sturnus vulgaris*. *Journal of Experimental Biology* 204: 3311–3322.

Ward, S., J. M. V. Rayner, U. Möller, D. M. Jackson, W. Nachtigall, and J. R. Speakman. 2002. Heat transfer from starlings *Sturnus vulgaris* during flight. *Journal of Experimental Biology* 202: 1589–1602.

Wead, E. Young, 1911. The feather industry. *Hunter, Trader, Trapper* 22, no. 5: 23–26.

Winkler, David W. 1993. Use and importance of feathers as nest lining in Tree Swallows (*Tachycineta bicolor*). *Auk* 110: 29–36.

Witmer, Mark. 1996. Consequences of an alien shrub on the plumage coloration and ecology of Cedar Waxwings. *Auk* 113: 735–743.

Wolf, Blair O., and Glenn E. Walsberg. 2000. The role of the plumage in heat transfer processes of birds. *American Zoologist* 40: 575–584.

Xu, Xing, James M. Clark, Jinyou Mo, Jonah Choiniere, Catherine A. Forster, et al. 2009. A Jurassic ceratosaur from China helps clarify avian digital homologies. *Nature* 459: 940–944.

Xu, Xing, Z.-L. Tang, and X.-L. Wang. 1999. A therizinosaurid dinosaur with integumentary structures from China. *Nature* 399: 380–384.

Xu, Xing, X.-L. Wang, and Xiaocun Wu. 1999. A dromaeosaurid dinosaur with a filamentous integument from the Yixian Formation of China. *Nature* 401: 262–265.

Xu, Xing, Xiaoting Zheng, and Hailu You. 2009. A new feather type in a nonavian theropod. *Proceedings of the National Academy of Sciences* 106: 832–834.

———. 2010. Exceptional dinosaur fossils show ontogenetic development of early feathers. *Nature* 464: 1338–1341.

Xu, Xing, Z. Zhou, and X. Wang. 2000. The smallest known non-avian theropod dinosaur. *Nature* 408: 705–708.

Yang, Shu-hui, Yan-chun Xu, and Da-wei Zhang. 2006. Morphological basis for waterproof characteristic of bird plumage. *Journal of Forestry Research* 17: 163–166.

Yanoviak, Stephen P., Robert Dudley, and Michael Kaspar. 2005. Directed aerial descent in canopy ants. *Nature* 433: 624–626.

Zhang, Fucheng, Stuart L. Kearns, Patrick J. Orr, Michael J. Benton, Zhonghe Zhou, Diane Johnson, Xing Xu, and Xiaolin Wang. 2010. Fossilized melanosomes and the colour of Cretaceous dinosaurs and birds. *Nature* 463: 1075–1078.

Zheng, Xiao-Ting, Hai-Lu You, Xing Xu, and Zhi-Ming Dong. 2009. An Early Cretaceous heterodontosaurid dinosaur with filamentous integumentary structures. *Nature* 458: 333–336.

图片及引文版权说明

本书所用图片及引文经个人、出版人和机构所有者慨然应允，准予使用，这里一并感谢于此。

45 Contour Feather. Illustration © 2010 by Nicholas Judson. Used by permission.

49 Developmental Theory (after Prum 1999). Illustration © 2010 by Nicholas Judson. Used by permission.

53 Chapter epigraph from *Unearthing the Dragon* (2005) by Mark Norell. Used by permission.

59 *Sinosauropteryx prima*. Artwork © 2006 by Julius Csotonyi. Used by permission.

60 *Caudipteryx zoui*. Illustration © 2008 by Peter Schouten. Used by permission.

61 *Beipiaosaurus*. Illustration © by Xing Lida and Zhao Chuang. Used by permission.

70 Common Pigeon. Artist unknown (nineteenth-century engraving). Reproduction © 1979 by Dover Publications, Inc. Used by permission.

74 Thin-billed Prion Chick. Photo © 2005 by Petra Quillfeldt. Used by permission.

80 Dürer's Rhinoceros. Illustration by Albrecht Dürer, 1515. Image from Wikimedia Commons (public domain).

89 Feather Growth and Molt (after Gill 2007). Illustration © 2010 by Nicholas Judson. Used by permission.

90 King of Saxony Bird of Paradise, from Frith and Beehler 1998. Illustrations by William T. Cooper, © 1998 by Oxford University Press. Used by permission.

103 Golden-crowned Kinglet. Illustration by R. Bruce Horsfall, from Pearson 1936 (public domain).

112 Feather Factory. Photo © 2010 by Thor Hanson.

116 Chapter epigraph reproduced from *Analysis of Respiratory Pattern During Panting in Fowl* by Mike Gleeson (1985). Used by permission of the *Journal of Experimental Biology*.

119 Northern Flickers. Painting from *The Birds of America* by John James Audubon (1840). Reproduction © 2008 by Dover Publications, Inc. Used by permission.

121 Girdle-tailed Lizard. Artist unknown (nineteenth century). Reproduction © 1979 by Dover Publications, Inc. Used by permission.

123 Sooty Tern. Artist unknown, from Drent 1972. Used by permission of Koninklijke Brill NV.

125 Leghorn Rooster Feather Tracts. Artist unknown, from Lucas and Stettenheim 1972 (public domain).

127 Toucans. Thermal imagery © by Glenn Tattersall. Used by permission.

128 Bat and Owl. Thermal imagery © Hristov, Allen, and Kunz, Boston

University. Used by permission.

131 Flight section epigraph from *Life, the Universe, and Everything* by Douglas Adams, copyright © 1982 by Serious Productions Ltd. Used by permission of Crown Publishers, a division of Random House, Inc.

134 Silver-laced Wyandotte by A. O. Schilling, from *The American Standard of Perfection* (1938 edition). Used by permission of the

139 Proavis. Illustration from *Origin of Birds* by Gerhard Heilmann (1927) (public domain).

140 Wallace's Flying Frog by John Gerrard Keulemans, from *The Malay Archipelago* by Alfred Russel Wallace (1869) (public domain).

144 Chukar and Protobird. Artwork by Robert Petty. Courtesy of the Flight Laboratory, Division of Biological Sciences, University of Montana.

149 Apollo 15 Feather. Photo courtesy of NASA.

154 Peregrine Falcons. Painted by Luis Agassiz Fuertes, from Eaton 1915 (public domain).

159 *The Lament for Icarus.* Artwork by Herbert James Draper (1898). Image from Wikimedia Commons (public domain).

164 Lilienthal Glider. Photo courtesy of Otto Lilienthal Museum, Anklam, Germany.

167 Featherfly. Model design by Ray Malmstrom. Courtesy of Imping-ton Village College Model Aeroplane Club and the Ray Malmstrom family.

170 Cardinal Landing. Photo © 2007 by Howard Cheek. Image from BigStock. com.

182 Greater Birds of Paradise by T. W. Wood, from *The Malay Archipelago* by Alfred Russel Wallace (1869) (public domain).

184 Birds of Paradise, from Frith and Beehler 1998. Illustrations by William T. Cooper, © 1998 by Oxford University Press. Used by permission.

188 Sing-sing. Photo © 1991 by Clifford B. Frith. Used by permission.

193 Las Vegas Showgirls. Used by permission of Found Image Press, LLC.

199 McCall's Covers, from *McCall's Magazine*, various issues, 1908–1911 (public domain).

204 Ostrich Expedition Map (after Smit 1984). Map © 2010 by Nicholas Judson. Used by permission.

207 Ostrich Expedition Photos. Courtesy of Dave Glenister and the family of Russel William Thornton.

217 Leah C. Hat. Photo © by 2010 Leah C. Couture Millinery (Photographer: M. K. Semos; hair: Ryan B. Anthony; makeup: Jules Waldkoetter; model: Lindsay Michelle Nader). Used by permission.

219 Chapter epigraph from *Kodachrome* copyright © 1973 Paul Simon. Used by permission of the publisher, Paul Simon Music.

224 Cedar Waxwing. Illustration by R. Bruce Horsfall, from Pearson 1936 (public domain).

226 *Anchiornis huxleyi*. Artwork © 2009 by Julius Csotonyi. Used by permission.

229 Red Feather Money. Photos by William Davenport. Courtesy of the Penn Museum, image numbers 176014 and 176008a.

232 Aztec Warriors. Illustration from *The Florentine Codex*, by Bernadino de Sahagun (1574). Image from Wikimedia Commons (public domain).

246 Water Drop on Feather. Photo courtesy of Edward Bormashenko and the *Journal of Colloid and Interface Science*.

257 Atlantic Salmon Flies. Artist unknown, from *The Salmon Fly* by George Kelson (1895).

258 Fly Casting. Artist unknown, from *The Salmon Fly* by George Kelson (1895).

263 Art of Writing. Artist unknown, from *L'Encyclopédie* by Denis Diderot (1750–1765). Image courtesy of ARTFL Encyclopédie Project.

267 Sower and the Seed. Illumination by Aidan Hart with contributions from Donald Jackson and Sally Mae Joseph, © 2002, The Saint John's Bible, Hill Museum & Manuscript Library, Order of Saint Benedict, Collegeville, Minnesota, USA. Scripture quotations are from the New Revised Standard Version of the Bible, Catholic Edition, Copyright 1993, 1989 National Council of the Churches of Christ in the United States of America. Used by permission. All rights reserved.

270 Quill Pens. Artist unknown, from *L'Encyclopédie* by Denis Diderot (1750–1765). Image courtesy of ARTFL Encyclopédie Project.

276 White-backed Vultures. Watercolor © 1990 by Simon Thomsett. Used by permission.

282 Club-winged Manakin. Illustration © 1998 by Kimberly Bostwick. Used by permission.

286 Manakin Feathers. Artist unknown, from Darwin 1871 (public domain).

297 Feather Lab Plume. Photo © 2010 by Thor Hanson.

303 Illustrated Guide to Feathers. Illustrations © 2010 by Nicholas Judson. Used by permission.

索引

羽毛：自然演化中的奇迹

羽毛：自然演化中的奇迹

魔豆——大豆在美国的崛起
马修·罗思 著　刘夙 译

荒野之声——地球音乐的繁盛与寂灭
戴维·乔治·哈斯凯尔 著　熊姣 译

昔日的世界——地质学家眼中的美洲大陆
约翰·麦克菲 著　王清晨 译

寂静的石头——喜马拉雅科考随笔
乔治·夏勒 著　姚雪霏　陈翀 译

血缘——尼安德特人的生死、爱恨与艺术
丽贝卡·雷格·赛克斯 著　李小涛 译

苔藓森林
罗宾·沃尔·基默尔 著　孙才真 译　张力 审订

发现新物种——地球生命探索中的荣耀和疯狂
理查德·康尼夫 著　林强 译

年轮里的世界史
瓦莱丽·特鲁埃 著　许晨曦　安文玲 译

杂草、玫瑰与土拨鼠——花园如何教育了我
迈克尔·波伦 著　林庆新　马月 译

三叶虫——演化的见证者
理查德·福提 著　孙智新 译

寻找我们的鱼类祖先——四亿年前的演化之谜
萨曼莎·温伯格 著　卢静 译

鲜花人类学
杰克·古迪 著　刘夙　胡永红 译

聆听冰川——冒险、荒野和生命的故事
杰玛·沃德姆 著　姚雪霏等 译

图书在版编目(CIP)数据

羽毛:自然演化中的奇迹/(美)托尔·汉森著;赵敏,
冯骐译.—北京:商务印书馆,2017(2024.7 重印)
(自然文库)
ISBN 978 - 7 - 100 - 12709 - 7

I.①羽… II.①托…②赵…③冯… III.①羽毛-
普及读物 IV.①TS102.3 - 49

中国版本图书馆 CIP 数据核字(2016)第 269331 号

自然文库
羽毛:自然演化中的奇迹
〔美〕托尔·汉森 著
赵敏 冯骐 译

———————————————————

商 务 印 书 馆 出 版
(北京王府井大街 36 号 邮政编码 100710)
商 务 印 书 馆 发 行
北京虎彩文化传播有限公司印刷
ISBN 978 - 7 - 100 - 12709 - 7

———————————————————

2017 年 1 月第 1 版   开本 710×1000 1/16
2024 年 7 月北京第 5 次印刷   印张 21½
定价:60.00 元